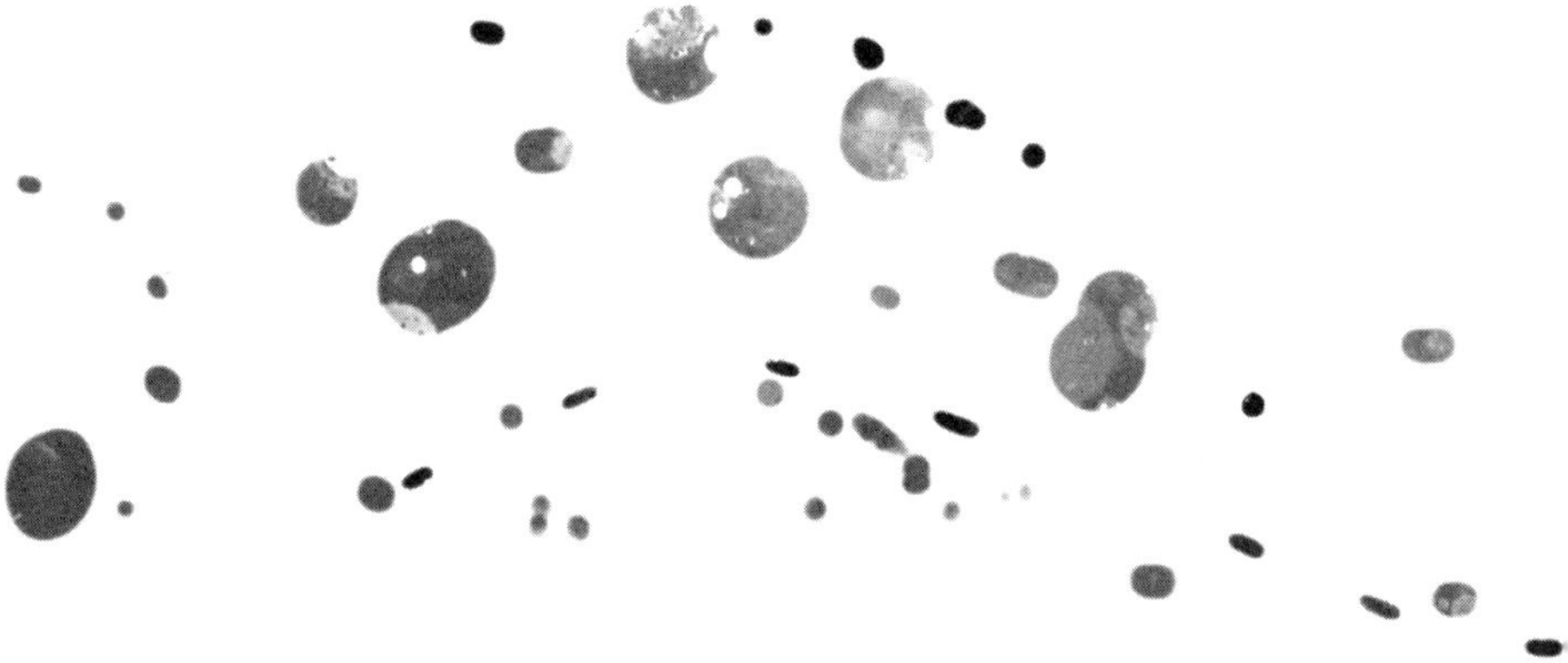

細胞内共生説の謎

Revisiting Endosymbiotic Theories of Organelles
Retrospects and Prospects

隠された歴史とポストゲノム時代における新展開

Naoki SATO

佐藤直樹

東京大学出版会

Revisiting Endosymbiotic Theories of Organelles
Retrospects and Prospects

Naoki SATO

University of Tokyo Press, 2018

ISBN 978-4-13-060236-5

まえがき

細胞内共生説は、真核細胞におけるミトコンドリアや、植物細胞における葉緑体の起源を説明する有力な説と考えられている。現在では高等学校の生物の教科書にも取り上げられ、定説の地位を獲得したかのように見える。そこに筆者は問題を感じている。なぜなら、シアノバクテリア（藍藻）がそのまま植物細胞の中で生きていると誤解している人も多いからである。当然のことながら、葉緑体とシアノバクテリアはまったく違う。それにもかかわらず、この違いが曖昧になってしまっていることに危機感をいだかざるを得ない。

もともと細胞内共生説はどのようにして生まれたのだろうか。そしてそれにはどんな証拠があったのだろうか。この説はどのようにして定説となったのだろうか。現在から見たとき、どんな証拠が積み上げられているのだろうか。いまやこの説にはまったく疑いの余地がないのだろうか。本書はこんな疑問に少しずつ答えていくことを目的としている。半ば科学史だが、半ば最新科学の紹介でもある。

筆者が学生時代に受けた理学部の講義では、佐藤七郎、村上悟（いずれも東京大学）などのそうそうたる先生方が、細胞学に関する講義をしておられ、その中でも細胞内共生説は最新の話題として熱っぽく語られていた。研究室に所属したのは一九七〇年代半ばであるが、すでに細胞内共生説がかなり信頼性の高い仮説として、受け入れられ始めていた。一方で、中村運（甲南大学）など、強硬に反対している論者がいたのも印象的であった（中村 1987）。筆者が最初に手がけた研究テーマは、当時まだ藍藻と呼ばれていたシアノバクテリアの脂質の分析であった。さまざまな生化学的過程が、シアノバクテリアと葉緑体では共通とされ、シアノバクテリアでわかることが、葉緑体でも当てはまると期待された。実際、シアノバクテリアと植物の葉緑体は、構造的に似ていると考えられていた。外側には二枚の膜があり、内部には光合成の初期反応が行われるチラコイド膜があった。葉緑体の膜を構成する脂質成分には、ガラクトースを含む糖脂質があることが知られており、シアノバクテリアにも同様の脂質があることがわかってきた。シアノバクテリアも葉緑体もクロロフィルを使って光合成を行い、酸素を発生する。当時、葉緑体にＤＮＡが含まれることも知られており、単独生活をするシアノバクテリアにも当然ＤＮＡがある。こうしてシアノバクテリアは、単独で生きている葉緑体のように見なされた。葉緑体とシアノバクテリアは、学会の同じセッションで、同等のものとして議論された。

その後の生物学の展開においても、細胞内共生という考え方はますます拡張されていった。同じ頃開発された組換えＤＮＡ技術が葉緑体に適用されて、葉緑体の分子生物学がたちまち発展した。一九八六年になると、日本の研究グループから二種類の植物の葉緑体ＤＮＡの塩基配列が発表され、葉緑体は植物分野における分子生物学やゲノム科学のリーダーの座についた。シアノバクテリアについても、次々と遺伝子配列が発表され、葉緑体ゲノムとシアノバクテリアのゲノムとの類似性は確固とした事実となった。一方で、それまで緑藻や紅藻などとの系統関係がはっきりしなかった珪藻や褐藻が、紅藻の葉緑体を引き継いで形成されているという二次共生の考え方が提出された。この説によって、これらの藻類の葉緑体を囲む包膜の枚数の違いが説明されるようになった。そして、もはや一次共生は大前提となった。

研究生活を送ってきたこの四十年あまりの期間、筆者は、シアノバクテリアと藻類・植物のあいだを行き来しながら、特にシアノバクテリアと葉緑体とを比べ、それらの関係を考える研究を行ってきた。これは当初から意図したことではなく、結果としてそうなったということだが、常にこうした発想でものごとを見ていたからということもできる。その結果、研究生活を始めた頃に考えていたシアノバクテリアと葉緑体との類似性に関して、最近ではさまざまな疑問を感じ始めるに至った。

折しも二〇一七年はリン・マーギュリスが細胞内共生説に関する最初の論文を「理論生物学雑誌」に発表してから五十周年ということで、この雑誌には多数の関連評論が掲載され、その多くはマーギュリスを賞賛している。しかし本当は、葉緑体とシアノバクテリアはあまり似ていないのではないか、似ているように思えるのは、究極的にはどちらも酸素発生型光合成をしているという機能的制約のためなのではないか。そうなると細胞内共生とは何なのだろうか。遺伝子の水平伝播とどこが違うのだろうか。高等学校の教科書にも出てくる、まことしやかな細胞内共生の図式は一体どこまで信用できるのだろうか。こうしたさまざまな問題を感じながら、マーギュリスの論文や本を読み返してみた。またメレシコフスキーの古い論文を、辞書を片手に読んでみた。筆者がいま感じている疑問は、実は細胞内共生説の歴史に遡るのではないか。それが本書を書こうと考えた動機である。科学史を歴史の中に埋もれさせることなく、現代の科学研究との深い関連の中で、相互に反射させながら考えてみる。これが本書のアプローチである。もう少し詳しく調べたいという読者のため、かなり多数の文献を巻末に掲げてある。この関係の基本的文献はほぼ網羅したつもりであるので、ぜひ参考にしていただきたい。

凡例

引用

文献からの引用部分は二字下げとし、その前後を一行ずつあけて表記している。引用部分のうち特にリン・マーギュリスの論文については原論文の逐語訳をしている箇所があり、その部分はさらに「　」でくくって強調をしている。

文献の概要・内容紹介

本書では、文献の引用部分とは別に、筆者が文献を要約したり、内容を紹介している部分がある。これらの部分は、一字下げとし、その前後を一行ずつあけて表記している。さらに、該当部分の直前に（ここより筆者による要約）等と明記して区別している。

筆者による文献への補足

本書で扱う文献は数十年前のものも多く、当時の文章には現在とは異なる考えや誤りも書かれているので、こうした点については適宜［　］内の文章として補足した。一方、引用部分における（　）内の内容は原文にあったものである。

細胞内共生説の謎——隠された歴史とポストゲノム時代における新展開【目次】

序章　細胞内共生説――その意味と謎

本書はオルガネラ（細胞小器官）の細胞内共生説に関わる半ば生物学史、半ば生物学の解説書である。オルガネラの細胞内共生起源は決して確立した事実とは言えないという立場から、このいまだに正体のはっきりしない説について、その提唱の歴史をたどるとともに、現代的な問題点も扱っていく。

本書の大きなテーマは二つである。一つは細胞内共生説 endosymbiotic theory を提唱したのは誰なのか、そしてその根拠は何だったのかということ、もう一つは現代の科学的知識に照らしたときに、「細胞内共生」とされる事象はどのように理解されるべきなのかということである。このため、第I部では、主に葉緑体の細胞内共生説に中心を絞りながら、細胞内共生説の提唱とその普及の過程を追跡するとともに、主なプレーヤーであるメレシコフスキーとマーギュリスに焦点をあてて、この二人がどんな主張をしたのか、それはどのように受け入れられたのか、受け入れられなかったのかなどを探る。また、二十世紀前半におけるメレシコフスキー説の受容の状況、一九七〇年前後におけるマーギュリス以外の学者の考え方なども振り返る。これらを通じて、細胞内共生説の本当の提唱者は誰なのかを考える。第II部では、分子系統学に基づいた細胞内共生の考え方を解説し、細胞内共生説が広く受容された根拠として、単なる類似性を超えた系統関係の確立が重要であったことを説明する。その上で、多くの生物のゲノム情報が自由に使えるようになったポストゲノム時代に入り、詳しい分子系統のデータが蓄積するにつれて、オルガネラを構成する膜の合成系やＤＮＡ複製のしくみの起源が単純な細胞内共生によっては理解できないことが判明してきたという状況を説明する。これらを通じて、今日の細胞内共生説の問題点を紹介し、結局、細胞内共生とは何なのか、考え直す手がかりとしたい。

オルガネラの細胞内共生説を説明するには、まず、細胞内共生やオルガネラについて説明する必要がある。序章では、本題としての細胞内共生説に入る前提となるこれらの概念について平易に解説し、知識を整理しておくことにする。細胞内共生の基本にあるのは、共生という考え方である。共生に関する研究は、動物、植物、微生物などの分野の枠を越えたものであるため、なかなか独自の研究分野となりにくいが、古典的な書物としては、ドイツのパウル・ブフナーによる膨大な著作（Buchner 1953）がある。また佐藤七郎（1988）による『細胞進化論』は、著者の見解に基づく共生と細胞内共生の詳しい解説である。

1　共生

そもそも共生 symbiosis とは、異なる種の生物が相互に関係し合いながら一緒に生活する状態を指し、主に生態学の分野で使われる言葉である。生態学的な共生は、共生する二種（または多種）の生物の関係によって、次のように分類されている。相利共生は、共生するどちらの種も互いに相手の種から利益を得る関係にあることを指し、通常、一般的な意味で共生と言えば、これを指している。これに対し、片利共生は、一方の種が一方的に利益を得るもので、その際、他の種が被害を受ける場合と、特に損得のない場合がある。一方が被害を受け、他方が利益を受ける極端な例は捕食であり、これは一般には共生とは呼ばない。しかし、被食者と捕食者だけからなる生態系では、両者の個体数が周期的に増減する振動状態が長く続くことが、理論的にも実際的にも知られており、その場合、両者は一緒になって一つのシステムをつくっていることになる。しかし、ここでは一般的な意味での共生を考えることとする。代表的な共生の例を表1に示す。

異種生物間の共生そのものは本書の主題ではないが、生命世界のいたるところに共生があることを認識するのは重要である。古典的には、地衣類が多種微生物間の共生のモデルとなってきた。私たちヒトも含め、動物が消化管の中で食べ物をうまく消化できるのは、実は消化管に棲む細菌のおかげである。ウシのように四つの胃を使い分けて反芻《はんすう》を行う動物と、ウサギのように長い盲腸をもつ動物、ヒトのように雑食性だが長い小腸をもつ動物、さらに昆虫やシロアリなど、それぞれに状況は異なるが、動物の進化の過程で消化管を獲得したことは、微生物と動物との共生関係を作り出したことだとも言える。生態学における食物連鎖では、生産者、一次捕食者、二次捕食者、分解者などを考える。しかし、一次捕食者である草食動物の生命が微生物によって成り立っていることを考えると、あたかも微生物は分解者でしかないようなこうした単純化された生態系の用語は不適切であることもわかる。

また、植物もその体内に微生物（エンドファイト）を生存させていることがわかってきた。植物にも感染防御のシステムはあるが、こうした微生物はそのシステムによって排除されずに、植物体内に棲み、植物との間で何らかの物質交換をしていると考えられている。農学的には植物の成長を促進する作用を

表1　代表的な共生の例

宿主	共生体	共生の種類	説明	文献
地衣類	藻類	相利共生	地衣類は菌類と藻類・シアノバクテリアなどからなる複雑な共生系であり，共生創成・細胞内共生説におけるモデルとなった。	1)
アカウキクサ (*Azolla*)	シアノバクテリア	片利共生？	シアノバクテリアが窒素固定した窒素源をアカウキクサが利用する。	2)
線虫の一種 *Symsagittifera*	プラシノ藻	片利共生？	プラシノ藻が光合成で得た産物を宿主に供給する光共生photosymbiosisとされる。	3)
草食動物	消化管内細菌	相利共生（消化共生）	動物が食べた植物のセルロースを細菌が分解し，タンパク質や脂肪酸として消化管から吸収する。	4)
シロアリ	原生生物（オキシモナス，トリコモナスなど）	相利共生	シロアリが食べたセルロースを原生生物が分解し，発生する酢酸，二酸化炭素と水素のうち，酢酸はシロアリが好気的に酸化。二酸化炭素と水素からは，その中に共生する種々の細菌が酢酸やメタンをつくる。	5)
トリコモナス類 (*Mixotricha paradoxa*)	スピロヘータ	片利共生？	シロアリの腸管に存在するトリコモナスの体表面にスピロヘータが多数付着し，トリコモナス細胞の運動を可能にする。	6)
陸上植物	エンドファイト（植物体内共生細菌）	おそらく相利共生	さまざまな物質交換が推定されている。	7)

宿主	共生体	共生の種類	説明	文献
陸上植物	菌根菌	相利共生	菌根からはリンが供給され，宿主からは糖や脂肪酸が供給される。	8)

相利共生と片利共生の違いがもともと明確ではないことは，Keeling & McCutcheon（2017）でも論じられていることであるので，あくまでも目安と考えることにする。
1）『ケイン 生物学』pp. 358–368，2）渡辺（1992），3）Bailly et al.（2014），4）動物の栄養を説明したさまざまな教科書，たとえば『ケイン 生物学』pp. 430–431 など。5）北出（2007），6）Cleveland & Grimstone（1964），Margulis（1970），7）Reinhold-Hurek & Hurek（2011），8）Luginbuehl et al.（2017）。

もつエンドファイトを見つけたいと研究が進められているが、まだエンドファイトが何をしているのか、はっきりしたことはわかっていない。

2 細胞内共生

細胞内共生 endosymbiosis は、共生とどこが違うだろうか。多細胞生物の身体の中ということではなく、細胞の内部に共生する点がその特徴である。この区別は重要で、以前は、多細胞生物の細胞間隙に別の種の細胞が入り込んでいる状態を endosymbiosis（この意味では「内部共生」とでも訳すべきところである）と呼んでいることもあった。たとえば、*Symsagittifera*（昔は *Convoluta* と呼ばれた）という線虫の体内にプラシノ藻の細胞が多数入って光合成をしている記述では、この言葉が使われたことがあった（表1）。しかし本書では endosymbiosis という言葉を、細胞の内部に別の細胞が共生している状態を示す意味に限定することにする。細胞内共生については、数多くの例が知られており、そのうちの代表的な例を表2にまとめておく。

表2　代表的な細胞内共生の例

宿主	細胞内共生体	独立増殖可能性	説明	文献
サンゴ	褐虫藻（*Symbiodinium* など）	可能	窒素源と炭素源の交換による相利共生。卵細胞内にすでに共生している。	1)
根粒（マメ科植物）	根粒菌（植物ごとにさまざまな種類がある）	可能	炭素源と窒素源の交換による相利共生。	2)
ミドリゾウリムシ（*Paramecium bursaria*）	緑藻（クロレラの一種）	可能	窒素源と炭素源の交換による相利共生。	3)
ハテナ	プラシノ藻	取り込まれたあとは，単離できるか不明。	プラシノ藻が光合成産物を宿主に供給（第6章4節参照）。	4)
ハプト藻の一種（*Braarudosphaera bigelowii*）	シアノバクテリア UCYN-A（以前に海水のメタゲノム解析から培養できないシアノバクテリアとして推定されていたもの）	不可能	シアノバクテリアが窒素固定して窒素源を供給。	5)
アブラムシ	ブフネラ *Buchnera* 属の γ プロテオ細菌	不可能	アブラムシの体内に菌細胞があり，その中に *Buchnera* がいて，必要な栄養をつくる。*Buchnera* はいくつかのアミノ酸を合成して宿主に供給する。宿主は特別なタンパク質を合成して *Buchnera* に与える。	6)

宿主	細胞内共生体	独立増殖可能性	説明	文献
灰色藻（*Cyanophora paradoxa*）	シアノバクテリア（シアネラ）	不可能	古くは共生体と考えられたが，現在ではオルガネラと見なされている。	7)
根足類（*Paulinella chromatophora*）	αシアノバクテリア（シアネラ）	不可能	古くは共生体と考えられたが，現在ではオルガネラに近いものと見なされている。	8)
ケイ藻の一種（*Rhopalodia*, *Rhizosolenia* など）	*Cyanothece* に近縁のシアノバクテリア（スフェロイド体）	不可能	シアノバクテリアが窒素固定して窒素源を供給。おそらくオルガネラと考えるべきもの。	9)
ヒラミルミドリガイなど嚢舌目のウミウシ	ミルなどの管状緑藻の葉緑体	取り込まれた葉緑体だけでは増殖できない。	ウミウシが食べたミルの葉緑体が消化されずに細胞内に取り込まれ，光合成を行う。クレプトプラスト（盗葉緑体）と呼ばれる。共生体の遺伝子がウミウシの細胞核に移行して働いているという報告もあったが，反論もあり，確認されていない。	10)

1）Thornhill et al.（2017），2）川口（2016），3）早川，洲崎（2016），4）井上（2006），Yamaguchi（2014），5）Hagino et al.（2013），6）Shigenobu & Wilson（2011），7）Löffelhardt（2014）pp. 135-150，8）Nowack et al.（2008），Löffelhardt（2014）pp. 151-166，9）Nakayama et al.（2014），Löffelhardt（2014）pp. 167-182，10）山本（2008）。

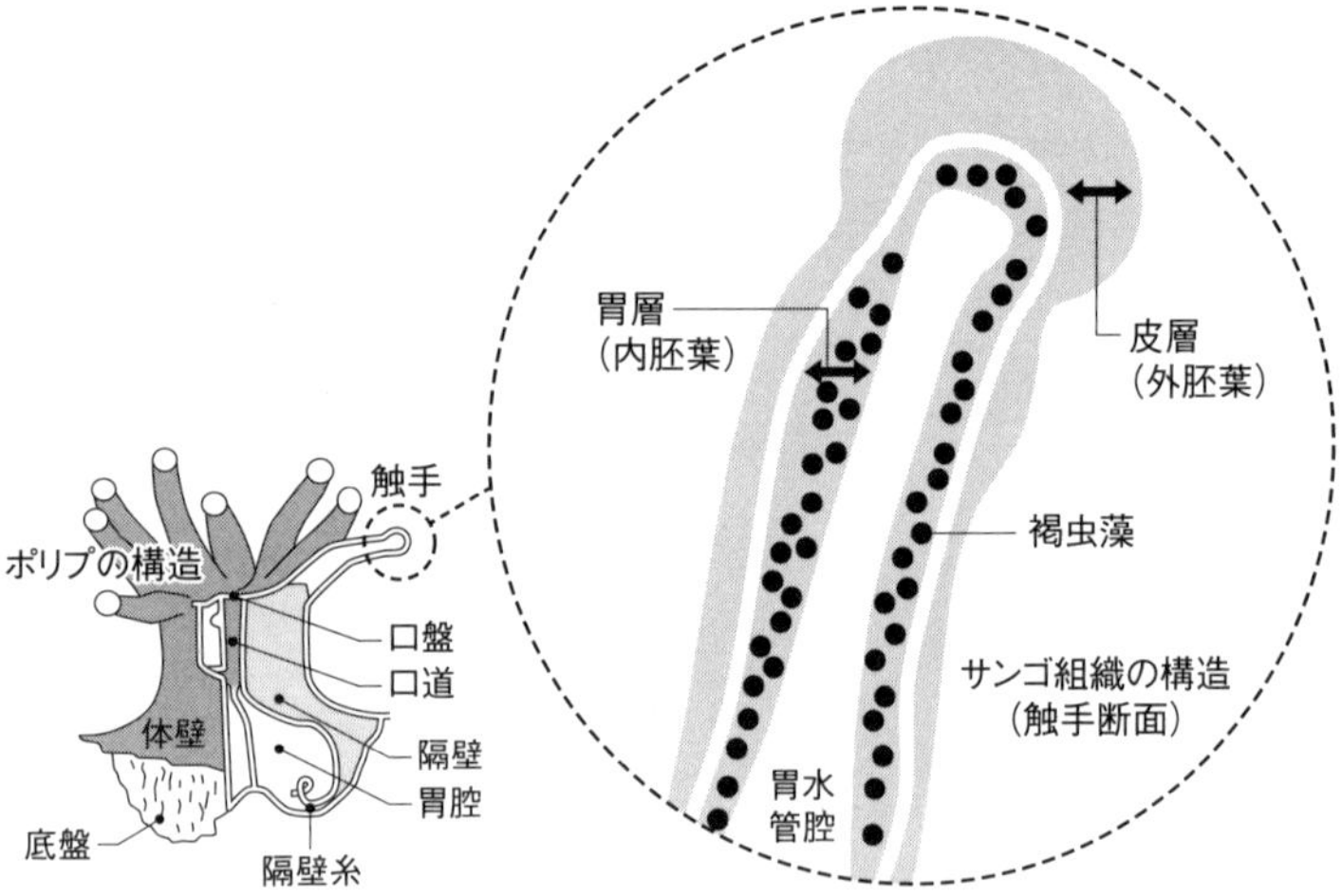

図1　サンゴと褐虫藻（高知大学総合科学系のウェブサイトより，関田諭子博士作図に基づく）

サンゴはポリプと呼ばれる個虫からなる群体である。皮層（外胚葉由来）の内側にある胃層（内胚葉由来）の組織内に褐虫藻を共生させている。

（1）細胞内共生の例1——サンゴと褐虫藻

よく知られた細胞内共生の例は、サンゴと褐虫藻の関係であろう（図1）。最近、気候変動に関係して、サンゴの白化が話題となっている。珊瑚礁の写真を見ると、サンゴが木のような形をした堅い岩のようなものに思えるが、実はサンゴは無脊椎動物の一種で、その細胞内に渦鞭毛藻の仲間の褐虫藻が共生している。褐虫藻の代表的なものは *Symbiodinium* 属などが知られ、特定のサンゴの種に共生する褐虫藻の種は限定されている。褐虫藻は単独でも生活可能であり、サンゴの他、イソギンチャクやクラゲなどにも共生する種が存在することが知られている。サンゴに細胞内共生した場合、褐虫藻からは光合成産物が、サンゴからは窒素源が供給される相利共生の関係にあると考えられている。ただし、現実に褐虫藻の光合成がどの程度サンゴの栄養に貢献しているのかについては、さまざまな報告がある。

(2) 細胞内共生の例2――根粒

マメ科植物の根につく根粒も、よく知られた細胞内共生の例である(図2)。根粒は、植物の根の表皮細胞に侵入した細菌(根粒菌)が、細胞内につくられた区画の中で増殖し、その結果として、植物の組織が大きく膨らみ、根粒と呼ばれる直径約数ミリメートルの大きさの塊をつくる。根粒は内部に含まれるレグヘモグロビンのために、ピンク色に見える。根粒菌は、空気中の窒素を還元してアンモニアに変える窒素固定という働きをする。それを受け取った植物組織はアミノ酸をつくる。あるいは、根粒菌がつくったアミノ酸を植物が横取りする。植物は光合成によって二酸化炭素を固定して、スクロースなどの糖をつくるが、これが師管を通って根に運ばれ、根粒に供給されて、根粒菌の生育と窒素固定のエネルギー源となる。窒素固定酵素は酸素があると失活するため、根粒の内部は酸素濃度が低く保たれ、レグヘモグロビンもそのために貢献している。なお、根粒内部に窒素は入

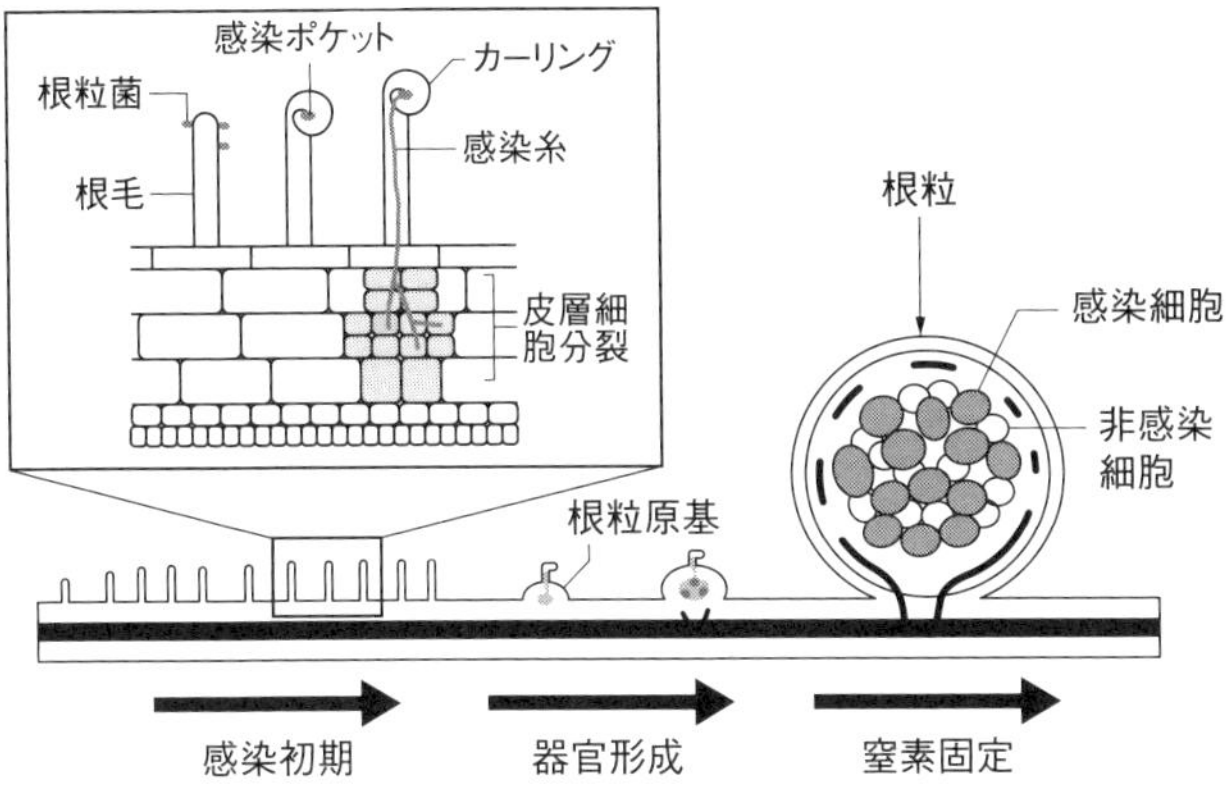

図2 根粒形成の模式図(東京大学教養学部図説生物学編集委員会編 2010)

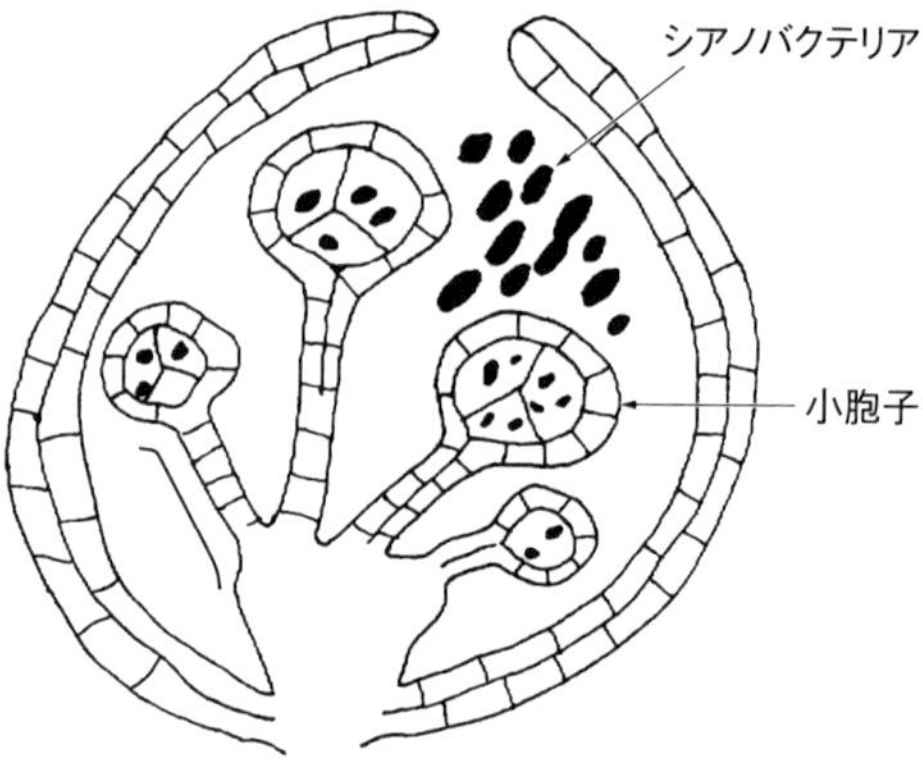

図3　アゾラ（アカウキクサ）とシアノバクテリアの共生（これは細胞内共生ではない）（渡辺 1992）

アカウキクサ根茎基部にできる小胞子嚢果の内部にシアノバクテリアの細胞が共生している。

れるのに酸素がなぜ入れないのかは、いまだもって完全には理解されていない。

以上、簡単に述べたように、根粒菌と植物との関係は、植物が糖を供給し、根粒菌がアンモニアを供給するという、互恵関係になっている。このため、マメ科植物は、栄養の少ないやせた土地でもよく育つことができ、この特性を利用して、水田の裏作としてマメを育てたり、水田のあぜにレンゲなどを植えたりする。つまりマメ科植物は、緑の肥料という意味で、「緑肥」とも言われる。

同じような窒素固定が関係する共生の例としては、シダ植物の一種アカウキクサ *Azolla* の仮根（シダ植物の根に見える部分は、被子植物の根とは構造が異なるためこう呼ばれる）に存在するくぼみの内部に共生するシアノバクテリア *Anabaena azollae* も知られている（図3）。この場合にもシダからは炭素源が、シアノバクテリアからは窒素源が、それぞれ相手に供給される。しかし、このシアノバクテリアは細胞内に入っていないため、細胞内共生とは呼ばない。

（3）細胞内共生の例3——ミドリゾウリムシ

これも有名な例であるが、ゾウリムシの一種 *Paramecium bursaria* は、細胞内に *Chlorella variabilis* などのクロレラ（緑藻）を共生させているものがあり、ミドリゾウリムシ（動物クロレラ）と呼ばれている（図４）。一般的にゾウリムシなどの原生生物は、ファゴサイトーシス（食作用）によって、細菌や微細藻類をとりこみ、消化して栄養源としている。ところが、このゾウリムシは特定のクロレラを取り込んだときに、それを消化せずに細胞内に保持するのである。クロレラはゾウリムシの細胞内で分裂して増殖し、ゾウリムシの一つの細胞内には多数のクロレラが共生した状態のまま、ミドリゾウリムシは増殖を続けることができる。クロレラは光合成産物（主にマルトースと考えられている）をゾウリムシに与え、ゾウリムシは窒素源（アンモニアなど）をクロレラに供給すると考えられている。なお、ミドリゾウリムシは、ミドリムシ（ユーグレナ）とはまったく別の生物である。

ここまで見てきたように、細胞内共生では主に光合成生物が共生することが多く、共生関係は栄養的に成り立っていることがわかる。

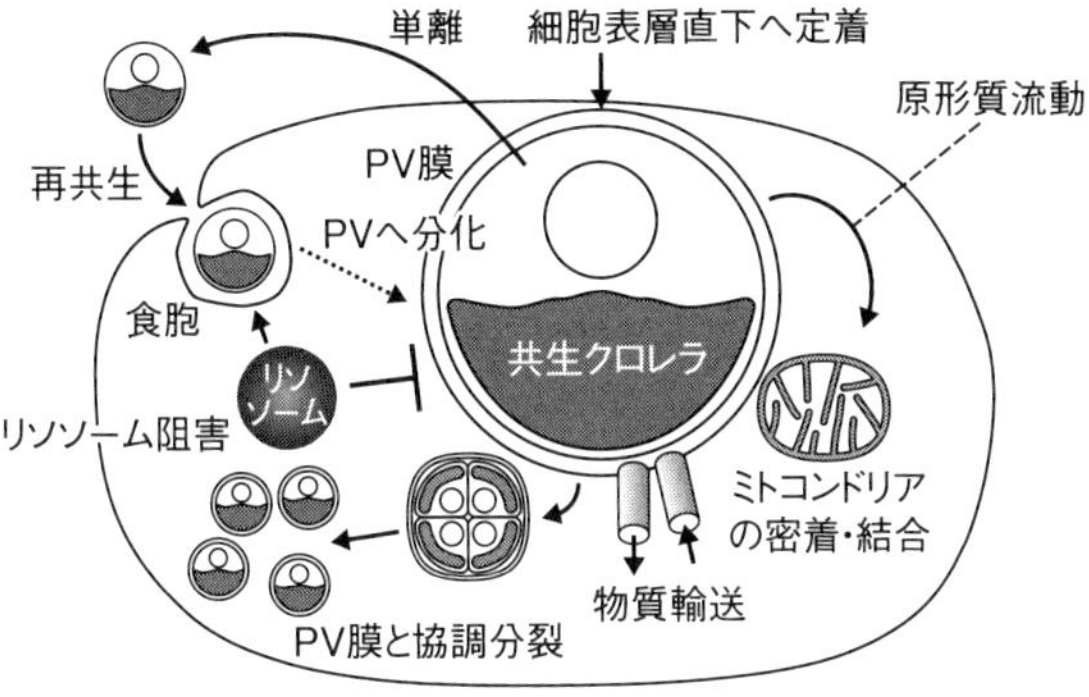

図４　ミドリゾウリムシにおける共生クロレラと宿主との関係（早川・洲崎 2016）

共生クロレラは PV（peri-algal vacuole）膜に囲まれて存在し，その状態で分裂する。PV 膜内部は酸性になっており，それが刺激となってクロレラがマルトースを放出すると考えられている。

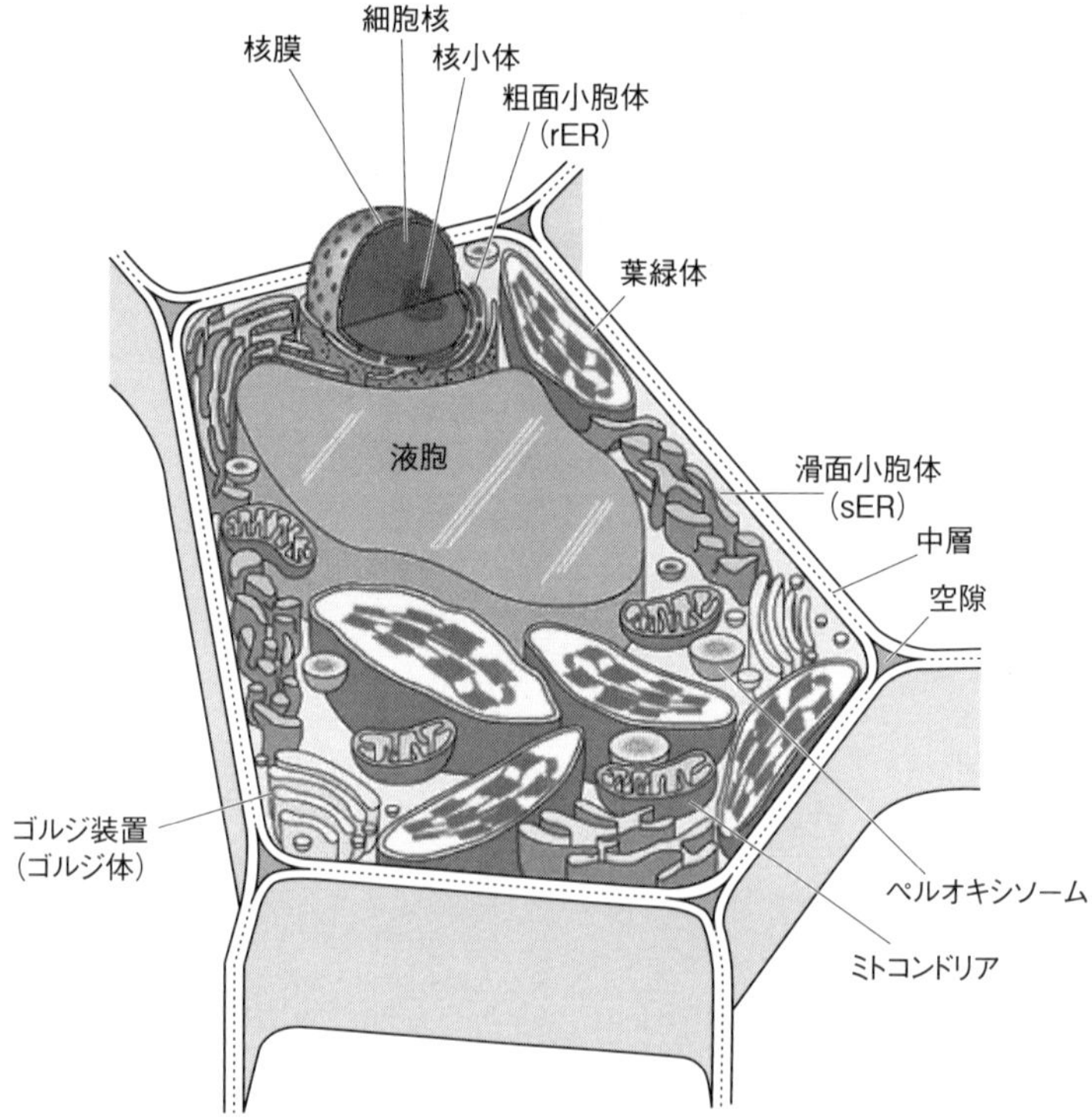

図5　植物細胞に含まれるオルガネラ（Buchanan et al. 2002 より一部改変）
葉緑体とミトコンドリアは，二重の膜で囲まれ，DNA を含むオルガネラである。

3　真核細胞とオルガネラ

オルガネラ organelle は細胞小器官（細胞内小器官）とも呼ばれ、真核細胞の内部にあって、膜で囲まれた顆粒である。さまざまな種類が知られているが、主に二通りに分類される（図5）。二枚の膜で囲まれたオルガネラは、ミトコンドリア、葉緑体であり、細胞核も二枚の膜で囲まれている。一枚の膜で囲まれたものとしては、小胞体、ゴルジ装置、液胞（植物）、リソソーム（動物）、ミクロボディ（ペルオキシソーム、グリオキシソーム）などがある。エンドサイトーシスにより細胞膜が陥入してできる小胞はエンドソームと呼ばれる。

真核細胞の内部にオルガネラが存在する理由として、それぞれのオルガネラが機能を分担しているという考え方があるが、原核細胞では同じような機能分担が一つの細胞の中でできていると考えると、本当の理由はよくわからない。ミトコンドリアが多数含まれる説明としては、大型の真核細胞の代謝を維持するのに必要な呼吸の活性を確保するためであると言われている。基本的に呼吸の電子伝達鎖は膜に埋め込まれているので、大型の細胞が細胞膜だけで呼吸の電子伝達を行っていたのでは、不十分だという考え方である。内部にひだ状に折り畳まれた膜をもつミトコンドリアが多数存在すれば、それだけ多くの呼吸活性を得ることができる。

ミトコンドリアと葉緑体の二種類のオルガネラが他のものと大きく違う点は、二枚の膜で囲まれたものがDNAを含むことである。これらにはDNAだけではなく、そのDNAにコードされた遺伝子を発現させるしくみが備わっており、RNAポリメラーゼやリボソームもそれぞれ独自のものが存在している。細胞核のDNAの発現は細胞核のRNAポリメラーゼと細胞質にあるリボソームによって起きるが、これらはオルガネラのものとは別である。

ここからは、本書の主要なテーマとなる葉緑体について詳しく述べる。

4　葉緑体と色素体

葉緑体は植物細胞や藻類細胞の中にある緑色の顆粒で、光合成を担う。光合成は、太陽の光を受けたクロロフィル（葉緑素）が電荷分離により、酸化剤と還元剤を生み出す過程で、酸化剤により水から酸素が生じ、還元剤により二酸化炭素から糖がつくられる。光合成のしくみそのものは本書の範囲外なので、『光合成の科学』などの参考書を参照していただきたい。

植物の場合、葉緑体は緑葉や緑色の茎などに含まれる。ランや青首大根などでは、根の細胞でも葉緑体をもつことがある。クロロフィルを含まない類似のオルガネラは、緑色でない組織にも存在し、白色体（ロイコプラスト）、有色体（クロモプラスト）、エチオプラストなどが知られている。これらはまとめて色素体（プラスチド）と呼ばれる。葉の細胞は、未分化な茎頂分裂組織の細胞が分化してつくられるが、その際、未分化な細胞に含まれる原色素体（プロプラスチド）が分化して葉緑体になる。白色体は表皮細胞や根の細胞に、有色体は花弁などに含まれるが、いずれにしても、植物細胞は必ず何らかのタイプの色素体を含んでいる。

これらの色素体のあいだの関係を初めて明らかにしたのは、ドイツの植物学者シンパーであった（Schimper 1883, 1885）。彼はさまざまな色素体の間には互いに関係がある（相互変換するかまたは一方から他方が生ずる）ことを示し、さらに、「色素体は色素体の分裂によってしか生じない」という重要な説を提唱した。その後、二十世紀半ばになり、電子顕微鏡観察に基づいて、緑化における色素体の発達

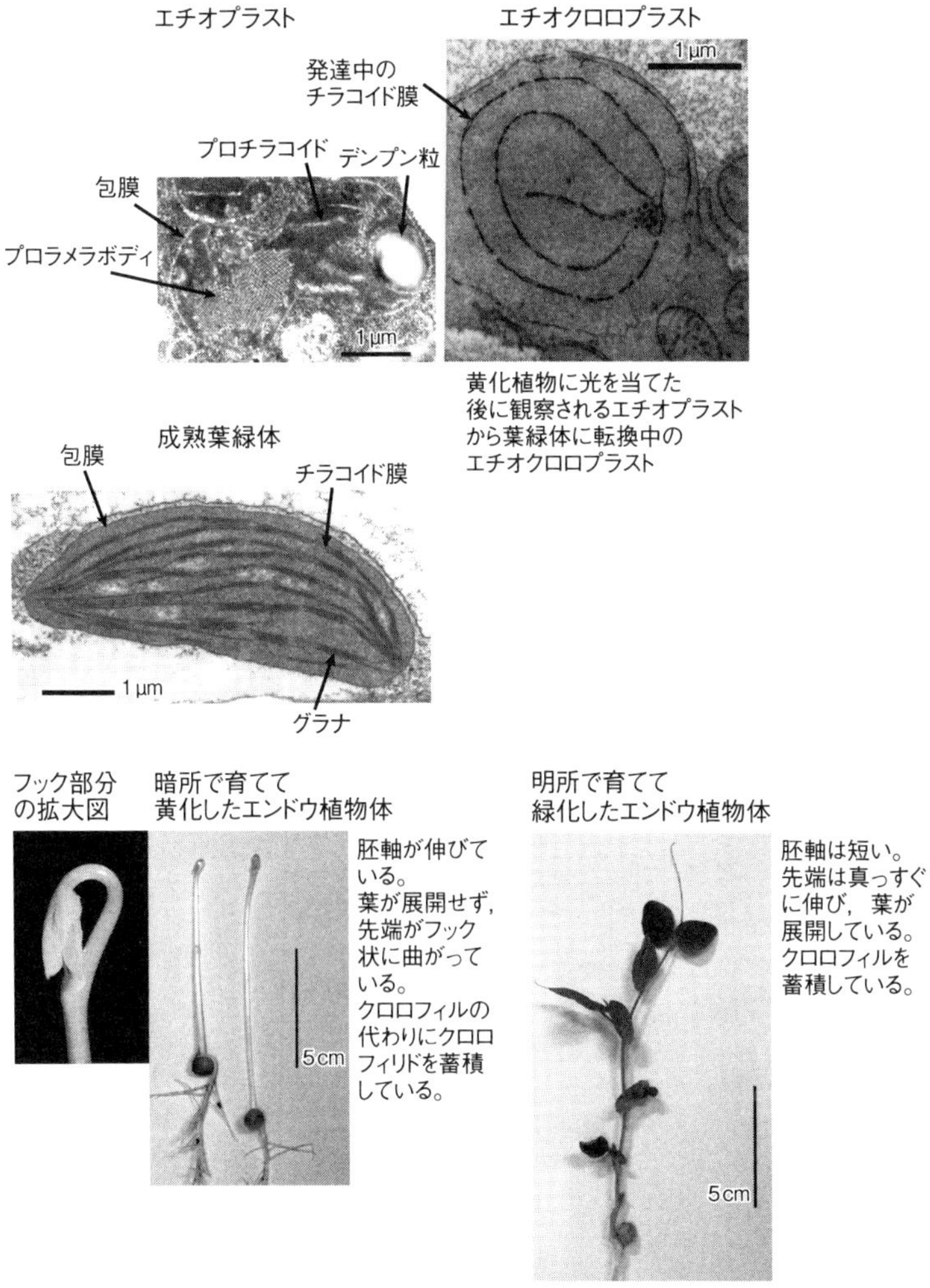
エチオプラスト
エチオクロロプラスト
1 µm
発達中の
チラコイド膜
プロチラコイド
デンプン粒
包膜
プロラメラボディ
1 µm
黄化植物に光を当てた
後に観察されるエチオプラスト
から葉緑体に転換中の
エチオクロロプラスト
成熟葉緑体
包膜
チラコイド膜
1 µm
グラナ
フック部分
の拡大図
暗所で育てて
黄化したエンドウ植物体
胚軸が伸びて
いる。
葉が展開せず,
先端がフック
状に曲がって
いる。
クロロフィルの
代わりにクロロ
フィリドを蓄積
している。
5cm
明所で育てて
緑化したエンドウ植物体
胚軸は短い。
先端は真っすぐ
に伸び，葉が
展開している。
クロロフィルを
蓄積している。
5cm

図6　光条件による色素体の相互変換（佐藤 2014）

の過程が詳しく記載された（von Wettstein 1959）。図6には光によるエチオプラストから葉緑体への変換を示したが、その他、花弁における有色体、白色体などへの変換も知られている。

一九八〇年代後半になると、ＤＮＡを蛍光色素で染色した試料を蛍光顕微鏡で観察する技術が普及しはじめ、さまざまな藻類や植物細胞の中にある色素体ＤＮＡを簡単に観察できるようになった（図７）。

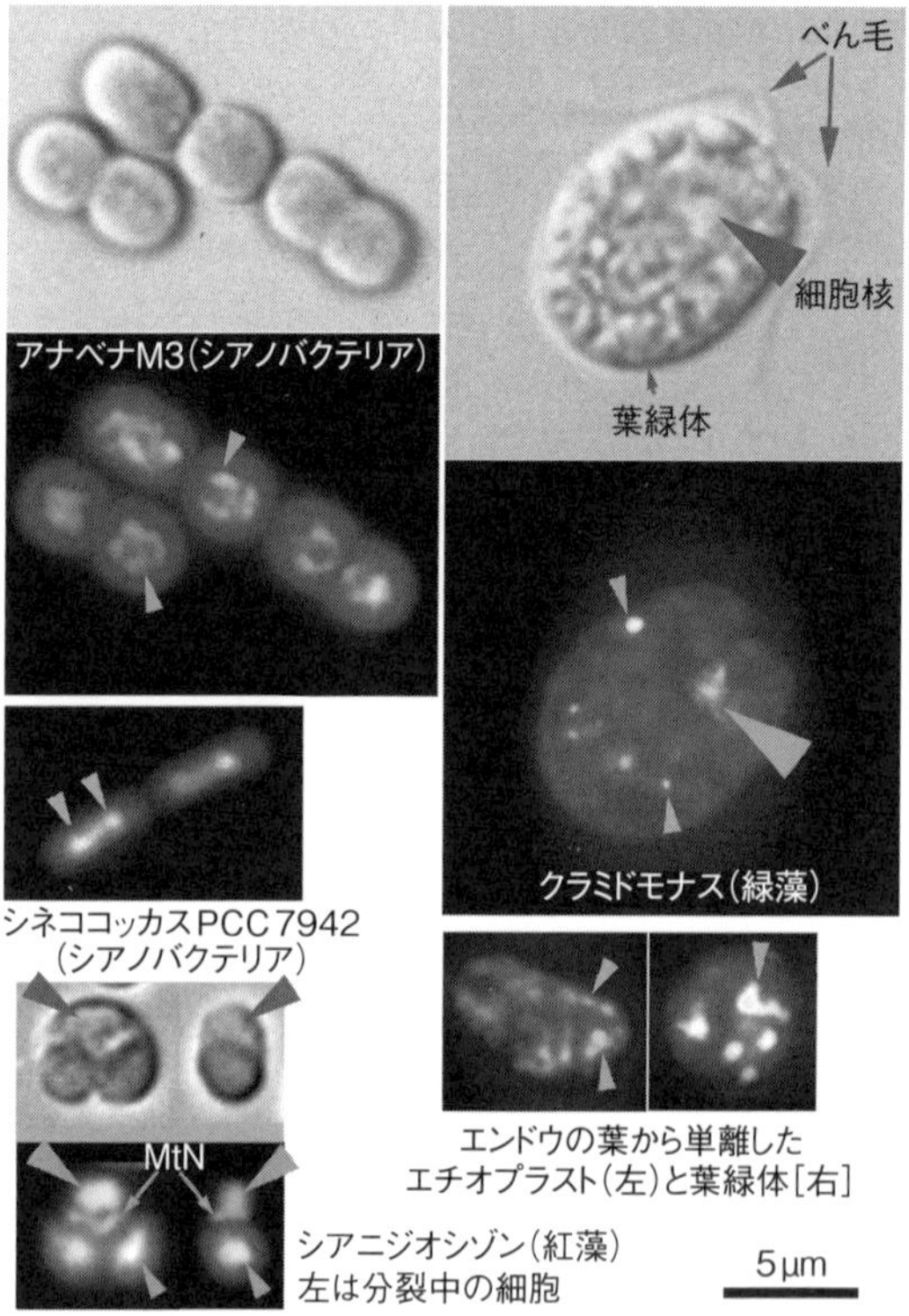

図7　蛍光顕微鏡による色素体 DNA の観察（佐藤 2014，左下の写真は森山崇氏撮影）

シアノバクテリアとしてアナベナとシネココッカスを，紅藻としてシアニジオシゾン，緑藻としてクラミドモナスの細胞をそれぞれ示す。植物の色素体としては，エンドウの葉から単離したエチオプラストと葉緑体を示す。いずれも DNA を染色する蛍光色素 DAPI によって染色した上で，蛍光顕微鏡を用いて撮影した。DNA は白く見える。また，葉緑体のクロロフィル蛍光はうすい灰色として示されている。細胞に関しては，明視野像も示した。

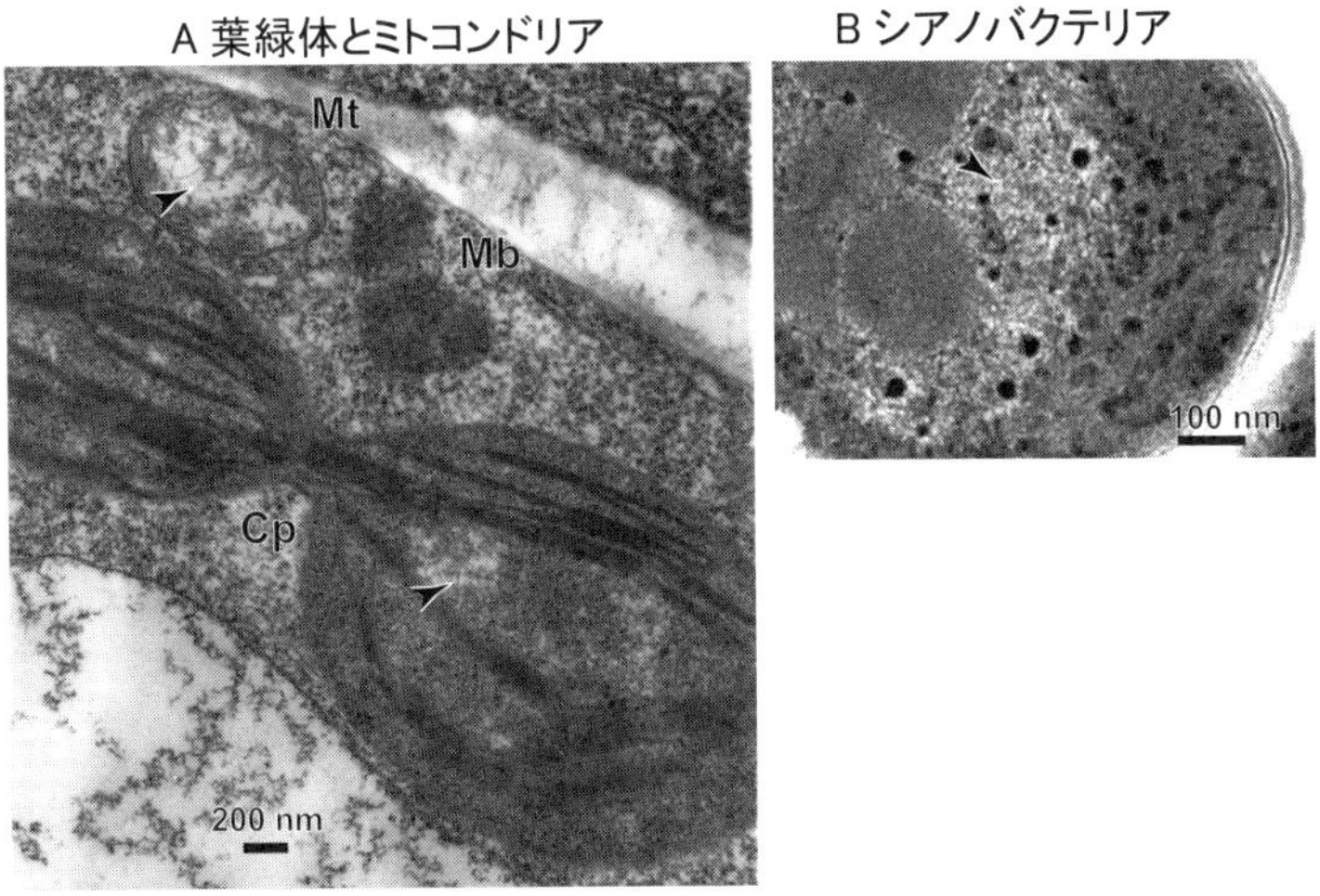

図8　電子顕微鏡像による葉緑体とミトコンドリアおよびシアノバクテリアのDNAの検出

Aは発芽後7日目のエンドウの葉の葉緑体，Bはシアノバクテリアの一種 *Synechocystis* sp. PCC 6803の細胞。Cpはクロロプラスト，Mtはミトコンドリア，Mbはマイクロボディ。矢印はDNA繊維を示す。

ＤＮＡ繊維は、透過型電子顕微鏡による切片の観察でもときどき見ることができる（図８）。葉緑体やミトコンドリアでも、またシアノバクテリアでも、リボソームが少なく少し白く見える領域があり、その中にＤＮＡの繊維が観察される。ＤＮＡ自体はたくさん存在していても、切片上でこのように観察できる部分はごく稀である。一九六〇年代には電子顕微鏡がＤＮＡの検出に用いられたが、このような技術的な問題のため、現在では蛍光顕微鏡による観察の方がずっと便利である。

5　オルガネラ起源に関する細胞内共生説

二重の膜に囲まれ、ＤＮＡをもつミトコンドリアや色素体の起源を説明する説として、細胞内共生説がある。厳密にいえば「オルガネラの細胞内共生起源説」というべきところだろうが、通常はこのように呼んでいる。元来、「細胞内共生」は細胞学的な事象（イベント）を指しており、「細胞内共生説」は、オルガネラの起源を、かつて起きたと想定される細胞内共生によって説明しようとする学説ということになる。この「かつて起きたと想定される細胞内共生」という事象も、多くの場合「細胞内共生」という言葉で示され、本書でもその慣習に従うことにする。言葉が使われる文脈によって、細胞学的な意味であったり、進化的な意味だったりする点にも注意が必要である。

詳細はこれからの章で述べることになるが、オルガネラ起源に関する細胞内共生説（以下では「オルガネラの細胞内共生説」という）では、ミトコンドリアと色素体のそれぞれが、自由生活をしていた原核細胞に由来したと考える。これらのオルガネラにＤＮＡが存在し、しかもそこに含まれる遺伝子の配列が、細菌の遺伝子配列によく似ていることが、この説の大きな根拠となっている。それ以外に、シアノバクテリアも葉緑体も酸素発生型光合成を行うという共通点がある。ミトコンドリアの起源としては好気呼吸を行う細菌が、色素体の起源としてはシアノバクテリアが想定された。

現在ではミトコンドリアの起源として、αプロテオ細菌のうちのリケッチアに近いものが考えられている。リケッチアは大腸菌などの一般的な細菌よりも小型で、宿主に寄生しなければ増殖できない。こうした絶対的に寄生性の細菌がやがてオルガネラになったと考えると納得しやすいが、現在知られているリケッチアはヒトや動物に寄生するもので、すべての真核生物の起源となった細胞に約二十億年前に寄生したリケッチアが、必ずしも現存するリケッチアのようなものではなかったかもしれないことに注意すべきである。シアノバクテリアに関しても、系統的に比較的根元に近いものが色素体の起源となったという説が有力になっているが、現存するシアノバクテリアと葉緑体とでは異なる点も多く、果たして、共生したシアノバクテリアがどのようなものであったのかは、依然として謎である。

細胞内共生説が高等学校の生物教科書にも登場していることは周知のとおりである。図9は、生物学オリンピックでも教科書として利用されている『キャンベル 生物学』に掲載されている細胞内共生の図である。宿主細胞に細菌とシアノバクテリアの細胞が順に入り込むことによって植物細胞になったようすが図示されている。もう少し専門的な論文では、非常に細かく共生の過程が説明されている（図10、11）。もとのカラーの図では共生体とオルガネラが同じ色で塗られ、あたかも共生体がそのまま細胞内に住みついているかの印象を与える。図10では内膜系の描き方を微妙に変えているものの、シアノバクテリアと葉緑体がほとんど同じものであるかのような印象を与えている。生物学に関心のある多くの人々が、葉緑体を共生した藍藻と思っているのも、こうした図に原因があると思われる。さらに研究者でも、葉緑体で起きていることを考える際

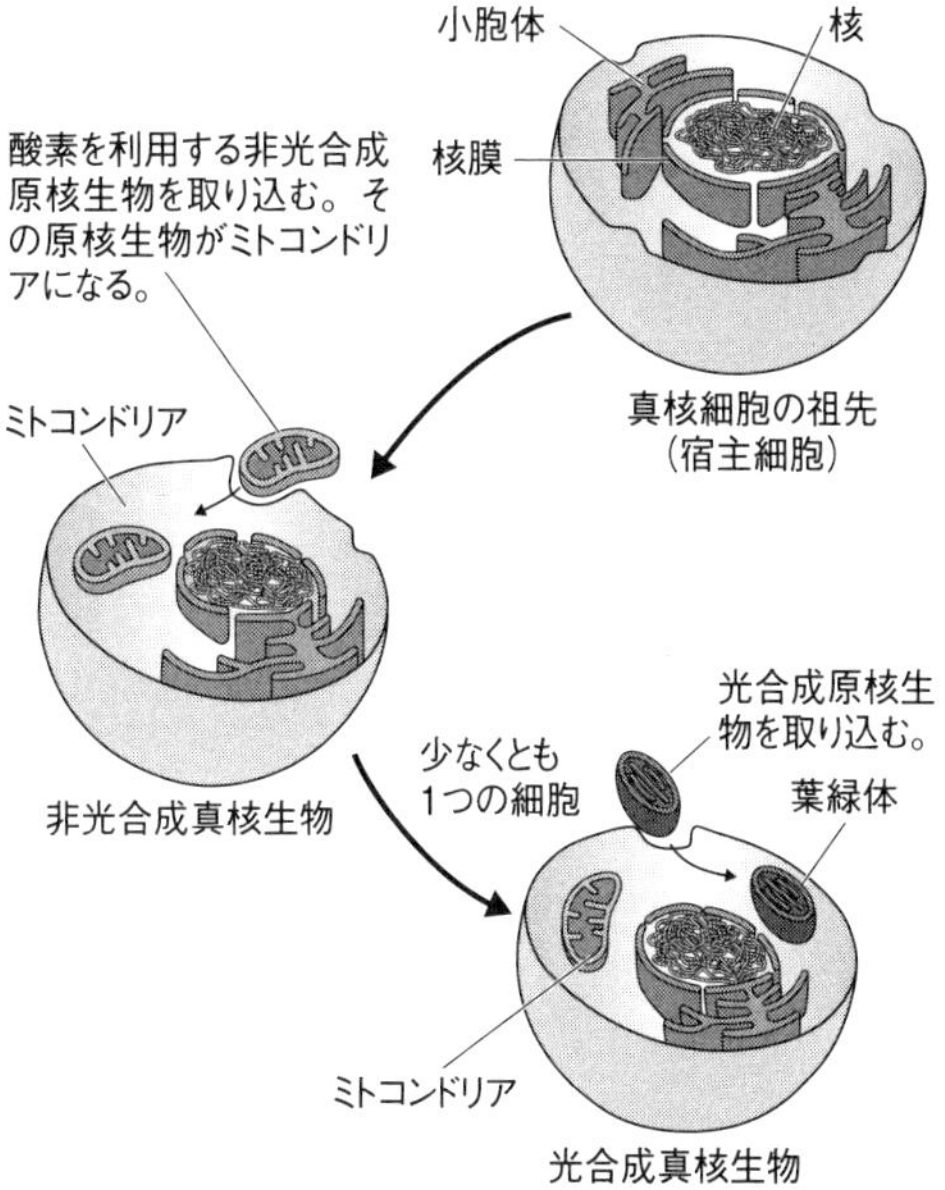

図9　代表的な細胞内共生の説明図（1）（池内他 2013）

『キャンベル 生物学』に掲載された図。「非光合成原核生物」とミトコンドリアが薄いあみがけに，「光合成原核生物」と葉緑体が濃いあみがけにべた塗りされている。

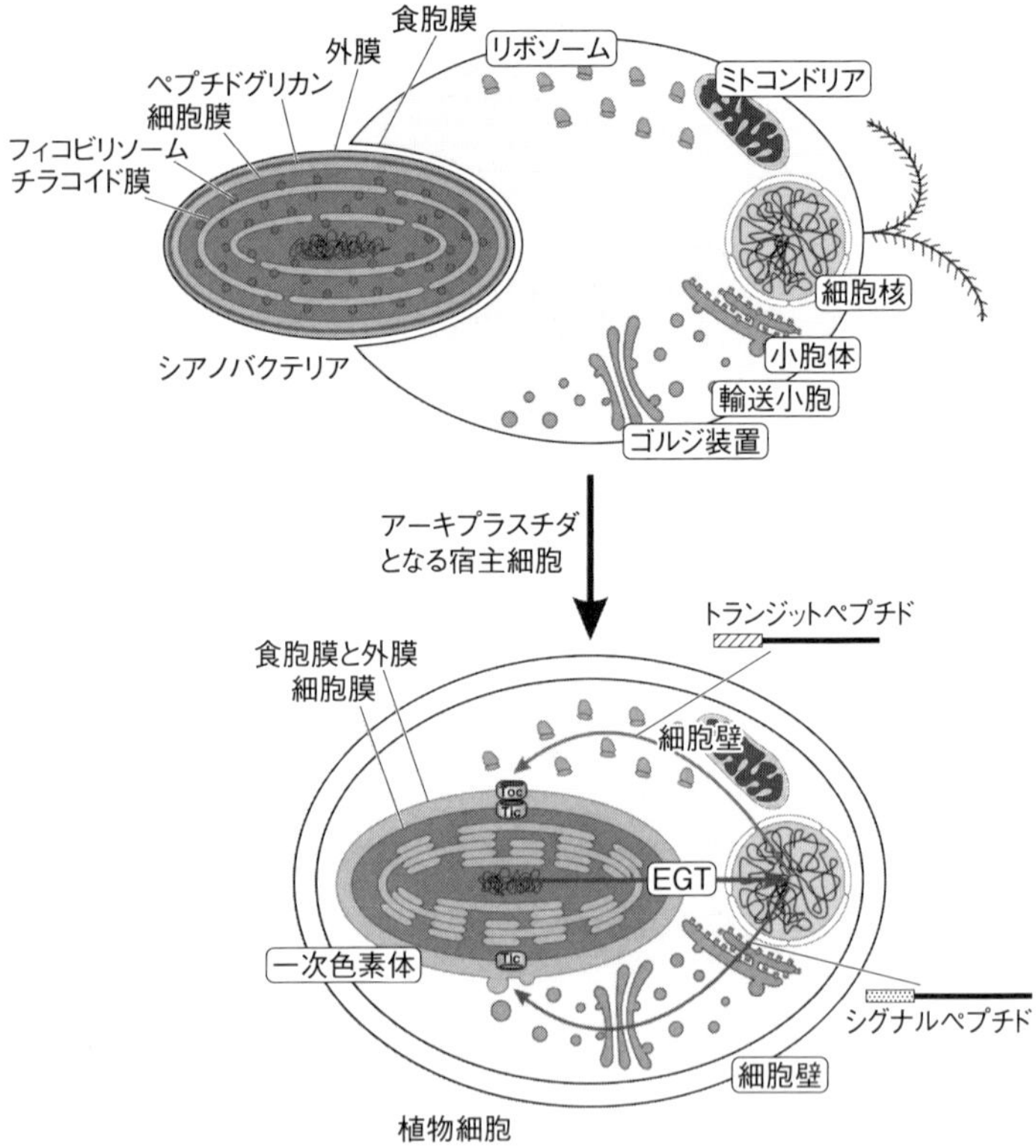

図 10　代表的な細胞内共生の説明図（2）（Bodył & Mackiewicz 2013）

やはり葉緑体とシアノバクテリアの内部が同じ色に塗られている。EGT は共生的遺伝子移動（endosymbiotic gene transfer）（第 8 章 2 節参照）。

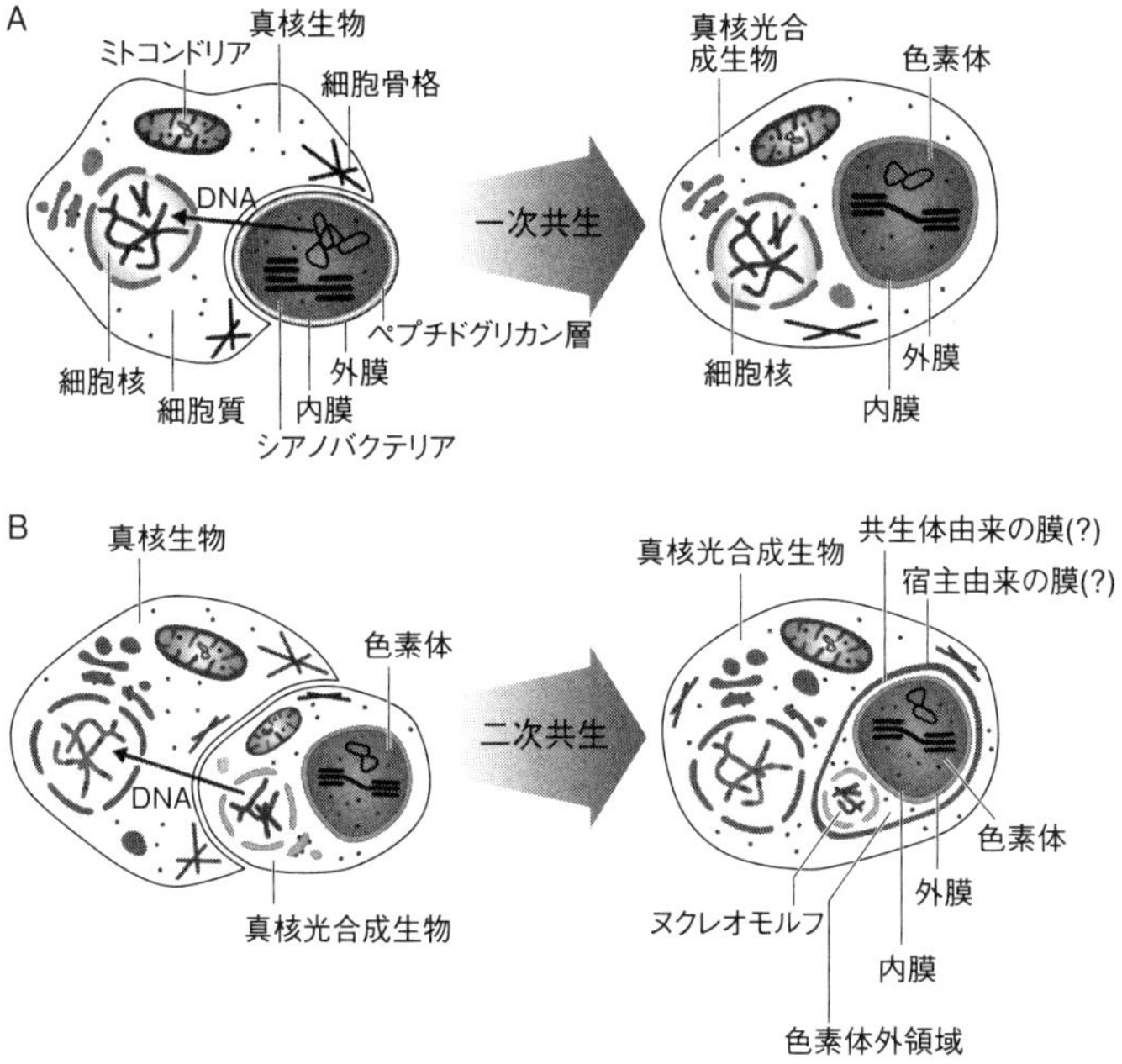

図 11　代表的な細胞内共生の説明図（3）（Archibald 2015）

A は一次共生を，B は二次共生を，それぞれ示す。シアノバクテリアと色素体は同じ色に塗られている。

に、シアノバクテリアではこうなっているからきっと同じだろうなどと推論することが多い。確かにシアノバクテリアがもつ遺伝子とよく似た遺伝子が植物にもあり、その産物が葉緑体で働いているというケースは多く、このような推論がまったく誤りともいえないが、詳しく調べるとその機能が異なるということもしばしばである。

最初に述べたように、本書のテーマは、こうした細胞内共生説が科学的に見てどの程度正しいのかを考察し、再評価することであるが、同時に、誰がこのようなオルガネラの細胞内共生説を考えたのかを明らかにすることも重要な問題である。

細胞内共生説を幅広く説明した著書としては、リン・マーギュリス Margulis（一九三八〜二〇一一）が一九七〇年に刊行した『真核細胞の起源』*Origin of Eukaryotic Cells* が有名である（Margulis 1970）。当時最新の生化学データによって、それ以前に考えられていた空想的な細胞内共生説に科学的根拠を与えたと言われている。しかしこの本を実際に読んだ人はいるのだろうか。少なくとも日本語には翻訳されていないので、日本人でこの原著を読んだ人は主に専門家だけであろうし、おそらく数えるほどしかいないのではないだろうか。ただし、一九八一年に内容を改めた『細胞の共生進化』（Margulis 1981）が刊行され、その第二版（1993）の翻訳が二〇〇二年に刊行されているので、これはおそらく広く読まれていると考えられる。マーギュリスの本は、細胞内共生の説明図を見るだけなら、すぐに納得してしまいそうだが、本当に中身を読むとなるとなかなか難しい。特に真核細胞の分裂の様式についての仮説とそれを説明する生命起源論は、空想が膨らんでいるばかりで、普通の科学者の理解を超えている。

マーギュリスの生命起源論に関しては、彼女の最初の夫であった天文学者カール・セーガンに触発されたであろうことが、彼女の一九六七年の論文（Sagan 1967）の引用文献からもわかる。ところが生物の初期進化について、好気性細菌がシアノバクテリアのあとから生じたなど、現在認められていることとはだいぶ違うことが書かれている。真核細胞の有糸分裂の起源の説明にいたっては、まともに理解することは困難である。当時も誰も賛成せず、現在の生物学の知識に照らしてみれば全部間違いと考えられるが、マーギュリスは一九九三年やその後の著書においても、この仮説を決して取り下げなかった。多くの読者は、この部分はブラックボックスとして、そのまま読み飛ばしているのだろうが、あとに説明するように、この部分こそがマーギュリスの思想の核心である。これをきちんと読み解くことによって、細胞内共生説に対するマーギュリスの貢献を正しく評価できると考えられる。

では、マーギュリスでなければ、誰が細胞内共生説を考えたのだろうか。もともと一九六〇年代には、葉緑体やミトコンドリアのＤＮＡが発見され、それらの論文の中にも、これらオルガネラの細胞内共生説への言及があった。その際には、二十世紀初頭のロシアの二人の学者の名前が引用されていた。一人はコンスタンティン・メレシコフスキー（一八五五〜一九二一）、もう一人はアンドレイ・ファミンツィン（一八三五〜一九一八）である。葉緑体の細胞内共生説に関する彼らの論文は、ロシア語のものだけでなく、当時の生物学の中心であったドイツの基幹的学術誌にも掲載され、広く読まれたようである。しかし二十世紀初頭の当時、基本的な代謝や生体物質に関する知識も少なく、彼らの仮説はあり得る可能性の一つという以上の扱いは受けなかった。また、おそらくドイツ人やロシア人を除き、現在のオルガネラ研究者で、彼らの論文を読んだ人はほとんどいないはずである。現在の生物学では英語以外の文献を参照することがなくなり、昔の科学文献を読める人がほとんどいなくなってしまった。マーギュリス自身もロシア語はおろかドイツ語の文献も読むことはできなかったようであるが、それでも断片的な引用や孫引きはしていた。そのため、本書のもう一人の主役はメレシコフスキーである。葉緑体の細胞内共生説を一九〇五年に唱えた論文（Mereschkowsky 1905a）は、一九九九年になって英語にも翻訳され（Martin & Kowallik 1999）、また最近、筆者自身が日本語にも翻訳した（佐藤 2016）。その内容とマーギュリスの書いていた内容を比較しながら、細胞内共生説がどのように成立してきたのかという歴史を眺めることは、細胞内共生説自体の論理構成や現代的位置づけを考えるためにも、必要なことである。

第Ｉ部では、メレシコフスキーとマーギュリスという二人の主役の学説を説明するだけでなく、二十世紀を通じて育まれた細胞内共生説をめぐるさまざまな議論を紹介する。細胞内共生に関する生物学的な検討は第Ⅱ部で行う。

6　類似性から連続性へ、そして不連続性へ

細胞内共生説を考える際に、読者の皆さんにぜひ注意していただきたい点がある。それは、この考え方においては、細胞内共生という言葉から想像される細胞学的な事象と、葉緑体がシアノバクテリア起源であるという進化学的な仮説とが常に渾然一体となって扱われていることである。葉緑体は葉緑体からしかできないことを一般化した、「葉緑体の連続性」という考え方がある。それを延長すると、シアノバクテリアから葉緑体までが進化の歴史の上で連続していることになる。そうなると、シアノバクテリアと葉緑体は、あらゆる性質が共通であるかもしれないと思えてしまう。逆に、両者に共通の性質や類似性を連続性の根拠と見なすことになる。これは特に第Ⅰ部で扱う歴史的な学説において強調されていたことである。

これに対して、第Ⅱ部で扱う最近の研究の進歩の結果、連続性が実はかなり限られたものであることがわかってきた。これは類似性か差異かという問題ではなく、類似の形質があっても、それらはかならずしも同じ起源ではないという問題である。言い換えれば、不連続性の発見である。不連続性をどのように考えるのかによって、細胞内共生説のとらえ方も大きく変わってくる。一度だけの細胞内共生があり、それ以外に多くの外来遺伝子の獲得があったという考え方、外来遺伝子の数だけ共生事象もあったという考え方、外来遺伝子は共生以前からも入ってきていたという考え方、共生の後で共生体の遺伝子

が一つ一つ外来遺伝子に置き換えられていったという考え方など、いくらでも学説があり、現在（二〇一八年時点）論争の真っ最中である。ミトコンドリアと葉緑体の歴史も実はかなり異なるかもしれない。また、これらのオルガネラを含む真核細胞の誕生がどのようにして起きたのかもまだわからない。細胞内共生説は真核生物の起源とも密接に結びつき、オルガネラとそれを生み出したであろう細菌との連続的な系譜と、実際に観察される不連続性の解釈の組み合わせにより、いくらでも異なる考え方がありうる。

　こうした状況のもと、もう一度歴史を振り返ることによって、そもそもなぜ私たちはオルガネラの起源として細胞内共生を想定する必要があったのかを再認識し、現在の段階で、これまで素朴な細胞内共生説をそのまま受け入れたことを再検討しないままに、不連続性についてこじつけの解釈を積み重ねてきたのではないかと反省してみることは重要である。それが、歴史と生物学をセットにした本書のもくろみでもある。では歴史からひもといていこう。

I

細胞内共生説の歴史的展開とそれをめぐる人々

第Ⅰ部では、オルガネラの細胞内共生説を誰がどのような形で提唱したのか、また、その背景にはどんな生物学の発展があったのかという問題を扱う。おそらく細胞内共生説の古い歴史はほとんど知られていないので、聞いたこともない人名ばかりかもしれないが、それぞれの時代にはかなりの影響力をもっていた研究者も多い。なによりも、細胞内共生説を提唱したのはマーギュリスだけでなく、きわめて多くの研究者が、しかもそれぞれにかなりしっかりとした根拠をもって考えていたことを知ってほしいと思う。

第1章　細胞内共生説のあゆみ

詳しい歴史を紹介する前に、まず、細胞内共生説というものの出現から受容までの流れをたどっておくことにしたい。

1　年表でみる細胞内共生説

最初に、時系列に沿って、色素体を中心とした細胞内共生説の提唱から変遷、受容までの展開を紹介する。ミトコンドリアの細胞内共生説については、本当に確実なことがわかってきたのはごく最近のこと、というよりも、まだまだ議論が続いている最中なので、ここではごく簡単に扱っている。なお、本書の文献リストも年代順にならべているので、この年表よりもさらに詳しい歴史を知りたい方は、巻末の文献リストも年表として活用していただきたい。

●一八八三年　シンパー Schimper が葉緑体など色素体の連続性を提唱する中で、共生起源について示唆した。

●一九〇五年　メレシコフスキー Mereschkowsky が色素体の藍藻起源説を提唱した（複数並列共生）。

●一九〇七年　ファミンツィン Famintzin が色素体細胞内共生説を提唱した。

●一九一〇年・一九二〇年　メレシコフスキーの長編論文が発表された。

（この間、細胞内共生説はごく一部の著者の言説として語り伝えられていた）

●一九五二年　レーダーバーグ Lederberg が遺伝学的共生を定式化した。

●一九六二年　リスとプラウト Ris & Plaut がクラミドモナス葉緑体にＤＮＡの存在を示唆。同時にメレシコフスキーらの論文にも言及し、細胞内共生の可能性を示唆した。

●一九六三年　ナス Nass らによりミトコンドリアＤＮＡが発見された。

（この頃、オルガネラの細胞内共生に関する本格的な学会が開催されはじめた）

●一九六六〜六七年　色素体の藍藻起源説を述べる短い論文がいくつか発表された。

●一九六七年　マーギュリス Margulis が真核細胞の分裂機構を共生体によって説明する論文を発表。色素体とミトコンドリアの共生起源も含めて真核細胞の起源を説明しようとした（複数並列共生）。

●一九六九年　細胞内共生説に関する微生物学会のシンポジウムが開かれた。一九七〇年には論文集も刊行された。

●一九七〇年　マーギュリスの『真核細胞の起源』が出版された。

●一九六七〜七五年　色素体・ミトコンドリアの内生説（連続説）を定式化する論文と共生説支持

の論文がそれぞれ発表された。

- 一九七四年　スタニエ Stanier が紅藻葉緑体の藍藻起源を支持した。
- 一九七五年　原核緑藻 *Prochloron* が報告され、複数並列共生の可能性が高まったかに見えた（一九九〇年代に否定された）。
- 一九七五～七八年　分子系統解析により色素体の共生説が確証されたが、ミトコンドリアに関しては議論が残った。
- 一九八一年　ワトリー Whatley により二次共生説が提唱された。
- 一九八二年　グレイ Gray の総説において、色素体の細胞内共生起源は間違いないが、ミトコンドリアの起源についてはもう少しデータが必要との認識が示された。
- 二〇〇〇年前後から、ゲノムデータに基づく、色素体・ミトコンドリアの共生起源のより詳しい解析が始められた（オルガネラの単一起源、共生体の同定など）。

これらを見ると、オルガネラＤＮＡの存在が細胞内共生説の決め手となっていることがわかる。問題は、それ以外の特徴、たとえば光合成のしくみ、遺伝子発現系、膜の合成系などの比較が、細胞内共生説にどのように影響を与えたのか、補強したのか、それとも支持するように見えて結局そうではなかったのかを明らかにすることである。同時に、誰がどのように細胞内共生説に貢献したのか、歴史の中で細胞内共生説に対する態度を変えた研究者もいるが、それはどのような理由なのかなどを解明することが課題である。

2 関連文献の紹介

細胞内共生説の歴史的な考察については、科学史家ジャン・サップ（カナダ・ヨーク大学）の『結びつきによる進化』*Evolution by Association* がある（Sapp 1994、邦訳はない）。これは一九九四年に書かれたもので、それはちょうど、葉緑体とミトコンドリアの細胞内共生起源が分子系統解析によってほぼ確実と見なされるようになった時代である。葉緑体とミトコンドリアの細胞内共生起源が解明される過程を、十九世紀後半からの共生の考え方の進展を背景として、提唱されたさまざまな共生起源説を紹介しながら解説している。全体で一三章あるうちで、最後の三章が一九六〇年代以降の出来事を扱っている。専門的な内容には触れないという配慮なのかもしれないが、その最後の部分では次々といろいろな発見や理論の提唱が立て続けに述べられており、やや粗雑な感じがする。また、葉緑体よりもミトコンドリアに重点が置かれているように見受けられる。ちなみにこの本は、古いものも含めて、共生進化に関する主な文献を網羅しているので、ソースブックとしても便利である。

同じカナダのハリファックスにあるダルハウジー大学の進化学者ジョン・アーチボルトによる、もう少し生物学寄りの共生進化に関する書物が二〇一四年に出版された。『1足す1は1』（Archibald 2014）というタイトルが示すように、二種類の生物から新たな生物ができる細胞内共生を、主に歴史的な経過を追いながら解説している。特にマーギュリスの生涯と研究については、かなり詳しい記述がある。これもまだ邦訳はないが、多少くだけた一般人向けの英語なので一見誰でも読めそうであるが、日常英語に慣れていない研究者にとってはニュアンスが読み取りにくいところもあり、必ずしも易しい読み物ではない。

マーギュリスの著作については、一九七〇年の代表的な著書である『真核生物の起源』(Margulis 1970)の翻訳は行われていない。代わりに、一九九三年の『細胞の共生進化』(第二版)(Margulis 1981/1993)の訳が二〇〇二年に刊行されている。内容的には、前著に分子系統解析の結果を加えて補強したものになっており、比較的読みやすい。マーギュリスの他のいくつかの著作についても邦訳がある。生物学全体の歴史については、筆者が最近翻訳したモランジュの『生物科学の歴史』(Morange 2016)などが参考になる。日本人の著作についても巻末の文献にまとめておいたので、参考にしていただきたい。

第2章 細胞内共生説を初めて提唱したメレシコフスキー

この章では、ロシアの生物学者メレシコフスキーの業績を紹介する。先にも述べたように、メレシコフスキーは細胞内共生説を明確に提唱した最初の学者である。かなりの変人であったというこの異才が考えた細胞内共生説と現代の学説との不思議な関連性も指摘しておきたい。

まず、少し経緯を説明しておくことにする。実は色素体（葉緑体・白色体・有色体などの総称）の細胞内共生起源に関しては、マーギュリス（Margulis 1970）は、すでに自明であるとの態度で解説しており、その最大の根拠は、以前の指導教員であったリスとプラウト（Ris & Plaut 1962）による葉緑体ＤＮＡの発見であった。この論文では、色素体起源の細胞内共生説を最初に提唱した論文として、メレシコフスキーの論文（Mereschkowsky 1905a）とファミンツィンの論文（Famintzin 1907）が引用されている。マーギュリスは、大学でのリスによる講義の中でウィルソンの細胞学の教科書（Wilson 1925）を読んでおり、その中に細胞内共生説が紹介されていた。しかしその筆致はきわめて否定的で、空想的な仮説を嘲笑しているようであった。マーギュリスが細胞内共生説の論文を書いた一九六七年の時点では、ウィルソンの教科書に基づいてメレシコフスキーなどの論文を孫引きしているだけで、実際にはもとの論文を読んでいなかったと考えられる。マーギュリスの論文・著書の独創性を評価するためには、それ以前の研究者がそれまでにどれだけのことを述べていたのかを知ることが必要である。なかでも、色素体の細胞内共生説を最初に提唱したロシアの生物学者メレシコフスキーが何を述べていたのかは、どうしても確認しておかなければならない点である。

こうした問題意識から、筆者はメレシコフスキーの一九〇五年の論文の全訳を『光合成研究』に掲載し、簡単な解説も記した（佐藤 2016）。同じ論文は、一九九九年にマーティンらによって英訳されている（Martin & Kowallik 1999）が、日本人にとってはあまり読みやすいものではない。特に科学史的な内容では、ドイツ語の単語をそのまま英語に置き換えただけの部分が多く、現代の若い研究者・学生にとって理解が難しい点も多いので、ドイツ語から直接翻訳した拙訳を利用していただきたい。ここではその内容に基づいて、メレシコフスキーの人物像と業績を紹介し、色素体の細胞内共生説の提唱者としての位置づけを説明したい。

1　メレシコフスキーの人物像と業績

コンスタンティン・メレシコフスキー（一八五五〜一九二一）については、サップらの論文（Sapp et al. 2002）にかなり詳しく紹介され、完全な論文リストも掲載されている。また、後にマーギュリスのリーダーシップで英訳されたロシアのハヒナの著書（Khakhina 1979/1992）にも、詳細な紹介がある。メレシコフスキーはワルシャワで生まれ、一八七五年にサンクトペテルブルク大学に入学すると動物学を学んだ。一八八〇年に卒業した後は、しばらく研究助手を務めたが、パリ、ロスコフ、ベルリンなどの西欧の研究所を歴訪した。蝶の鱗粉など動物の色素の研究が認められて、一八八三年に私講師となった。クリミアなど各地を転々とし、一八九八年から四年間にわたってアメリカのカリフォルニアに滞在し、珪藻の分類などの論文を書いている。祖国に戻ると、カザン帝国大学の博物館職員に採用された。一九〇三年には珪藻の研究で植物学の修士号を授与された。一九〇四年には植物学の私講師となったが、このころ、地衣類の研究から共生の問題に関心をもったようである。一九〇六年に植物学の博士号を取得して、一九〇八年には植物学の特任教授となった。度重なるトラブルがもとで一九一四年に退職を余儀なくされ、その後、ニースを経てジュネーブに移住した。すでにやるべきことはすべてやったと考えたらしく、一九二一年に大がかりな自殺装置をつくり、それを使って自殺してしまった（Sapp et al. 2002）。

一九〇五年に細胞内共生説を発表した当時、五十歳のメレシコフスキーは一介の私講師 Privatdozent であったことが、誰にも不思議に思える。そのため、マーティンらの英訳に伴う解説（Martin & Kowallik 1999）では、科学者としてまだ十分に認められていないメレシコフスキーが、ヨーロッパの文化の中心から離れたカザン大学で研究し、当時の生物学の中心地であったドイツの科学雑誌に大胆な内容の論文を投稿したように記されている。しかし彼が井の中の蛙であったという見方は適切ではない。カザン大学は、当時のロシア帝国有数の大学であった。また、外国遍歴はトラブルメーカーであった彼の逃避行であったというのが実情のようでもあるが、ともかくメレシコフスキーは諸外国を渡り歩き、その過程でさまざまな研究をすでに発表していた。

その後メレシコフスキーは教授となり、一九〇五年の論文に続き、一九一〇年にはドイツ語の大部の論文（Mereschkowsky 1910）を書く機会を得、さらに死の直前の一九二〇年には集大成となるさらに長編の論文（Mérejkovsky 1920）をフランス語で発表することができた。ロシア語の論文（Khakhina 1979/1992 に引用文献リストがある）も確かに存在したが、タイトルから判断する限り、上述のドイツ語やフランス語で発表された論文とほぼ同内容のものであったと思われる。こうした点から、とかく憶測されているのとは異なり、彼は学界から完全に無視された存在ではなかった。それは後に述べるような二十世紀前半の他の学者による主に批判的なコメントでもわかる。無視されていたのではなく、よく知られていたが、多くの人々が懐疑的な見方をしていたということのようである。これに対してサップらの意見（Sapp et al. 2002）は手厳しく、メレシコフスキーが行ったことは、当時のさまざまなデータを適当にまとめ上げて細胞内共生説や生命起源論にしただけだという。筆者の意見としては、こうした見方は生物学そのものの専門家ではない科学史家が外側から見た印象のように思われる。サップは、細胞内共生説を分子系統学によりサポートするというめざましい研究が進められていたカナダの研究チームとの交流によって、これが新しい学問であるとの印象を強くもちすぎていたのではないかと思われる。

別の見方をするならば、メレシコフスキーの時代のロシアには、無政府主義者とされるクロポトキンのように人間社会における共生をテーマとして活動した人々がいただけでなく、微生物生態系を研究したヴィノグラドスキー（一八五六〜一九五三）のような学者もおり、共生という概念自体にはロシア的な要素があったと考えられる（Morange 2016）。つまりロシア人であったからこそ、メレシコフスキーは細胞内共生というアイディアを着想し、それを展開することができたという考え方も成り立つと思われる。

2　メレシコフスキーの色素体細胞内共生説

Mereschkovsky（1905a, b）には、シアノバクテリア（藍藻）が動物細胞に入り込んで共生することによって植物・藻類細胞が生まれ、それ以後、色素体は色素体から生ずるという連続性があることが述べられている。シアノバクテリアという呼称は最近のものであり、一九七〇年代まで、藍藻 Cyanophyta（藍藻植物）という表現が用いられてきた。そのため、本書では歴史的な内容を述べる際には、シアノバクテリアではなく、藍藻という表記を用いることにする。色素体の連続性は、それに先立つシンパーの論文（Schimper 1885）で確立しており、メレシコフスキーはこの論文を読んで、色素体の起源に関する細胞内共生説を着想したと記している。

ここからはメレシコフスキーの一九〇五年の論文の概略について、筆者による補足もまじえながら紹介しよう。メレシコフスキーの議論は次のような論理構成になっていた。なお、各項目の最初の言葉は、メレシコフスキー論文で挙げられていた項目を表している（ここより筆者による論文概略と補足）。

（1）色素体の連続性

すでにシンパーが確立した概念で、色素体は色素体の分裂によってしか生じない。言い換えれば、新規に色素体が生まれることはない。これを徹底的に突き詰めれば、過去のある時点で存在した色素体が、現在存在するすべての色素体の祖先ということになる。しかし生命の起源を考えたとき、色素体自体も、地球の歴史の中のある時点でつくられたはずである。もしもそのときに細胞の中から自発的につくられたのだとすると、そうしたことはいまでも見られるはずである。しかしそれは正しくない。となると、色素体はあるとき突然に出現したことになる。それを合理的に説明できるのは、独立生活性の光合成を行う細菌が植物の祖先の細胞に入り込んで葉緑体となったという仮説である。このようにメレシコフスキーは、純粋な推論によって、葉緑体の細胞内共生起源説を導き出した。

（2）色素体がもつ細胞核からの高度な独立性

当時の技術でも、原形質分離によって植物の細胞の原形質の一部をくびりとるということができ、その場合、核を含まない原形質に含まれる色素体はそのまま生存できたとされている。さらに、色素体を細胞から取り出しても、しばらくは生存していることが知られており、そのため、色素体は細胞核からの支配に完全には依存していないように見えるとされた。現在でも、単離葉緑体を使った光合成研究は言うに及ばず、単離した葉緑体における遺伝子発現の研究も行われている。ただし、葉緑体の多くのタンパク質が細胞核にコードされており、細胞質で合成された前駆体タンパク質が葉緑体に輸送されることによって、葉緑体の機能が維持できていることも、いまではわかっている。言い換えれば、本当は、葉緑体は細胞核から完全には独立ではないが、ある程度の時間であれば、独立なように見えるということである。そしてこのことは、実際にメレシコフスキーも認識していた。彼が考えた理由は、葉緑体が成立して以来長い時間が経っているため、いまでは完全に独立でなくなっているということであった。

（3）色素体と動物寄生クロレラとの完全な類似

Amoeba viridis［おそらく緑色をしたアメーバと思われる］にはクロレラが寄生しており、その場合、この緑藻は、植物の色素体同様、核とは独立に成長・分裂するという点で、独立性が高いと考えられた。本来色素体は原核生物的であり、それを真核生物であるクロレラが共生したものと同等に考えるのは不適切であることが、ファミンツィンによって指摘されている。しかしメレシコフスキーにはその区別はできており、彼がここで類似を持ち出したのは、光合成をする微生物が共生する例が実際にあることを主張するためだったと思われる。メレシコフスキーは、この他、褐虫藻も例として挙げている。ただし両者には違いもあり、色素体は細胞外に取り出すと死滅してしまうが、クロレラはもとの動物細胞から取り出しても生きていける。すでに述べたように、メレシコフスキーは、これについて、共生してからの年月の違いと考えていた。

（4）独立生活をする色素体と見なすことのできる生物も存在する

色素体と単細胞性の藍藻とはよく似ている。藍藻は独立生活をする。構造的にも両者はよく似ている。類似点については、次の節でまとめる。当時も、またマーギュリスも、共生という概念には、独立生活もでき、共生状態にもなることが前提となっていた。そのため、色素体が共生体だというためには、独立生活する色素体類似生物の存在が不可欠だった。

（5）藍藻が事実上、細胞質で共生体として生きている例がある

（4）と似た根拠の考え方だと思われるが、本来独立生活をする藍藻が細胞内に入り込んで、長期間にわたり保持されていると思われる例があるというのである。メレシコフスキーは三つの例を挙げていたが、これについては本章4節で説明する。

3　藍藻と色素体の比較

ここではメレシコフスキーが述べていた藍藻と色素体との比較を振り返ることにする（表3）。また真核生物と原核生物の区別が一般には行われていなかった時代だが、メレシコフスキーは「真正な核」を理解しており、藍藻も色素体も原核生物様であることを把握していた（項目3）。この点は、緑藻が細胞内共生したミドリゾウリムシなどの例とは明らかに違う。メレシコフスキーは、こうした真核藻類の共生の例も使いながら、それでも藍藻の細胞内共生を明確に区別して提唱していた点が注目される。ただし、項目3で見えていたものは、葉緑体ならピレノイド、藍藻ならカルボキシソームと思われ、DNAを含む核様体が見えたとは思えない。ともかく真核生物の核に似たものが葉緑体にも藍藻にも見えないということが認識されていたことは重要な事実である。

そのほか、項目1と2は顕微鏡で見える形態的特徴の類似を述べたもので、今日から見れば表面的な記述に見えるかもしれないが、チラコイド膜（当時はわかっていない）が藍藻細胞の内部でも、葉緑体内部でも、ほぼ全体にわたって存在していることに注目している。小さな水滴状の構造というのがグラナのことなのか、それともその他の顆粒なのかはわからない。

項目4は最も重要な点で、光合成を行うことが藍藻と葉緑体の共通性として述べられている。むしろこれが最初に来てもよいはずだが、おそらく、形態的特徴から順に述べ、生理学的機能は後で述べるという立場だったものと思われる。また改訂後の項目4ではタンパク質合成ということが述べられている。

表3　メレシコフスキーが1905年当時に考えた藍藻と色素体の比較（佐藤 2016）

藍藻（*Aphanocapsa*, *Microcystis* など）	色素体
1. 細胞は小さく，均一な緑色で，球形または卵形，きわめて単純な構造をもつ。	1. 小さく，緑色（元来は *Cyanomonas* のように青緑色）で，球形または卵形の形をしており，単純な構造をもつ。
2. 緑色色素は均質に原形質に分布，または非常に小さな水滴状の構造に分布している。	2. 緑色色素は均質にストロマに分布，または非常に小さな水滴状の構造に分布している。
（改訂前の記述） 3. 真正な核は含まれないが，核の前駆体のように見える一定の構造（核様体 Nucleinkörper）だけがある。	3. 真正な核は含まれないが，変化した原始的な核と思われる一定の構造（ピレノイド）だけがある。
3. 真正な核は含まれないが，無色の中心集塊 Zentralmasse だけがあり，おそらく見えない小さな染色体が含まれている。	3. 真正な核は含まれないが，ときおり，無色の中央集塊（ピレノイド）だけがあり，これは藍藻の中央集塊に対応するように見える。
（改訂前の記述） 4. 栄養：光のもとで二酸化炭素の同化。	4. 栄養：光のもとで二酸化炭素の同化。
4. 栄養：光のもとで二酸化炭素の同化。タンパク質の合成。	4. 栄養：光のもとで二酸化炭素の同化。タンパク質の合成。
5. 増殖：分裂による。	5. 増殖：分裂による。

1905年の最初の論文（1905a）と，その訂正版（Mereschkowsky 1905b）で改訂された内容を併記する。

当時の技術では、葉緑体や藍藻の内部でタンパク質が合成されていることを確かめる手段はなかったはずだが、メレシコフスキーは推論によって、これを記したようである。二十世紀初頭、有機化学から分かれ始めた生化学の進歩（Morange 2016）により、タンパク質の重要性が認識され始めていたことと対応している。

項目5も見逃せないポイントである。葉緑体が分裂によって殖えることはシンパーによって確立されていたが、藍藻細胞も分裂によって増殖するので、両者は似ているという主張である。葉緑体も藍藻もくびれ込みによる二分裂をするが、真核細胞の分裂様式は異なる。つまり、植物細胞は内部に細胞板が形成され、それが拡張して新たな隔壁となる。こうした点で、葉緑体の分裂様式が藍藻の分裂様式と似ているように見えたのであろう。現実に、二〇〇〇年頃から、葉緑体の分裂には原核的な分裂因子が関与していることが次々と明らかにされ、両者の分裂様式の類似性がはっきりと認識され始めた（Miyagishima 2005）。その点では、一九七〇年当時の知識はメレシコフスキー当時の知識と大差なかった。そのことは、他の項目についても言える。一九七〇年当時の知識が一九〇五年当時と違っていたとすれば、それは唯一、葉緑体ＤＮＡの存在が一九六二年以降に知られたことであろう。この点についてはさらに議論を進めていくこととする。

4　現存する藍藻の共生体の例

メレシコフスキーが現存する共生体の例として挙げたものは、以下のようなものであった。メレシコフスキーによる引用情報はかなり粗雑であったため、正確に書かれていなかったと思われる点は、AlgaeBase などの情報により補って考えることにする。

- *Paulinella chromatophora*（根足類。Lauterborn 1895 により記載）
- *Cyanomonas americana*（クリプト藻。Davis 1904 により記載。メレシコフスキーは 1894 と記載し、詳し

い論文名を挙げていなかった）

- *Rhizosolenia styliformis*（珪藻。もともとの発見は Brightwell 1858 だが、メレシコフスキーは Ostenfeld & Schmidt 1901 を引用している。また、*Rhixosolenia* と記載していた。この引用文献は確認できない）

これらの例を見ると、当時としては比較的新しく発見された奇妙な生物に基づく、最新の研究成果であったことになる。興味深いことに、これらの生物はどれも近年の研究において、新たな研究の発展をみたものであり、その意味でも、細胞内共生説の歴史において、重要な役割を果たしたものと考えることができる。また、メレシコフスキー自身がこれらを実際の藍藻が細胞内共生したものと見なしたのとは異なり、現実には、どの場合にも「共生体」を単離培養することはできず、その意味では、起源は藍藻かもしれないが、すでに藍藻そのものとは別物になっていると言うべきであった。それぞれについてもう少し説明しておこう。

Paulinella chromatophora は、永らく *Cyanophora paradoxa* とともに、実際に藍藻が共生している典型的な例と見なされ、この共生体はシアネラと呼ばれていた。なんと一九七六年の細菌学の教科書でもそのように扱われていた（Stanier et al. 1957/1976）。

藍色細菌（blue-green bacteria）共生体はシアネラ cyanelle と呼ばれる。それらは淡水産の原生動物のいくつかの属に見られる（たとえばべん毛藻 *Cyanophora* と *Peliaina*、およびアメーバ状の根足類 *Paulinella*）。

Peliaina は一個から六個のシアネラをもつ。共生は細胞分裂とのバランスで成り立っているが、こ

のしくみはしばしば破綻し、シアネラをもたない原生動物が生ずる。*Cyanophora* と *Paulinella* の場合には、共生関係は完全に制御されていて、宿主となる原生動物は通常二個のシアネラをもち、細胞分裂の際にはそれぞれの娘細胞が一個ずつ受け取る。すると共生体が分裂し、もとのとおり宿主あたり二個の数を回復する。（Stanier et al. 1957/1976, p. 758、筆者訳）

なお、*Peliaina cyanea* は *Cyanophora* と同じく灰色藻であるが、そのシアネラは他の文献では単細胞藍藻 *Synechococcus* に属するとまで書かれていた。*Peliaina* の記述は Pascher（1929b）に基づいていて、Meyer-Abich（1950）でもほぼ同一の記述があった。一方、*Cyanophora paradoxa* の発見は一九二四年であり（Korschikov 1924）、メレシコフスキーの死後であった。*Paulinella* 類に含まれるシアネラはクロマトフォアとも呼ばれ、これは実際には単独で生活できない。現在の系統解析結果によれば、通常の色素体はすべて単系統であるが、クロマトフォアはそれとは異なる藍藻に起源をもつと考えられ、通常の色素体とは独立した第二の一次共生生物と判明した（Nowack et al. 2008）。なお、クロマトフォアという言葉は、二十世紀初頭には色素体の意味でプラスチドという言葉とともに使われていた。現在は色素体の意味ではプラスチドだけが使われ、クロマトフォアはポーリネラ（根足類の光合成生物。第6章4節参照）の共生体や嫌気性光合成細菌の内部の膜胞について使われる。また、訳文中での原生動物は原生生物とほぼ同じものを指すが、昔は原生動物と呼ばれたので、そのように訳している。現在ではその大部分が動物が含まれるオピストコント類には属さないことがわかり、原生生物と呼ぶのが一般的である。

Cyanomonas をはじめとするクリプト藻類は、一九八〇年頃になり、二次共生生物として最初に提案されたものであり、共生体として想定される紅藻の細胞の内部で、葉緑体が保持されているほか、退縮し

た紅葉の細胞核がヌクレオモルフとして残っていると考えられている（Douglas et al. 2001）。

珪藻類には、*Rhizosolenia* 類など、内部にスフェロイドボディ spheroid body と呼ばれる無色の顆粒を含むものがあり、これが藍藻と似ていると考えられた。これは今日の電子顕微鏡観察に基づけば納得できることだが、メレシコフスキーの時代にこれを藍藻と関係づけたことは、先見の明である。彼のアメリカでの珪藻の研究が功を奏したのであろう。近年の研究によれば、この顆粒が光合成ではなく窒素固定を行うことがわかり、それはごく最近になり、ゲノム解析で確認された（Nakayama et al. 2014）。そのため、これを第三の一次共生と見なすことができる。

現在から振り返ると、確かに当時、限られたデータに基づいていたとはいえ、メレシコフスキーの説は非常に示唆に富む内容を含んでいたことがわかる。

メレシコフスキーは、その後一九一〇年と一九二〇年に西欧の生物学雑誌に長文の解説論文を発表した（Mereschkovsky 1910, Mérejkovsky 1920. 綴りが異なるのは、もともとのロシア語表記の名前を西洋語に転写する際の方式がまちまちなためである）。これらの論文では、一九〇五年の論文の仮説を大幅に拡充し、共生という観点から幅広く解説したが、本質的な論点としては、一九〇五年の論文を大きく超えたものではない。それでも一九一〇年の論文には、さまざまな色の色素体が、その色をもつそれぞれ異なる藍藻類の細胞内共生によって生まれたという色素体多重起源説が図示されていたことは注目に値する。これは後にマーギュリスの論文（Margulis & Bermudes 1985）にも再録され、マーギュリスの色素体多重起源説と比較できるように示されている。

メレシコフスキーは、真核細胞の細胞核もミクロコッカスという細菌に由来すると考えた。そのため、まずミクロコッカスの細胞内共生によって真核細胞ができ、そこに藍藻が細胞内共生することにより、葉緑体が誕生したと考えた。ミクロコッカスが入る前の細胞がどのようなものかは明確でないが、真核細胞の細胞核と細胞質が別々の性質をもち、異なる起源をもつと考えたのである（Mereschkowsky 1910）。この部分は後にマーギュリスの支持者によって批判され、色素体の細胞内共生説も、マーギュリスが本来の提唱者であり、メレシコフスキーは誤った学説の一部として色素体のことも述べていたと批判された。これは最近の評論でも見られる批判である（Lazcano & Peretó 2017）。こういう批評家は、マーギュリスの説の主要テーマが誤りであったこと（第4章で詳しく述べる）には目をつむっているので、実に不思議である。メレシコフスキーは、ミトコンドリアの起源については細胞内共生と考えなかった。後に紹介する説（第3章3節）を見ても、ミトコンドリアの実体そのものがまだ明確ではなかった時代なので、このように考えたこともやむを得ないのかもしれないが、やや不可解な点である。

5　共生創成という考え方

以上のように、メレシコフスキーは当時の知識を総動員して、色素体の起源の細胞内共生説を考え出した。それにはロシア的な文化的背景もあったに違いないが、彼自身の珪藻や地衣類の研究が大きく貢献していた。さらに荒唐無稽な理論を堂々と主張できるという度胸は、彼の特異な性格にもよっていたのかもしれない。細胞内共生説から一歩進んで、メレシコフスキーは一九一〇年の論文において共生創成 Symbiogenesis（ドイツ語なので大文字で表記する）という考え方を提唱した。この言葉はその後、コゾ＝ポリャンスキーらの中心的思想となり、またマイアー＝アビッヒもこの考え方を独自に発展させた。これは、異なる細胞が細胞内に共生し定着することによって、新たな種類の細胞が生まれるという考え方である。それは後のマーギュリスの真核細胞の起源の考え方にも連なるものだが、当時、ダーウィンの進化論だけでは生物進化における新奇性の出現を十分に説明できないと感じた研究者は多く、彼らの不満の一つのはけ口であったとも考えられる。なお、同じ symbiogenesis という言葉を使っても、特に細胞内共生とは無関係な進化の議論もあったようである（Reinheimer 1915）。

第3章　二十世紀前半の細胞内共生についての諸説

メレシコフスキーの説以降、あるいはそれと並行して、細胞内共生を含むさまざまな説が提唱された。その歴史的経緯については、サップの著書（Sapp 1994）に詳しい。ロシアにおける研究については、ハヒナの著書（Khakhina 1979/1992）に述べられている。ミトコンドリアの共生起源説も並行して提唱されていたが、色素体と比べると、実験的根拠も曖昧で、評価できるものは少ない。この章では、十九世紀末から二十世紀前半における共生や細胞内共生についてのさまざまな言説を簡潔に紹介する。

1　シンパーの色素体概念

アンドレアス・フランツ・ヴィルヘルム・シンパー（一八五六～一九〇一）はドイツの植物学者で、父ヴィルヘルム・フィリップやその従兄弟にも関連分野の研究者がいた。彼は植物生態地理学の研究と色素体の植物生理学の研究で知られる。葉緑体関連の研究としては、一八八三年の論文「葉緑体と色素体の発達について」(Schimper 1883) と、一八八五年の大論文「葉緑体とその相同体についての研究」(Schimper 1885) がある。シンパーはこれらの論文において、葉緑体と白色体、アミロプラストなどが相同な構造体であることを述べ、まとめて色素体（クロマトフォアまたはプラスチド）と呼んだ。そして何よりも重要なこととして、色素体が色素体の分裂によってのみつくられることを確立した。

色素体は究極的には別の色素体から生じ、決して細胞質から新規合成されることはない。(Schimper 1885, p. 5. 訳文は佐藤 2016 より)

もともとフランスのラスパイユによって一八二五年につくられた言葉「すべての細胞は細胞から」が、ルドルフ・フィルヒョウ（一八二一～一九〇二）により一八五五年になって周知され、ようやくその内容が一般的に認められた (Morange 2016, 邦訳 p. 121, 124)。そして今度は、「葉緑体は葉緑体から」あるいは「色素体は色素体から」ということも確定したのである。

シンパーはさまざまな種類の色素体のさまざまな性質を網羅的に記載した。色素体の起源についての記述は、本文ではなく、一八八三年の論文の脚注に述べられていた。

色素体が卵細胞で新規合成されないことが決定的に証明されているとするならば、色素体とそれを含む生物との関係は、どちらかと言えば、共生を思い起こさせる。ひょっとすると緑色植物は本当に、無色の生物とクロロフィルを均一に含む色素体の祖先との融合によってできたのかもしれない。(Schimper 1883, pp. 112–113 の脚注 2。訳文は佐藤 2016 より)

この言葉を読んだメレシコフスキーは深く影響をうけ、その内容をさらに独自に発展させることにより、最初の色素体細胞内共生説の提唱に至ったとされる。色素体の連続性から藍藻と色素体を通じた連続性への飛躍である。シンパー自身は、一八八五年以降、葉緑体関連の研究をさらに発展させることはなく、その後、一八九八年には生物地理学の大著を完成させた。

2 ファミンツィンの色素体細胞内共生説

メレシコフスキーと同じ時代に色素体の細胞内共生説を提唱したロシアのもう一人の学者がアンドレイ・セルゲイヴィッチ・ファミンツィン（一八三五〜一九一八）である。帝政ロシアの首都であったサンクトペテルブルクにあった帝国大学の植物生理学教授であり、光合成や葉緑体に関する研究業績を重ね、一九一五年にはロシア植物学会名誉会長に選出されている。十九世紀後半からすでに、彼は植物の葉緑体を単離・培養する試みを行っていた。ファミンツィンは一九〇七年にドイツの生物学研究雑誌Zentralblattに「生物の合成の手段としての共生」という研究論文を発表し、シンビオジェネシスによる植物の生成、つまり色素体の細胞内共生説を述べている（Famintzin 1907）。これは一九〇五年にメレシコフスキーが論文を発表したのと同じ雑誌である。彼は地衣類が藻類と菌類からできていることを示し、それに基づいて、異種生物の合成による新生物の誕生を理論化しようとした。植物細胞から葉緑体を単離することができることに基づいて、葉緑体が細胞核とは独立して増殖していると考え、さらに、動物クロレラや褐虫藻などと同様、葉緑体が細胞外でも自律的に増殖できると考えた。本質的にはシンパーが述べていた色素体の連続説を拡張し、自身の地衣類に関する研究を総合したことにより、独立生活をしていた複数種の生物が共生により新たな生物種を生み出すことを考え、植物もその例であるとした。したがって、これらの考えはメレシコフスキーの考えと大きく異なるものではない。

おもしろいことに、ファミンツィンはメレシコフスキーが気に入らなかったようで、まだ博士でも教授でもなかったメレシコフスキーの知識のなさや、動物クロレラと色素体の構造の違いを認識していないこと［クロレラには細胞核があるが、色素体にはない］など、メレシコフスキーの論文を長々と引用しながら批判している（Famintzin 1907, p. 360）。しかし前にも述べたように、メレシコフスキー自身はこの違いを理解した上で、自説を展開していた。原核生物と真核生物との違いがまだ厳密に認識されていなかった当時、これらの指摘にどれだけの意味があったのか、いまの我々が思うのとは意味合いが異なっていたのかもしれない。また、メレシコフスキーが色素体と藍藻との類似性を強調したことについても、ファミンツィンは根拠が薄いと批判していた。ファミンツィンの気持ちとは裏腹に、色素体の細胞内共生説は、その後、メレシコフスキー－ファミンツィン理論と呼ばれて広められていくことになる（本章6節参照）。

3　ミトコンドリアの細胞内共生説

本書の主なテーマは色素体の細胞内共生説であるが、その背景として、ミトコンドリアに関する説も簡単に紹介しておくことにする。ミトコンドリアの細胞内共生説は、まだミトコンドリアというオルガネラが明確に認識されていなかった十九世紀末に遡る。

（1）リヒャルト・アルトマン（一八五二～一九〇〇）はドイツの著名な解剖学者で、ライプツィヒ大学の教授であった。独自に開発した染色法（重クロム酸、オスミウム酸など）や観察法を用いてさまざまな臓器の細胞を観察し、詳しく記載した。一八七一年にフリードリヒ・ミーシャーが単離したヌクレインからタンパク質を除いた酸性物質に対して、一八八九年に「核酸」と命名したことでも知られる。アルトマンは、細胞内にさまざまな顆粒があることを発見し、油滴の他に細胞顆粒 Zellengranula またはビオブラスト Bioblast を記載した（Altmann 1889, 1894）。これがミトコンドリアであったと考える研究者もいるが、アルトマンの書いた文章を読む限り、はっきりとしたことはわからない。むしろアルトマンは、細胞の構築原理を一般的に述べていたようで、細胞がビオブラストなる顆粒と原形質によりできていると考えた。細胞顆粒はタンパク質が組織化された結晶のようなものであり、原形質の中で増殖する生物の基本単位、つまり基本生物 Elementarorganism と考えた（Altmann 1894、最後の結論）。こう述べると、案外、現在の考え方とも通じるところがありそうにも思われるが、当時は厳しい批判を浴び、受け入れられなかった。

（2）ポール・ポルティエ（一八六六～一九六二）はフランスの動物学者で、一九一一年に菌類の研究で学位を取得し、パリ大学理学部で研究を行った。リシェの弟子としてアナフィラキシー現象を発見したが、一九一三年のノーベル賞は師であるリシェが受賞した。一九一八年に『共生体』*Les Symbiotes* を出版し、その中で、ミトコンドリアと細菌の類似性を主張した（Portier 1918）。彼はその中で、動物組織から単離したミトコンドリアを培養すると増殖することなどを述べたが、当然のことながら、それは混入した雑菌（いまの生物学の分野での業界用語ではコンタミネーションまたはコンタミと表現する）の増殖を見ていたに過ぎなかった。彼は細菌が動物の消化管の中で栄養素を取り込んで動物細胞に渡す役割を果たしており、その際、細菌は動物細胞の表面ばかりでなく、細胞内部や組織の奥にも入り込むと述べていた（p. 200）。あまりにも荒唐無稽な彼の説は厳しく批判され、顧みられることはなかった（Sapp 1994）。ポルティエの著書では、Altmann（1894）や Mereschkowsky（1910）などが引用されているが、これらの研究とのつながりは明確でない。

（3）イヴァン・ウォリン（一八八三～一九六九）はアメリカの解剖学者で、コロラド大学医学部教授を務めた。彼はポルティエに影響されて、ミトコンドリアが細菌であるという説を提唱した。サップによれば、ウォリンはポルティエの本を人に訳してもらったが、それには誤りも多く、自分に都合のよい勝手な解釈をして、ポルティエが自分と同じことを述べていたと主張した（Sapp 1994）。ウォリンは一九二四年に「ミトコンドリアの本質について」という論文を書き（Wallin 1924）、ミトコンドリアを取り出して培養したと主張したが、これもまた当然のことながら、コンタミした雑菌の培養に過ぎなかった。一九二七年には『共生と種の起源』を書いて、ミトコンドリアの起源が細菌によるミクロ共生 micorosymbiosis であると述べた（Wallin 1927）。この言葉は細胞内共生 endosymbiosis に相当する。

共生原理 symbionticism は、植物や動物におけるさまざまな形態や生理の変化について、合理的な説明を与えるように思われる。これらの変化が十分に大きく、永続的になると、新種を生み出す。ミトコンドリアが細菌よりも高等なあらゆる生物の細胞に存在するという事実、ミトコンドリアが本質的に細菌であること、ミクロ共生が器官や細胞の形態的かつ生理学的な変化を運命づけることなどから導き出される唯一の結論は、共生原理が種の起源となる根本的原因ということである。（Wallin 1927, p. 114）

藻類は藍藻が共生したもので、べん毛・繊毛もこれらをもつ細菌の共生によると考えた。

繊毛虫やべん毛虫の運動構造は、繊毛やべん毛をもつ細菌の共生によって獲得されたように見える。すでに述べたように、高等生物の細胞の繊毛形成にはミトコンドリアが伴っていることを主張する研究者もいる。（Wallin 1927, p. 142）

これは、後にマーギュリスが共生説の原典の一つとして引用することになる著書であるが、内容には大いに問題があった。なお、この本の中で、Altmann（1889）や Merejkovsky（1920）という引用がある。

4　コゾ＝ポリャンスキーの共生創成理論

ボリス・ミハイロヴィッチ・コゾ＝ポリャンスキー（一八九〇〜一九五七）はロシアの植物分類・形態学者で、ヴォロネジ大学教授であった。ハヒナ（Khakhina 1979/1992）によれば、細胞内共生説に関する研究を行っていた期間は比較的短く、教授に着任したばかりの一九二〇年代だけであった。ロシア語の著書しか存在しないが、一九二四年の『生物学の新しい原理——共生創成説に関する試論』では、正しい系統分類をするためには、雑種形成など、異種の合成による新種の形成も考える必要があることを説いた（Kozo-Polyanski 1924）。ハヒナによれば、このころはまだダーウィニズムが進化を十分に説明できていなかった時期で、そのため、新たな原理を模索する必要があった。コゾ＝ポリャンスキーもまた、地衣類における共生をモデルとしており、共生創成がダーウィン進化を証明する説明になると考えた。ファミンツィンを引用しながら、植物自体が共生創成の産物であり、色素体は共生体に起源があると考えた。

しかし、このように共生創成を一般化することには反論が強かった。コゾ＝ポリャンスキーの理論では、共生、コンソーシアム、共生創成と統合化が進むと考えられた。それに伴って、もともと別々だったものがただ集まっただけではなく、新たな全体が生まれるという全体論・ホーリズムにより、進化的な有利さを説明した。そこでは、ヴィノグラドスキーが研究した土壌細菌の集合体 zoogloea を、種々の細菌のコンソーシアムとして、詳しく取り上げた。ファミンツィン同様、単離した葉緑体の培養が葉緑体の共生起源の根拠になると考えた。しかしメレシコフスキーとは異なり、藍藻が葉緑体の起源ではなく、クロロフィルを含む細菌が無色の細胞を取り込むことにより共生が成立したと考えた。また、細胞核も共生体起源と考えた。さらに、ミトコンドリアも共生細菌と類似していると考えた。こうしたことから、ハヒナは、コゾ＝ポリャンスキーの著書（Kozo-Polyanski 1924）を、共生創成理論の形成におけるランドマークと結論づけている。

5　オパーリンとホールデンの生命起源説

こうした共生創成理論の発展と関連して、生命そのものの起源に関する理論が生まれたことも見逃せない（Malaterre 2010）。ロシア（当時のソビエト連邦）のオパーリン（一八九四〜一九八〇）が一九二四年に『生命の起源』という本を書き、コアセルベート説を提唱したことは、多くの教科書に取り上げられている（Oparin 1924）。この本はロシア語で出版されたため、すぐに西洋に知られることはなかったが、一九三六年版が一九三八年に英訳され、ペーパーバックとして広く流布された（Oparin 1936/1953）。もとの一九二四年の版の英訳もウェブから入手できる。オパーリンの論文は自然発生説に関する歴史の考察から始まっている。すでにパスツールの研究によって、生命は生命からのみ生ずることが確立していたが、オパーリンはこれとは別に、地球の歴史の中で、最初は無生物から生物が生まれたと考える以外に合理的な考え方はないことを認識したのである。実はパスツール自身も、最初の生物が無生物から生まれたと考えなければならない問題を認識していた。

オパーリンの考えは、無生物と生物には根本的な違いがなく、宇宙にある物質から自然に起きる化学反応により、生命の基本物質がつくられたとする「化学進化」に基づいていた。さらに、これら自然につくられた物質が集まって、コロイド状の初期細胞を形成し、それがもとになって細胞が生まれたと考えた。これは当時の科学のさまざまな分野の知識を総合したきわめて斬新な説だった。一方で、コロイド科学は生物学に何ももたらさなかったという批判もある（Morange 2016, 邦訳 p. 302）。生物をつくりあげる高分子の本質を理解せずに、低分子物質が集まった集合体から生命を理解するという考え方は、当時の物理・化学者の中心的な考え方であり、生物を物質科学から理解できるという性急な還元主義の考え方の表れであった。その意味では、オパーリンの説も還元主義に基づいていたと考えられ、また同時に、当時のソビエト共産主義のもとで、すべてを唯物論で理解するという思想が政権にとって都合のよいものであったということも否めない。一方で、地球科学と生命理論の結びつきにより生命の起源の考察を始めた点は、後のマーギュリスの手法と一致する点でもあった。

ほぼ同時期にイギリスのホールデン（一八九二〜一九六四）も、同様の生命起源論を考えた（Haldane 1929）。この論文も自然発生説から話が始まっていることは興味深い。また彼は、当時発見されたばかりのバクテリオファージが生物の起源であるというデレルの説を取り上げている。生命の起源を本当に論じているのは数ページだけで、地球が冷えてから紫外線の作用で有機物や大きな分子が合成され、それが「半生物」half-living things となったと述べているが、最初の細胞が生まれるまでの詳細はほとんど書かれていない。この論文は文献の引用もないごく短いエッセイで、オパーリンと同じレベルで生命の起源を考察したものとは考えられないが、一般には、オパーリンとは独立にホールデンが化学進化を考え出したと見なされている。

現在では、こうした生命の起源に関する考え方はごく当然のようにすら見なされているが、個別の問題を詳しく調べると、無生物から生物が生まれたという説明には数多くの前提があり、実際に実証された部分はごくわずかである（Malaterre 2010）。それでも化学進化と自己組織化によって最初の生物が生まれたと考える他はないというのが現状である。化学進化の研究者が当たり前のことのように述べることがらのどれも、実際には簡単に起こらないことで、数多くの事象がたまたまうまくできた場合に生命の誕生につながったとしか思えない。しかしまた、地球と似た環境にある太陽系外の惑星には生物がいるに違いないと宣伝する宇宙生物学者も多い。こうした人々は、果たしてどの程度生物のことを理解し、無生物から生物ができるということがどのくらい困難なことなのかを理解しているのだろうかという疑いの気持ちをいだかざるを得ない。

6 パッシャーが考える藻類の共生

アドルフ・パッシャー（一八八一～一九四五）はドイツの植物・藻類学者で、当時ドイツ領だったプラハ大学の教授を務めた。一九二九年にまとめられた共生に関する総説（Pascher 1929b）では、特に藍藻と他の細胞との共生（藍藻共生 Syncyanose）に重点が置かれ、外部共生を Ectocyanose、内部共生を Endocyanose と呼んだ。第一部ではべん毛藻、根足類、藻類と藍藻の細胞内共生が扱われ、例として、ポーリネラ、*Geosiphon*、灰色藻（*Gloeochaete* と *Glaucocystis*）、珪藻（*Rhizosolenia* と *Richelia*）が挙げられていた。

第二部では新たに発見された細胞内共生の例として、*Peliaina* が紹介されている。シアネラを単離する実験や、不等分裂によってシアネラを含まなくなった細胞などについて記載している。また灰色藻（*Cyanophora*）、クリプト藻（*Chroomonas*, *Cryptella*）、藍藻を内部に含むアメーバなども記載されている。次に緑藻（クロレラの仲間）と藍藻の新たな共生の例が紹介されている。例として、*Cyanoptyche*、*Chalarodora* が挙げられている。

第三部では共生体を構成する宿主とシアネラに基づいて体系的な分類ができることが述べられている。第四部では細胞内藍藻共生生物の一般論が述べられている。1．光走性。2．動物的栄養と細胞内共生の関係。共生藍藻にはEktoplast［細胞質周辺部の比較的透明に見える部分を指す言葉］がなく、細胞内が均一に見えるが、これはアメーバに捕食させる実験でも、Ektoplastが完全になくなることが確かめられた。実際にシアネラを獲得する例もいくつかある。3．宿主のデンプン蓄積とシアネラ保持の関係。灰色藻では細胞質にデンプンが蓄積することを述べている。その場合、これらのシアネラにはピレノイドが存在しない。4．シアネラの形態と細胞内共生の生活様式の関係。5．シアネラの個数の多様性。第五部ではファミンツィンとメレシコフスキーの色素体説に関するコメントが述べられている。

よく知られたように、メレシコフスキーとファミンツィンは、植物の色素体が元来、細胞固有の色素体であったわけではなく、藍藻と特定される藻類が取り込まれたものであり、細胞固有のオルガネラの機能を完全にもつようになったものであるという仮説を提唱した。（p. 454）

ガイトラーも強調したように、ファミンツィンとメレシコフスキーの説は原則的に正しいと証明されたものとして通用してしまっている。たしかにファミンツィンとメレシコフスキーの例にちょうど対応するような共生の例はますます増加している。しかし、この仮説の一般的な正しさが証明されたわけではない。というのも、特に私が思うには、下等植物の色素体について我々が知っていることは、これらの著者たちが要求した一般性を証明したとはいえないからである。ファミンツィンとメレシコフスキーの説は、単にあり得る可能性の一つと理解される。（p. 455）

第六部は要約で、その後に新種の記載がある。

この論文が発表された一九二九年は、メレシコフスキーの死後まだ十年も経っていない頃である。当時、細胞内共生説が学界では十分に知られていたことがわかる。後にマーギュリスがメレシコフスキーの説を、西洋では知られていないマイナーな説だったかのように述べているのはまったく間違っていた。しかしまた、メレシコフスキーの説に対して慎重な意見が一般的であったこともわかる。

7 ブフナーによる共生の集大成

共生や細胞内共生についての生物学的知識を集大成したのは、ドイツの動物学者・細胞学者パウル・ブフナー（一八八六〜一九七八）である。彼は一九五三年に大著『動物と植物性微生物との共生』（Buchner 1953）を著し、さまざまな共生の例を解説した。その内容は多岐にわたるが、以下のような章からなる。詳細を紹介することはできないが、記載された例の数だけを括弧書きしておく。

細胞内共生の発見の歴史と拡張

1．藻類の共生

2．菌類と細菌の共生

3．共生研究の誤った道

各論

1. セルロースなどの消化を助ける動物の共生（18例）
2. 樹木の維管束に棲む動物の共生
3. 樹液を吸う動物の共生（6項目19種の記載）
4. 脊椎動物の血液を吸うか角質を食べる共生（12例）
5. 雑食性昆虫における共生（3例）
6. 発光性動物における共生（3項目9種）
7. 分泌器官における共生（3項目6種）

総論
1. 共生体の棲息場所
2. 感染経路
3. 胚レベルと胚発生以降の現象
4. 宿主と共生体との交換関係
5. 共生の歴史に関する問題
6. 共生の意味

重要なことは、ブフナーが共生に関するさまざまな知見を集めておきながら、その解釈については慎重だったことで、ミトコンドリアと細菌、葉緑体と藍藻を同一視するような考え方を強く戒めていたことである。彼は、これらのオルガネラが細胞内共生起源であると考えることにより、真核細胞の統一性が冒されるという危機意識をもっていた。

細胞内共生が動物細胞や植物細胞の統一性をばらばらにするような根本的原理へと拡張できるという、こうしたあらゆる大胆な仮説は、研究の進歩の過程に一切影響を与えなかった。(Buchner 1953, p. 80)

彼は最後に、動物に共生する細菌・菌類と免疫との関係を指摘し、動物や人間の健康という観点から共生の意義を論じている。

のちにレーダーバーグは、この本を英訳してくれる訳者を探したが、それが実現したのは一九六五年のことだった。サップ(Sapp 1994)によれば、当時の共生の研究は散発的で、異なる分野に分かれており、共生を扱う分野横断的な研究組織は実現しなかった。共生という概念が、寄生であるとか、相互扶助ではなく互いに搾取し合う関係とか、対立と競争などという面で、社会問題を反映するように見られたこともマイナスのイメージを与えてしまったらしい。

8 分子生物学黎明期におけるレーダーバーグの共生説

ジョシュア・レーダーバーグ(一九二五〜二〇〇八)は、大腸菌の接合による性現象の発見者で、遺伝因子の導入によって形質が変えられるという形質導入 transduction を発見した。また、一九五二年には、エスター・レーダーバーグとの共同研究で、バクテリオファージを用いたレプリカ・プレーティング法を開発し、変異が選択によって生じたのではなく、選択する前から存在していることを証明したことで、一九五八年にノーベル賞を受賞した。彼は一九五二年に、それまでの研究成果をまとめて「細胞遺伝学と遺伝的共生」という総説を書き、共生という観点から、ウイルスやプラスミドを説明しようとした(Lederberg 1952)。これはマーギュリスが後に引用している共生に関する重要な論文である。主な内容は以下の通りである（ここより筆者による内容紹介）。

・細胞小器官の遺伝的連続性

・細胞質遺伝

・葉緑体——葉緑体遺伝子とウイルス

当時は原色素体とミトコンドリアの区別もついておらず、葉緑体の連続性は形態学的には不明確だったとされる。当時の研究の主流は斑《ふ》入りを扱っていたが、時として斑入りはウイルスによる病変とも似ていたために、混同されたようである。葉緑体遺伝子 plastogene という言葉が導入されたが、それは葉緑体の遺伝的変異を表現するためのもので、遺伝子の実体がわかっていたわけではなかった。そもそもそれが葉緑体に局在するのかさえ、はっきりしていなかった。またそれがウイルスであるかもしれなかった。一方で雄性不稔《ゆうせいふねん》は母性遺伝し、それはミトコンドリアのプラスミド（当時はそう呼ばれた）の変異と考えることもできた。しかしウイルス感染という可能性も排除できなかった。

・酵母の細胞質変異

酵母のプチ変異がすでに知られており、その原因が細胞質にあることがわかっていた。ガラクトースへの適応とグルコース添加によるもとの状態への戻りも、ミトコンドリアのプラスミドに原因があるのではないかと議論されている。

・ゾウリムシの細胞質遺伝

大核は小核からできるが、大核の断片からも再生でき、その意味では小核とは独立したプラスミドのようである。細胞質のキラー因子κ（カッパ）が、接合の際に移行することがある。κ因子はプラスミドと考えられ、その維持には細胞核のK遺伝子が必要とされた。κがあるとパラメシンという毒素をつくるが、両者の関係は単純ではないようだった。また、繊毛の抗原性も細胞質遺伝すると考えられたが、細胞核の遺伝子の関与も考えられた。

・細菌における形質導入（形質転換）

肺炎球菌の形質転換がすでに知られていた。形質転換よりも遺伝物質の導入を明確に示すために、レーダーバーグは形質導入の言葉を提案した。枯草菌などでも形質導入ができ、どの場合にもDNAが伴っている［まだ一九五二年のことなので、DNAが遺伝物質ということが確定していない］。しかし微量に残っているタンパク質が生理活性をもっている可能性を否定できない。

・細胞内共生

藍藻の細胞内共生はよく知られており、*Geosiphon*（藻菌類＋*Nostoc*）、*Gloeochaete*（色素体を失った緑藻＋藍藻）などの例があるが、最も興味深いのは *Paulinella chromatophora* のシアネラである。*Peliaina cyanea* は黄金色藻またはクリプト藻で、数個のシアネラをもつ。その他、褐虫藻や動物クロレラ、さらに *Convoluta roscoffensis* という線虫と緑藻の共生もある。ミドリゾウリムシは動物クロレラの最もよく知られた例である。

（以下、詳細は省略）

・昆虫の共生

・その他の植物やほ乳類の潜在ウイルス
・溶原性細菌
・菌類における異核共存体、重複寄生や性
・栄養共生と独立栄養
・自殖と自己依存
・細胞と生物の進化

いまではレーダーバーグはバクテリオファージ遺伝学の中でしか語られないが、遺伝学の大家として、あらゆる生物の広汎な現象に精通していた。また同時に、この総説が書かれたのが、遺伝子の本体がDNAであることが確定する一九五三年の前年であったため、DNAと細胞質因子との関係がまだ曖昧だった当時の状況も垣間見える。また、細胞小器官と細胞質因子、ウイルスなどが渾然としている状況もわかる。しかし当時でも、レーダーバーグは葉緑体が細胞内共生起源であることを認めていた。後にマーギュリスがこれを典拠として葉緑体の細胞内共生起源について述べるのであるが、この時点でも、細胞内共生説を信ずる人は信じていたことになる。

9　マイヤー＝アビッヒによるホロビオーシス説

アドルフ・マイヤー＝アビッヒ（一八九三〜一九七一）は哲学や理論生物学を専門とし、ドイツのハンブルク大学教授を務めた。ホーリズム（全体論）を主張し、細胞内共生による共生創成を発展させて、ホロビオーシスと呼ぶ概念を提唱した（Myer-Abich 1950）。この考えは、シンパーによってはじめに提唱された細胞内共生から、共生創成を考えたメレシコフスキーとファミンツィンの流れを汲むとしたが、パッシャーやブフナーが描いている共生はまだホロビオーシスとはほど遠いと批判した。さらに、本章6節で引用したパッシャー（およびガイトラー）によるメレシコフスキー説への批判に対して反批判した。彼はポルティエやウォリンなども引用している。マイヤー＝アビッヒはホロビオーシスが高等生物を生み出す原動力であるという考え方を示しており、後のマーギュリスの表現ときわめて近いことも注目される。しかしこれはドイツ語論文なので、マーギュリスはマイヤー＝アビッヒを知らなかったようであり、また引用していない。マイヤー＝アビッヒはこうした考えに基づいて、生命の誕生から進化の全体を描いて見せた。また、色素体は藍藻が細胞に組み込まれてホロビオーシスをした結果生まれたと主張した。彼はあくまでも理論生物学者としてこうした説を述べていたが、後の細胞内共生説に大きな影響を与えることはなかった。

本章では、十九世紀末から二十世紀中頃までの細胞内共生説に関連した言説を紹介した。これらはおそらく確立した学説というよりは、学者の思いつきを言葉にしたという程度のものが多かったと思われる。共生創成やホロビオーシスなどという概念だけが先行し、それを証明する実験事実も観察も乏しかったのは事実である。細胞内共生説は、ダーウィンの進化論を補完する大規模な進化を可能にする学説のひとつとして、一部の学者からの支持を集めたが、一般的な理論として認められるものではなかった。二十世紀後半の生物学の革命が訪れるまでの生物学は、このように、有力な学者が気ままに持論を述べていただけという面が強かった。

第4章 マーギュリスの細胞内共生説の再考

いまや生物学を勉強した人なら誰もがマーギュリスの名前を知っている。細胞内共生という考え方も、すでに見たように、教科書にわかりやすく図示されていて、誰も疑わない。二十世紀前半には、一部の学者は細胞内共生説に言及していた。しかしマーギュリスが論文を発表した一九六七年当時、この説を述べることは、一般的ではなかった。マーギュリスはなぜ細胞内共生説を強く主張したのだろうか。もういちど、彼女の著作に書かれている内容を詳しく検討してみる必要がある。

1 「植物系統分類学などうそだ」というマーギュリスの主張

リン・マーギュリスが著した一九七〇年の本『真核細胞の起源』では、当時一般的に考えられていた進化の道筋である、藍藻から紅藻、緑藻、そして陸上植物というひとつながりの進化の過程を前提とした植物の系統学の伝統を、botanical mythとして一蹴した。この言葉をどう訳すのがよいのか、迷うところだが、端的に言って「植物系統分類学などうそだ」という意味である。直訳すると「植物学の神話」となるが、この言葉の意味はそのようなまやさしいものではない。当時マーギュリスを読んだ他の学者からは、特段、これに関するクレームは出ていないように見えるが、それは、この言葉の意味するところがあまりにも荒唐無稽で、すぐに意味がわからなかったためだと思われる。それでも当時、さまざまな学者が内生説・連続説を提案したのは、こうした批判に対する反論の意味があったのであろう。ここでいう内生説 autogenous theory は、オルガネラが真核細胞の内部で他の膜から自発的につくられたと考える説で、連続説とも呼ばれる。

マーギュリスは当時の植物系統分類学をまるごと破壊しようとしていたのであり、植物学の中でのちょっとした誤りを指摘するという程度のものではなかった。改めてその意味を説明すると、マーギュリスの考えは真核生物と原核生物とが大きく異なる点を強調することによって、藍藻が進化して藻類・植物になったという系統関係の否定を宣言している。図12左の図が、彼女が否定しようとしていた内生説、つまり「植物学の神話」を表し、藍藻の祖先から、藍藻とべん毛藻類の祖先に分かれ、後者から藻類・植物が進化しているように描かれている。さらに、植物が光合成能力を失うことによって動物になったと信じられていたように描かれているが、その点は必ずしも誰もが認めていたわけではないはずである。

これに対して、図12右では細胞内共生によって、真核細胞宿主にオルガネラが供給される様子が描かれている。マーギュリスの説では、原始的宿主細胞にミトコンドリア、べん毛、葉緑体が順次、共生していくということが考えられたが（図13）、マーギュリスの説を詳しく読むと、その導入過程は図13にあるような等間隔なものではなく、筆者が図12下に示すように、真核生物ができたあと、長く複雑な真核生物の進化と多様化の過程があり、それから最後の仕上げとして、葉緑体が導入されるのである。マ

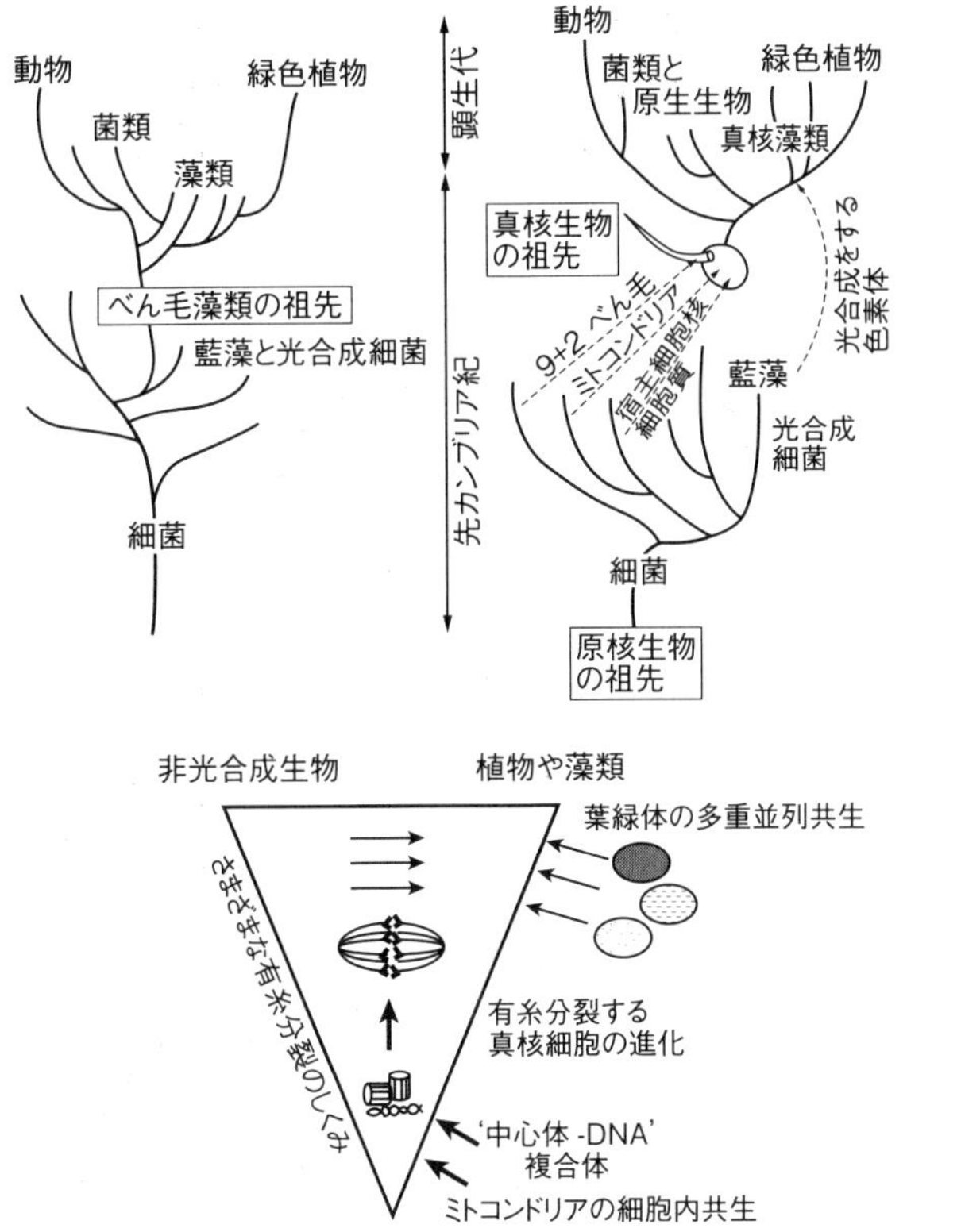

図 12　マーギュリスによる従来説（左）と細胞内共生説（右）の比較と，筆者による解説図（下）（上の左右の図は Margulis 1970，下の図は Sato 2017）

マーギュリスが使っている言葉は，通常の生物学の用語とは少し異なる。マーギュリスの図（右）を見る限り真核生物の元になった細胞の起源はわからない。同じ図では，「光合成をする色素体」（葉緑体）の細胞内共生を一つの矢印で示しているが，本の中では，藻類や植物の祖先となる非光合成生物が多様化してから葉緑体が導入されるという多重並列共生を述べている。言い換えれば，この主張のポイントは真核生物の進化を考える上で，色素体は考える必要がないということであり，色素体の細胞内共生を自身で主張したものではなかった。そのことを明確に示す筆者による図も下に示しておく。「有糸分裂する真核細胞の進化」と書かれた途中段階の時間がかなり長いことは，マーギュリスが描いていた 4 ページ分の大きさがある詳細かつ膨大な系統樹からもわかる。

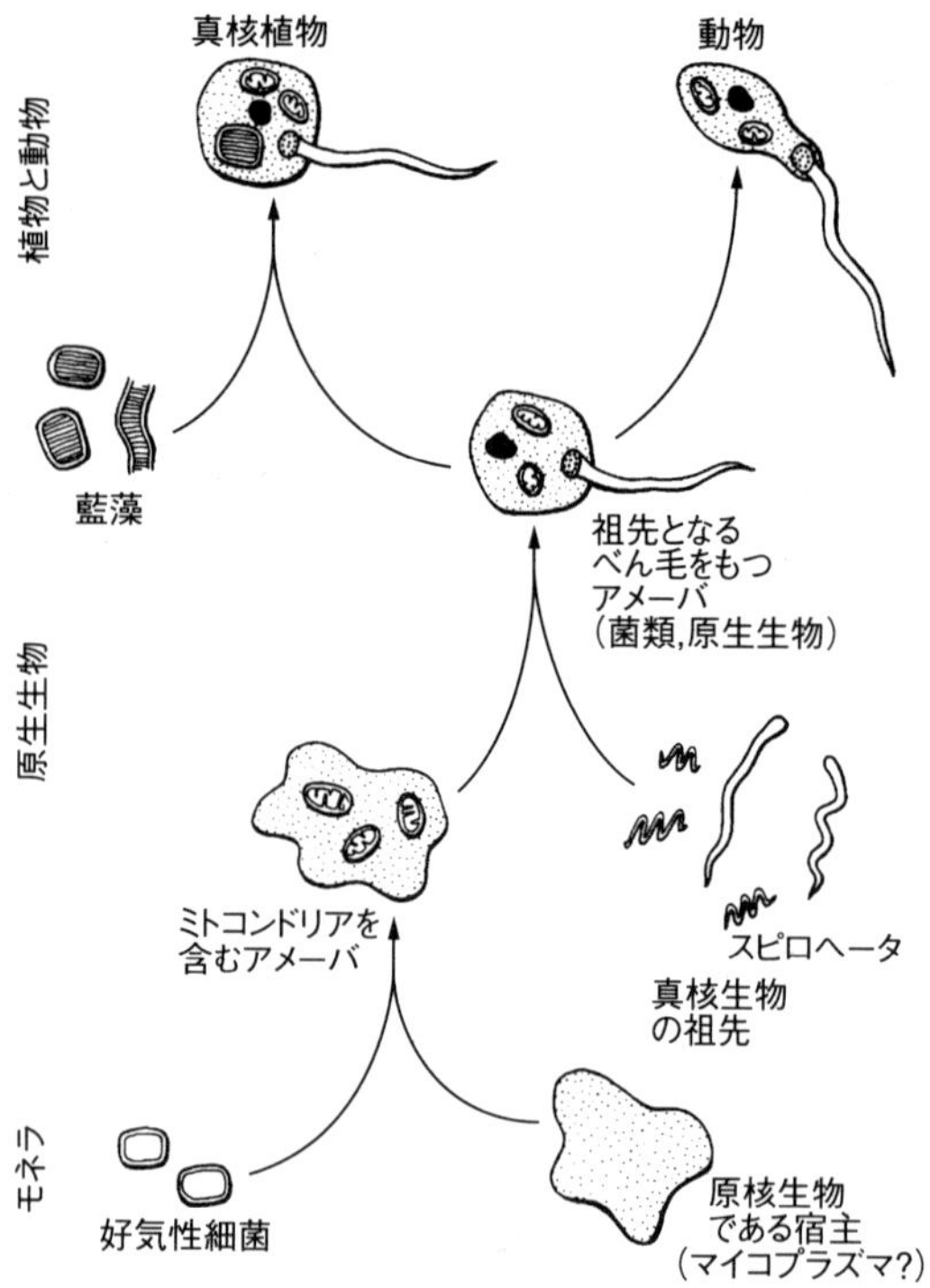

図 13　マーギュリスが考えた細胞内共生の模式図（Margulis 1970）

この図は下から始まる。まず好気性細菌がマイコプラズマの細胞内に共生することにより，真核細胞が生まれ，その際，好気性細菌はミトコンドリアになる。次にスピロヘータが細胞内共生し，それにより，べん毛をもつ真核細胞が生まれる。これはそのまま動物細胞にもなるが，一方で，藍藻（シアノバクテリア）がさらに細胞内共生することにより，葉緑体をもつ植物細胞となる。動物や植物など，多細胞真核生物がどのようにして生まれたのかは示されていない。べん毛をもつ細胞は，動物ではごく限られた細胞（精子や上皮細胞）だけに見られる。また，植物では，べん毛をもつ細胞が見られるのは，裸子植物のソテツとイチョウまでであり，そのほかの裸子植物や被子植物にはべん毛をもつ細胞はない。さらに植物や藻類のべん毛は二本であり，しかも前方に存在する。マーギュリスの時代でもこれらのことはすでに知られていたはずであるが，意図的に無視したのか，細胞内共生の過程を簡略化しようとしたのか，いずれにしても，事実とは異なることが図示されている。おそらくべん毛が一本と二本という区別は，その後カバリエ＝スミスが真核生物の二大分類として主張するようになる（第 6 章 4 節参照）まで，あまり注目されなかったのだと思われる。

ーギュリスの説のポイントとしては、真核細胞が誕生するためには、有糸分裂のしくみの誕生が本質的であること、それには、当時DNAを含むと考えられた中心体が正確に二つに分配されるしくみに基づいて考えるべきであることなどが主張された。このことは一九六七年の論文においても主題であった。マーギュリスによれば、微小管の（9＋2）構造でできたべん毛とその基部にある中心体、それに付随すると想定されたDNAがセットとして、外部から共生した生物によって持ち込まれたことが、真核細胞誕生における中心的イベントとされた。その際に共生した微生物の候補がスピロヘータであったが、マーギュリス自身、一九七〇年の段階ではこれにあまり固執しているようには書いていなかった。しかし、彼女はこのスピロヘータ起源説を、終生諦めることはなかった。図13を見ると、あたかも、マーギュリスが色素体の共生説を主張していたように見えるが、本当に主張したかったことは、真核生物の進化を考える上で「色素体なんて関係ない」ということで、色素体は後から付け加えて考えれば十分であるということだった。

ところが、マーギュリスについてさまざまに伝えられていることによれば、ミトコンドリアと葉緑体の細胞内共生説を主張したのは彼女の主要業績だといわれている。このような評価と、一九六七年の論文や一九七〇年の著書で彼女が主張していることにはギャップが感じられる。細胞内共生説に関する彼女の主張は、自分が有名になるために展開していったとも言われているが、それでも最初の段階と、ある程度彼女が認められた段階とでは、主張が変化していると考えざるを得ない。すなわち、最初の段階では、真核細胞の進化を説明する学説を提唱するために、ミトコンドリアと葉緑体を取り除く必要があり、そのためにこれらのオルガネラを外来性のもの、つまり細胞内共生起源であると主張したのである。端的に言えば、ミトコンドリアと葉緑体の細胞内共生説は、彼女の当初の主張においては主役でも端役でもなく、邪魔者ですらあったと思われる。ところがその後、ミトコンドリアと葉緑体の細胞内共生説を主張したのは自分であると豪語するようになる。この変容についてはさらにあとで述べる。

以下、まず一九六七年の論文（Sagan 1967）の内容を簡単にまとめ、さらに『真核細胞の起源』にしたがって、マーギュリスの考えの全体像を理解することとする。何度も言うが、英語で書かれているにもかかわらず、マーギュリスの著作を実際に読んだ学者や学生はほとんどいないのが現実である。ここでは、一九六七年の論文やその後の著作をできるだけ忠実に紹介し、そこに本当は何が書かれていたのかを改めて明らかにする。主な部分は筆者による要約として示すが、原著者の文章そのままの翻訳も加えた。その場合、翻訳文をかぎ括弧「　」でくくって区別している。当時の文章には現在とは異なる考えや誤りも書かれているので、こうした点について、［　］内の文章として補足している。また、引用文における普通の括弧（　）は原文にあったものである。

2　一九六七年の論文

第一節――序

序には原核細胞と真核細胞の区別（Stanier et al. 1957/1963 の引用）につづいて、論文の概要が示されている。

「この論文では、真核（有糸分裂を行う「高等な」）細胞と原核細胞とのあいだの不連続性の起源に関する理論を提案する。とくに、ミトコンドリア、べん毛の（9＋2）基底小体［基底小体は（9＋0）のはずだが、このように書かれている］、光合成をする色素体のすべてが、独立生活性細胞に由来したかもしれず、そして、真核細胞が昔の共生進化の結果なのである。こうした考えは新しいものではない（Merechowsky（1910）& Minchin（1915）in Wilson（1925）, Wallin（1927）, Lederberg（1952）, Haldane（1954）, Ris & Plaut（1962））ものの、この論文では、細胞小器官の生化学と細胞学の最新データと矛盾なく、それらを総合した。この理論と化石の記録の両方と整合する形で、下等真核生物（原生動物、真核藻類、菌類）をいまや単一の系統樹の中にまとめることができる。この問題に関する従来の考えとは異なり（Cronquist, 1960, Dougherty & Allen, 1960, Fritsch, 1935）、本説の多くの面は、分子生物学の最新技術によって検証できる。

　真核細胞が特定の連続した細胞内共生によって生じたという考えを擁護するために、有糸分裂そのものの起源についてのもっともらしい図式が生まれた（「有糸分裂」は古典的な意味だけをもつ。これと同様の、原核細胞における娘細胞への遺伝子の均等分配は、ここでの意味ではない）。

　この論文は三つの部分からなる。第一の部分では、真核細胞の起源についての理論を提示する。第二の部分では、第一の部分で提示する事象の継起を支持する科学文献を集めている。最後の部分では、この学説から予言されたことについての実験結果を示す。」（Sagan 1967, p. 226）（傍線は筆者）

　細かいケチをつけるようだが、Mereschkowsky の綴りが誤っていること、文献の引用の形式が最初と途中で異なっていることなど、初歩的なミスが目立つ。一五回も受理を拒否される過程で論文はだいぶよくなったと、マーギュリス自身、後に回想しているが（Margulis 1999）、そうだとすると、最初の文章はよほどひどいものだったのかもしれない。二番目の文章で「かもしれない」(can all be considered) と言っておきながら、次の文章では断定しているなど、論理的な粗雑さも感じられる。弱冠二九歳の研究者が一人で書いた論文であるため、英語がネイティブであるとはいえ、学術論文の文章(しかもその冒頭の文章)としてはお粗末な感じをいだく。

第二節――真核細胞起源の仮説 Hypothetical origin of eukaryotic cells

ここではいきなりマーギュリスの仮説が時代順に説明されている。なぜそう考えるのかなどの理由は次節で説明されることになっているが、結局は明確でない。一般的な科学論文では、さまざまな実験結果や事実を紹介し、それに基づいて、どう考えればよいのかを説明し、最後に仮説を提示するものだが、まったく逆である。その後の論文でも、マーギュリスは一貫して、自身の「語り」narrative を全面に出して押し切るという姿勢をとっていた。以下では文章をそのまま引用する以外に、書かれている内容を簡潔に要約した文章を一文字分インデント(字下げ)して示す。多少おかしな表現もあるかもしれないが、できるだけ原文を活かして要約している。また、項目名は逐語訳である。筆者のコメントはインデントしない地の文である(ここより筆者による要約)。

2.1 還元的(原始)大気における原核細胞の進化――四五~二七億年前の還元的大気のもとで自然選択により原核細胞が進化した。

2.2 原核細胞におけるポルフィリン合成系、光合成、呼吸の進化――原始地球では、水蒸気の光分解により水素が散逸し酸素が生ずると、核酸が分解される恐れが生じた。金属をキレートしたポルフィリンがこれを酸化から守った。ペルオキシダーゼやカタラーゼの補酵素である金属キレートしたポルフィリンの合成系の遺伝子が選択されていった。同時にこうした物質が可視光を吸収し、そこからクロロフィル様のポルフィリンが吸収した太陽光を使ってATPを産生するしくみが進化した。光合成により二酸化炭素の還元ができ、細胞物質を合成した。一方で、従属栄養生物も自然選択された。シトクロムによって電子伝達を使ってATPを合成できるようになった（嫌気呼吸）。酸素を発生する光合成生物が生まれ、大気中の酸素分圧が上がっていった。それにより好気呼吸が進化した。光合成と呼吸の両方をもつ今日の藍藻の祖先となる原核藻類が進化した。さらに大気は酸化的になった（二四億年前）。

当時の理解としては、酸素を発生する光合成が先に始まり、その後で好気呼吸が進化したと考えられていた（ここより筆者による要約）。

2.3　原核細胞から真核細胞への共生による進化——光合成産物としての酸素に対して他の生物が適応を余儀なくされ（二七億年前から一二億年前にかけて）、すべての生物が光合成か化学合成に依存することになった。

真核細胞が生じたのは、酸素を含む大気中で生き延びるためだった。嫌気的細胞が好気的原核細胞を細胞質に取り込み、この細胞内共生により有糸分裂をしないアメーバ様生物が生まれた（原ミトコンドリア）。このアメーバ様生物が運動性原核生物を取り込み、原始的なべん毛をもつアメーバが生じた（一二～六億年前）。

原ミトコンドリアの獲得により、解糖系とクレブス回路が生まれた。共生の結果、真核生物に典型的なリン脂質膜が生じ、ステロイド合成が行われ、そして核膜と小胞体膜が作られた。ミトコンドリアの導入によって利用できるようになった大きなエネルギーのため、細胞が大きくなり、運動ができるようになった。しかし、ＤＮＡの効率的な分配機構がなければこうした代謝活性を維持できなかった。

さまざまな基本代謝系やリン脂質までも、ミトコンドリアの獲得によって可能になったとマーギュリスは考えていた（ここより筆者による要約）。

2.4　べん毛をもつアメーバにおける有糸分裂の進化——大型化したアメーバ様細胞は、特徴的な（9＋2）繊維構造をもつスピロヘータ様の運動性細胞を共生体としてとりこみ、これがべん毛となって、活発な運動によりえさを獲得できるようになった。共生体がもつ複製能をもつ遺伝子ＤＮＡから、染色体のセントロメアと中心体がつくられ、それによって宿主のクロマチンを分配できるようになった。このあとさまざまな有糸分裂のしくみが生まれた。原始的な真核生物は有糸分裂のしかたによって分類できる。

2.5　真正有糸分裂の進化への諸段階——基底小体 basal body や中心体には核酸複製系がある［とマーギュリスは考えた］。べん毛やこれらをまとめて（9＋2）ホモログ homologue と呼ぶ。これが分裂中心をなしている。べん毛、基底小体などから紡錘体に至る構造にしたがって、有糸分裂が六段階に分類できる。

この部分は論文のメインであり、六段階それぞれに図がついて、合計一二ページにわたり、詳しく解説されている（ここより筆者による要約）。

2.6　原核藻類を獲得したさまざまな原生動物からの真核植物の進化——真核植物細胞は、のちに色素体として膜で囲まれることになる酸素発生型光合成を進化させたのではなく、色素体を細胞内共生によって獲得した。真核植物の色素体は藍藻と相同であり、色素体以外の部分は真核従属栄養生物と相同である。

色素体の獲得は「おまけ」のように付け加えられていて、書かれていることは、それ以前の多くの研究者の記述と変わらない。ミトコンドリアとべん毛の獲得から色素体の獲得までの間で、真核細胞の多様化と進化が起きたことになるが、その中間の部分こそが、マーギュリスが述べたかった有糸分裂機構の多様化による真核微生物の進化であった。その意味では、本来のマーギュリスの有糸分裂の起源という話においては、ミトコンドリアや色素体の細胞内共生は、そうしたものを取り除いて本質的な有糸分裂の部分だけを明確にさせるという効果をもち、言い換えれば、真核細胞の進化を考える上では不要なものだったのである。それがどこで逆転したのだろうか。

第三節——文献に基づく証拠

この節では、マーギュリスの説を支持する証拠が順に挙げられている。少し長い引用・要約になるが、紹介したい。基本的には、ミトコンドリアと葉緑体については、すでに詳しく書かれた総説を引用している。また、3.1にあるように、光合成能を真核細胞の分類基準から外すことを主張しており、色素体の細胞内共生はそのための手段であることが明確にわかる（ここより筆者による要約）。

3.1　微生物の自然系統学としての基準——下等生物の場合、形態学的特徴が少ないため、ただ単に形質を多く集めるのではなく、いくつの変異段階（経過時間）で説明できるのかを考えるべきである。たとえば、代謝経路の全体的類似は、個別の酵素の有無よりも重要である。従来、光合成生物は非光合成生物から界kingdomのレベルで分離されてきたが、本来両者は一つのグループにすべきである。

3.2　いくつかの分類学的問題の解決——黄金色藻Chrysamoebidaの場合、太陽虫と根足類とsarkodinaが、独立に同じタイプの光合成をするようになったのではなく、それぞれ黄金色藻タイプの光合成をする原核藻類を獲得したと考えればよい［これは実際二次共生の例である］。ユーグレナ、クロロモナド藻などでは典型的な原核緑藻が取り込まれたため、光合成の性質はよく似ている［現在では、これらは緑藻による二次共生と考えられている］。*Chryptomonadina*属の中で、*Rhodomonas*が赤、*Cryptochrysis*が褐色、*Chilomonas*が無色と、それぞれ異なるタイプの色素体をもつ／もたないのは、こうした説明による［これは誤りで、クリプト藻に関しては、色が違っても同じグループである］。地衣類の分類と同様、宿主と共生体を別々に組み合わせて考えるべきである。後から色素体を失う例もある。ミドリゾウリムシやユーグレナで見られる［ミドリゾウリムシは共生緑藻を失うケースだが、ユーグレナは葉緑体が退化するだけである］。宿主と色素体相互の依存性は、共生してからの時間を反映している。

これらの項目は、一九七〇年の著書で「植物学の神話」と述べられることになるのと同じで、光合成生物だけを別の系統として取り扱うのではなく、類似の分裂機構をもつ生物を同じグループにするという提案である（ここより筆者による要約）。

3.3　共生の一般的な性質――［この節では、すでに三つのオルガネラの共生起源が確定したという立場から］共生によってできた細胞小器官の基準として、（1）独自のDNAと独自のタンパク質合成系をもつ、（2）宿主の分裂の際に少なくとも一個ずつの共生体ゲノムを受け取る、（3）共生体がもつ代謝能はパッケージとして保持される、（4）もしも共生体が失われれば、そこにコードされていた代謝能も失われ、共生体を再獲得しない限り、回復できない、（5）共生体ゲノムに保持された遺伝的形質と共生体の存在が対応する（非メンデル遺伝や細胞質遺伝）、（6）共生体に対応する独立生物が存在すること、などを挙げている。

共生の概念について、理論的にまとめているが、メレシコフスキーやレーダーバーグがすでに述べていたものを整理した形となっている（ここより筆者による要約）。

3.4　昔の嫌気性生命と微生物の光合成――原始大気は水素でできていて、嫌気的な環境で生体物質が生まれた。四十〜五十億年前には、紫外線によりATPや核酸が蓄積した。大気が酸化的になったのは、二十〜三十億年前からで、地質学的な証拠がある。化石によれば、光合成の始まりは二七〜二一億年前らしい。自然に生ずる酸素を除去するため、ポルフィリンは嫌気性生物にも必要だったが、可視光を吸収することが後の光合成進化に有利に働いた。暗反応として二酸化炭素を固定するしくみはできており、それを今度は光合成に利用した。

この部分は、当時の生物学者としては珍しく、地球化学的な知識を披露しているが、夫カール・セーガンの一九六一年と一九六五年の論文を引用し、その影響が強いことがわかる（ここより筆者による要約と、「　」部分は逐語訳）。

3.5　大気中の酸素と好気性生物の起源――酸素は他の生物に有毒で、嫌気性生物の棲息場所は限定されていった。その選択圧のもとでは、酸素耐性があり、酸素利用ができる微生物が選択された。酸素によって炭水化物を完全酸化できる生物が生じ、藍藻もそれができるようになった。二一～六億年前にわたり酸素が放出され、酸素を利用できるさまざまな生物が生じた（原ミトコンドリアも含む）。細菌の化石は三一億年前から見られるが、真核藻類の化石は五億年前からしかない。真核藻類が原核生物である藍藻と単一系統であるとは思われない。両者の中間形もない。では、なぜ両者の光合成のしくみがこれほど似ているのか。

このことについては、以下に要約ではなく原文をそのまま訳して示すことにする。

「このパラドクスは、本論文で示す説の正しさを認識することにより解消できる。すなわち、真核生物の進化の何億年も前に光合成の進化が起きており、緑色植物の酸素発生光合成は、藍藻と『緑

藻』に特徴的なものであるが、原核生物で進化し、後にさまざまな真核生物が共生により獲得したのである。」(p. 262)

3.6 増殖能をもつミトコンドリア――Gibor & Granick 1964 の総説にミトコンドリアが特異的なDNAやRNAをもつこと、独自の増殖系であること、多重遺伝子システム[核と細胞質の遺伝]によりミトコンドリアの形質の一部の説明ができること、(少なくとも酵母では)酸素によりミトコンドリアの発達が適応的制御をうけること、などが述べられている。ミトコンドリアでATP合成が起きることは間違いない。ミトコンドリア遺伝子が膜をコードするのかはわからない。これにより共生体の第一の基準(3.3)を満たしている。一九二七年にウォリンがミトコンドリアの共生起源について述べている。ミトコンドリアの連続性は一九二五年にウィルソンも述べていて、ミトコンドリアの分配に関して表にまとめられている。分裂時のミトコンドリアゲノムの分配は、(9+2)構造により説明され、これがミトコンドリアの連続性を保証している[これは誤りである]。それ以外の基準として、ミトコンドリアをもたない真核生物はいないこと、ミトコンドリアの酵素が分散して存在する生物は存在しないことが挙げられる。

これ以降の三つの項目では、ミトコンドリアと微小管構造、葉緑体の細胞内共生起源を述べた文献が引用され、その内容に基づいて説明されている。ミトコンドリアの分裂・分配機構などの点で誤りもあるが、ミトコンドリアと葉緑体に関しては、大筋で、他の研究者が述べていたことと大差ないことをまとめている(ここより筆者による要約)。

3.7　増殖能をもつ（9＋2）相同体とその細胞核との関係――真核細胞と原核細胞の分裂のしくみはまったく異なる。自己増殖する顆粒にＤＮＡが結合して一緒に分配されるならば、均等分配ができる。セントロメアが分配に重要な役割を果たすことは確立している。べん毛基底小体が有糸分裂に果たす役割はよく認められている。トリパノソーマの分裂の際にべん毛基部の blepharoplast［基底小体の古い言葉］が働くことが知られている。*Leishmania* の場合、べん毛に結合する kinetoplast にＤＮＡがある。中心子と基底小体との相同性や、それらの「遺伝的自立性」も知られている。細菌のべん毛と（9＋2）構造との中間型はない。（9＋2）構造の共生起源という考えは事実と矛盾せず、いろいろな理由から、スピロヘータかそれ類似の生物が自由生活性の（9＋2）構造の候補である。［キネトプラストは実はミトコンドリアである］

3.8　増殖能をもつ葉緑体――共生時期が一番新しいため、色素体の外来起源はもっとも容易に擁護できる（Ris & Plaut 1962; Echlin 1966）。ユーグレナの葉緑体でもＤＮＡの存在が確立している（Sagan et al. 1965）。リボソームＲＮＡ、ＤＮＡ依存ＲＮＡ合成、リボソーム、タンパク質合成などについて、Gibor & Granick がまとめている。*Astasia* や *Polytoma* など光合成をしないがユーグレナや緑藻に対応する微生物も存在する。藍藻は色素体に対応する自由生活性の生物である。細胞質遺伝は葉緑体の片親遺伝で最初に発見された。文献も Jinks 1964 や Granick 1962 などによくまとめられている。その他の間接的な証拠もある。

第四節――いくつかの予測

この節では、全体のまとめとして、マーギュリスの説が正しいとすれば、そこから導きだされるはずのことがらを列挙している。最初は次のようなことから始まる。

本論文の内容が正しければ、有糸分裂の起源との関係に基づいて、真核生物の系統分類が完全にできる。サテライトDNAの存在がオルガネラと対応し、べん毛基底小体や中心体などと（9＋2）構造に付随するDNAとが対応する。しかしこのDNAは代謝的な表現型がはっきりしないためにこれまで検出されていない［現在ではサテライトDNAは繰り返し配列などであり、オルガネラとは関係ない］。

次は原文の翻訳（かぎ括弧「　」の部分）と、つづいて筆者による要約（1字下げの部分）である。

「（9＋2）構造特異的なDNAを同定し、そのRNAの性質とそれだけがもつ生化学的機能を完全に調べることが、将来できるに違いない。これはミトコンドリアや色素体のDNAについても同様に言えることである。

もしもこれらのオルガネラが本当に独立生活性の微生物に由来するのであれば、現在の進んだ技術によって、これらすべての細胞内複製に必要な増殖因子をすべて供給できるようになるだろう。それは遺伝的自律性の決定打となる［決定打と訳した coup de grâce という言葉は、本来、『死にかけて苦しんでいる人に致命傷を与えて苦しみをなくすこと』をさすが、ここでは遺伝的自律性を証明する決定打の意味で使われている］。」（p. 270）

真核生物特有の代謝経路（ステロイド合成など）が、複数のオルガネラにまたがっていることがあるのは、宿主と共生体との遺伝的相補と考えられる。また、この仮説に従えば、べん毛やミトコンドリアに対応する独立生活性の生物、さらに細胞を飲み込む能力を持つ従属栄養性の原核生物も見つかるだろう。たとえば、黄金色藻や紅藻の色素体と並行して存在して、相同な遺伝子 cistron を含むDNAをもつ種々の藍藻を発見できるだろう。

もしもこの説が正しければ、あらゆる真核生物は複数のゲノムをもつシステムとみなされるであろう。すべての真核生物は、核、ミトコンドリア、(9+2)構造に特有のDNAを持つはずであり、すべての真核植物には、それに加えて葉緑体に付随するDNAが存在するはずである。類似の光合成的代謝特性をもつ生物の色素体(渦鞭毛藻、褐藻、珪藻、紅藻と藍藻)は相同な色素体特異的核酸をもつはずである。有色と無色の渦鞭毛藻は、相同な核DNAをもつが、色素体DNAは共通ではないかもしれない。例としてミドリゾウリムシからマーギュリス自身が単離したDNAのGC含量の未発表データがある。代謝経路とその遺伝的基盤がわかれば、共通祖先から分岐した後の世代数を計算できるだろう[これは分子時計と類似したことを述べている]。

逆に不毛と考えられる研究として、全真核生物に真正有糸分裂を求める試みや、色素体を持ちながらミトコンドリアを持たないような植物性べん毛藻の祖先を「ミッシング・リンク」として探す試み、細菌のべん毛をもつような真正有糸分裂生物をさがすことなどが挙げられる。

また、さまざまな藻類を互いに関連づけることは不毛であり、たとえば、珪藻は黄金色藻や渦鞭毛藻と関係づけるのではなく、原生動物のなかで似たものを探すのがよい。紅藻と同じ色素をもつべん毛藻は存在しない。べん毛をもつ真正粘菌や有糸分裂をしないアメーバもおそらく存在しない。

謝辞として、夫カール・セーガンのほか、J・D・バナール（生物地球科学者、本章5節参照）、R・A・ルーウィン（原核緑藻の提唱者、第5章6節参照）などが挙げられていて、当時すでにこれらの研究者との情報交換があったことがうかがえる。

マーギュリス論文についての考察

ここまでが論文の紹介である。おもしろいことに、マーギュリスの論調では、環境に適した生物が変異と自然選択でいともたやすく生まれることが前提となっている。一方で、共生を仮定しなければ説明できない進化があると主張しながら、それら共生体となる原核生物は、環境条件の変化に適応して、いくらでも新しいものが生まれるのである。説明の文中には「変異」mutationと「選択される」selected forという言葉が何度も繰り返し用いられている。すなわち、マーギュリスのこの理論は「まことしやかな・ありそうな話」just so story（科学哲学でよく使われる表現）に過ぎないと見ることができそうである。

原始的な真核生物と言われるアメーバ、藻類、菌類を一つのクレード（系統樹の上でひとまとまりになる生物群）で表せるという発想は、マーギュリス独自の有糸分裂の分類に根ざしたもので、真核生物がこのように形成されたという彼女の独自のストーリーの賜物である。全真核生物を細胞分裂の様式で分類するというのが、すべての基本にある考え方である。

藻類と植物は単系統であることが現在では確立しているが、マーギュリスはそれらの有糸分裂のしくみの違いにもこだわり、それぞれの分裂のしくみが独立に進化した後に、独立に色素体を獲得したと考えた。色素体の細胞内共生説として現在考えられているものとはまったく異なる説である。メレシコフスキーもやはりさまざまな色をもつ藻類が独立にそれぞれの色に対応する藍藻を色素体として獲得したと考えたので、この点では似ているといえるかもしれない。ただしメレシコフスキーは、宿主側があらかじめ多様化していたとは考えておらず、共生した藍藻の種類によって、異なる藻類になったと考えたようである。こうした藻類多重起源説にもかかわらず、マーギュリスによって示されている図（Sagan 1967）（図12右、13）には、それぞれの共生の過程が単一の矢印でしか示されておらず、この論文を拾い読みした読者には、共生が一回だけのように見えたと思われる。最近の論説でマーティン（Martin 2017）はこの点を指摘し、マーギュリスの記述に忠実に数えるならば、全部で二十回も独立な共生が起きたことになるが、これまでこの点はほとんど見過ごされてきたと述べている。

そうはいうものの、この論文でさまざまな藻類の分類を見直すという提案に関して挙げられている例の大部分は二次共生藻（第6章4節参照）であり、それらの共生が独立に起きたことは、結果的には間違いではなかったことになる。違っていたのは、さまざまな色をもったシアノバクテリアがそれぞれ独立に共生したという考えであった。

3　『真核細胞の起源』

つづいて、一九七〇年の大著『真核細胞の起源』に沿って、マーギュリスの考え方をさらに詳しく見てみよう。前節と共通の点も多いので、できるだけ重複のないように整理して述べる。

（9＋2）構造と有糸分裂の起源

図14にはクラミドモナスのべん毛と基底小体の電子顕微鏡写真を示す。いまでもそうだが、おそらく一九六〇年代の研究者は、この対称性のよい見事な構造体を見て、さぞかし感激したことだろう。べん毛の断面を見ると、中心に二本の微小管があり、そのまわりを二本ずつ束になった微小管が九対囲んでいる。これを指して、（９＋２）構造と呼ぶ。また、図14に見られるように、微小管の基部にある基底小体は、三本ずつ束になった微小管が9組あり、中心には微小管はない。これを（９＋０）構造と呼ぶ。初期の微小管研究者が後に回想しているところによると、一九六〇年代は、真核生物における微小管の存在の一般性が明らかになってきた時代であった（Brinkley1997, Boisy et al. 2016）。おそらくそれが、マーギュリスをして、有糸分裂の起源に関する説を考えさせたのであろう。気持ちはよくわかるのだが、マーギュリスのこの説はこれから述べていくように何とも奇妙なものである。

さて、中心体が真核細胞の分裂に重要であることは一般にも認められていたことだが、現在では微小管重合中心（MTOC）が紡錘体微小管の起点となっていることがわかっている。中心体そのものではない。このことはすでにPickett-Heaps（1969）によって主張されはじめていたことで、のちにマーギュリスと論争になっている。マーギュリスの説では、もともと外部から入り込んだ（９＋２）構造にはＤＮＡも含まれ、これが中心体として、二つに分裂し、分配されるしくみを獲得したとしている。その上で、中心体とＤＮＡの結合と同じしくみが、細胞の染色体ＤＮＡと微小管との間にもできあがり、それによって、現在知られるような紡錘体を形成する有糸分裂のしくみができたという（図12下）。原生生物の細胞分裂の過程を詳しく比較することにより、葉緑体の有無とは関係なく類似の細胞分裂機構があることに注目し、まず、細胞分裂のしくみが進化し、それから葉緑体の獲得によって異なる藻類が生ま

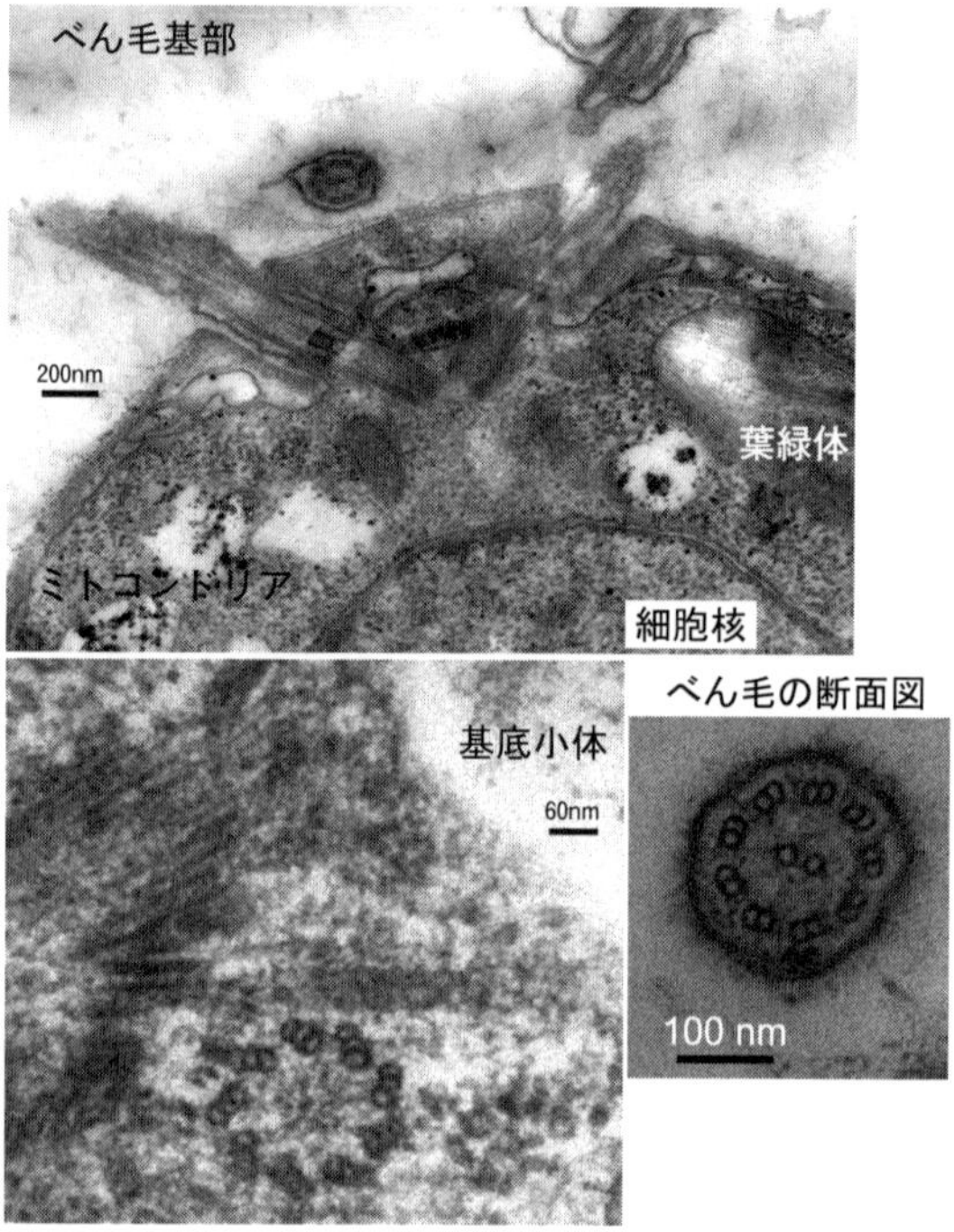

図 14　クラミドモナスのべん毛と基底小体の電子顕微鏡像

上はべん毛基部の細胞構造を示す。細胞核もすぐ近くにある。二本のべん毛の根元が交差する部分にある基底小体からは細い微小管が傘のように伸びて，細胞核を覆っていることが知られている。左にはミトコンドリア，右には葉緑体が見えている。また，基底小体と細胞核の間にも，何か構造があるように見える。下は基底小体の構造（三本の微小管からなるセットが九組ある）と，べん毛の断面（二本の微小管のセットが 9 組と，中心に二本の微小管がある「9+2」構造)。上の図では，二本のべん毛の根元にはそれらをつなぐ「ちょうつがい」のような構造も見られる。また別のべん毛の断面がたまたまそばに見えている。基底小体は一対が直交していて，それぞれからべん毛が伸びている。下に示す基底小体の図では，一方は断面，他方は斜め切りになっている。

れたと考えた。その際、ＤＮＡを含むとされる中心体の分裂・分配のしくみと有糸分裂のしくみとの関係には主に六通りがあり、それらが順次進化の過程を表すと考えた。考えの飛躍が大きすぎて意味不明の考え方ではあるが、以下に紹介しておこう。一九六七年の論文と一九七〇年の本の両方にほぼ同じ記述がある（Sagan 1967, pp. 233–244; Margulis 1970, pp. 263–271）。

ステップ１．（９＋２）構造はべん毛の基底小体としてだけ存在する。

ステップ２．（９＋２）構造は細胞核に入り、宿主のクロマチンの分配を行う一方、べん毛は永久に失われた。

ステップ３．（９＋２）構造は核内の分裂中心としてもべん毛の基底小体としても働いている。

ステップ４．（９＋２）構造はべん毛の基底小体として働くが、一方で別の（９＋２）構造が、それとは独立に、核内で分裂中心として働くように分化した。

ステップ５．（９＋２）構造はべん毛の基底小体を分化する能力を保ちながら、核外の分裂中心としても使われる。

ステップ６．（９＋２）構造は核外の中心体を生成するように永久に分化したが、べん毛や繊毛の基底小体やその他の微小管構造に分化できて分裂能をもつ（９＋２）構造対を保持している。

できるだけ意味がわかるように訳しているが、もともと意味不明の感は否めない。図15にはステップ５の段階で、べん毛をつくる中心体が有糸分裂にも働くというモデル図が示されている。つまり、マーギュリスにとって、微小管でできた構造とＤＮＡの結合というモデルが最初にあり、それが一方では中心

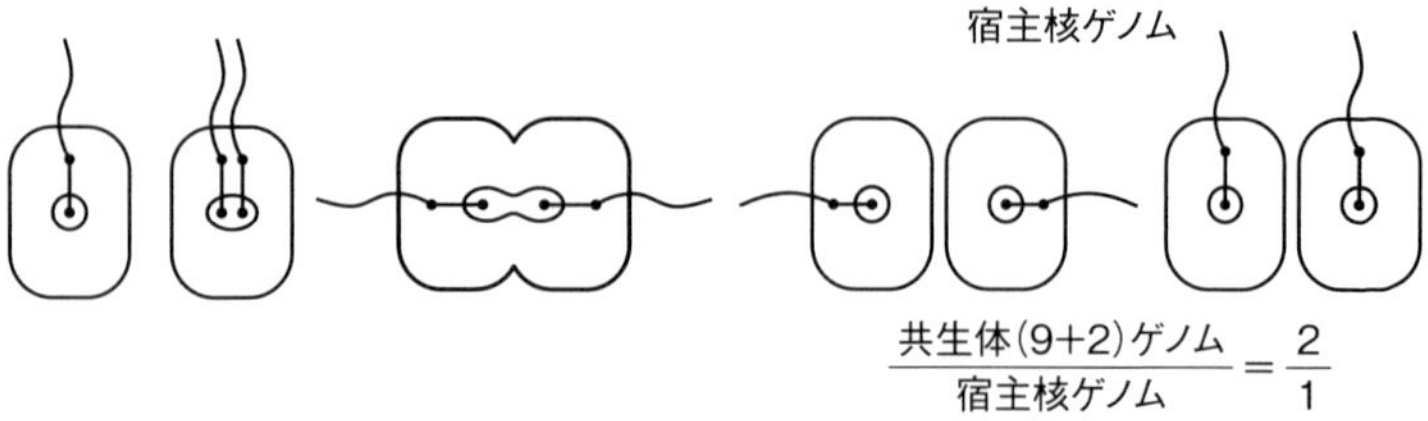

図15　マーギュリスが考えたべん毛・中心体・有糸分裂の関係
（Margulis 1970）

ここでひも状のものが（9+2）構造で，黒い丸がゲノムDNAを示している。左から三個目の図で，中期の状態が描かれているが，染色体が1組だけしか描かれておらず，微小管も中心体から染色体までの一本だけしか示されていないため，紡錘体の姿となっていない。きわめて原理的な内容を示した，いわば物理学のような説明であり，多くの読者が理解できなかった点だと思われる。

体の側で成立し、その相同構造として、微小管が染色体に結合する動原体構造ができたというのである。したがって、中心体にＤＮＡが存在することは、この説にとって絶対的要件であった。

こうした考えの支持者はいつまでも居続け、一九八九年になっても、生物学における最もレベルの高い雑誌であるCellに、クラミドモナスのべん毛基部にある基底小体（中心体）にＤＮＡが含まれていることを主張する論文が掲載された（Hall et al. 1989）ほどである。発表者はロックフェラー大学の立派な研究者だったが、学会における討論に参加することなく、沈黙した。世界中の研究者の検証の結果、この論文は取り下げられることのないまま、人々から誤りであったと見なされることになった（Johnson & Rosenbaum 1991）。確かにタンパク質複合体である中心体がどのようにして複製するのかはなかなか解明されなかったが、最近、分子レベルでの理解もかなり深まってきたようである（北川 2017）。

このような論理的枠組みは、その内容があまりにも荒唐無稽であったため、マーギュリスの論文や著書を読んだ研究者の理解を超えていて、そのためか、その論理的な中身についてほとんど批判されることがなかった。主な批判は、共生したのがスピロヘータであるとする説だけに向けられた。しかし、（9＋2）共生説は、実は、マーギュリスの考える真核細胞起源の核心である。これなくしては、真核細胞の誕生を説明することができず、その場合、ミトコンドリアや葉緑体はどうでもよかったのである。真核細胞のもつ有糸分裂のしくみには、細かく見るとさまざまなものがあり、そのため、マーギュリスはそれぞれのタイプの有糸分裂のしくみがどのように進化したのかも考察している。そして最も重要なことは、このようにしてそれぞれに進化したさまざまな真核細胞に、個別に藍藻が入り込んで葉緑体となったというのである。ミトコンドリアに関しては、真核細胞誕生の前に好気性細菌が取り込まれて、これによって好気呼吸をする真核生物が生まれたと考えている。そもそも好気性細菌は、藍藻が酸素発生を始めたがために、それまでの嫌気性細菌から変異によって生まれたと考えている。

マーギュリスは、光合成でも好気呼吸でも、変異の蓄積によってできるようになったと説明していた。その一方で、真核生物誕生には共生が絶対に必要で、ミトコンドリアも葉緑体も変異の蓄積ではできないと考えた。実際、彼女はそれ以外のたいていのものに関して、変異の蓄積で説明ができると安易に考えており、そのギャップはなかなか理解できない。細胞内共生を当たり前と見なす現代からみると、読者の皆さんには、この疑問がわかりにくいかもしれないが、マーギュリスの書いたものを当時の科学的背景のなかで素直に読んだとき、疑念を禁じ得ない。マーギュリスの考えに従うと、意地悪な見方をすれば、光合成は変異の蓄積によって一度は藍藻で実現したのだから、真核生物でも、変異の蓄積によって実現してもよいはずである。言い換えると、藍藻とは異なり、真核生物においては変異の蓄積によって光合成のしくみが新規につくられないとマーギュリスは考えたのであるが、彼女がそのように判断した理由はわからない。光合成能を獲得する際に、なぜ藍藻の共生が必須だとマーギュリスは考えたのだろうか。いまから見れば、光合成のしくみが藍藻と葉緑体では非常に似ていること、つまり、光化学系IやIIを作り上げているタンパク質が非常に似ていることなど、分子レベルのデータがいくらもあり、これだけよく似たシステムが独立に進化によって生まれるとは考えにくく、細胞内共生を仮定しなければ説明できないと考えられる。しかし、マーギュリスの時代には、分子レベルのデータはおろか、酸素発生やクロロフィルの存在くらいしかわかっていなかった。それでも藍藻と葉緑体の光合成のしくみが同じ起源と考える強い根拠が当時存在したとは思えないし、また仮にあっても、マーギュリスがそこまで詳しく光合成のことを知っていたとも思えない。系統関係を考察する詳しい理論もなかった時代なので、よく似た形質が同じ起源なのか、別起源のものがたまたまある（収斂進化）のか、という区別をつける手段もなかった。

一方で、一九六〇年代、一九七〇年代の一般的な進化に関する考え方は、ダーウィンの進化論に基づく進化の総合説にさらに分子生物学の知識が加わり、遺伝子における塩基の置換や挿入・欠失などの変異の蓄積によって、小さな性質の変化ばかりでなく、生物の形態の変化を伴う大きな進化も起こりうると考えるものだった。一九七〇年に書かれたジャック・モノーの『偶然と必然』（Monod 1970）では、DNAに起きる塩基の変化が変異であり、その蓄積が自然選択を受けることにより、合目的なタンパク質の高度な性質を生み出したと主張している。現在から見れば、遺伝子の塩基が一つ一つ変異を繰り返していくことだけでマクロな変化が起きるわけではなく、エボ・デボ（進化発生生物学）など他にいろいろな考え方がある。進化に関する当時といまの考え方の違いについては、拙著『40年後の「偶然と必然」』でも説明した（佐藤 2012）。一九七〇年当時の状況は分子生物学万能で、遺伝子の変異だけが進化の源泉と考えられた。実際のところマーギュリスも、ほとんどの進化事象に関しては、こうした考え方にしたがって説明しており、変異と選択によるダーウィン進化を堂々と肯定し、文中でも明言していた。それだけに、彼女の態度は、一方で共生の絶対的必要性を訴えながら、当時の生化学や分子生物学の勢いを反映して、多くの学者が抱いた考え方、つまり、変異の蓄積でどんな形質も生まれるという考え方をそのまま受け入れているという、認識論的には奇妙なアマルガムとなっていた。筆者の考えでは、真核生物進化の歴史を分裂機構の進化から説明するという大目標を掲げたマーギュリスにとって、ミトコンドリアと葉緑体を排除することが絶対的に必要であり、そのためにこれらを細胞内共生起源と言い放ったとしか思えない。結果としては、進化のしくみについて二種類の異なるしくみを併存させることになるという論理的矛盾を冒すことになり、このことは、マーギュリスが細胞内共生説を本当の科学的理論として真剣に考えていたのかを疑わせる問題点でもある。

多重並列共生

マーギュリスの一九七〇年の本では、真核細胞と原核細胞の厳格な対比とともに、カンブリア紀前後の化石の対比も描かれている。当時の古生物学の知識では、カンブリア紀以前には大型の生物は存在しておらず、せいぜい微化石が知られているだけだった。そのため、カンブリア紀前後の時期は原核細胞から真核細胞が生まれた時期でもあると、マーギュリスは見なしたようである。真核細胞にも単細胞と多細胞があるはずだが、そのギャップに関しては深く検討されていない。また、植物と動物の違いについても深い議論はなく、単純に動物細胞に色素体が共生したものが植物だと見なしていたようである。結果的に、好気性の原始真核細胞が多様化し、そのさまざまな分岐の途中でさまざまな色素をもつ藍藻が共生することにより、現在見られるような多様な植物や藻類が生まれたという説明は、マーギュリスとメレシコフスキーに完全に共通している。メレシコフスキーの論文（Mereschkowsky 1910）の最後にまとめとして載せられている図は、マーギュリスの本（Margulis 1970）の口絵の図とよく似た構図である（図16）。マーギュリスが本当にメレシコフスキーの業績について知らなかったのかどうか、これも大きな問題となる。すくなくとも、彼女の師であったリスとプラウトは、その一九六二年の論文で一九〇五年のメレシコフスキーの論文（Mereschkowsky 1905a）を引用しており、マーギュリスも彼らから図を見せられていたことがなかったのかどうか、関係者がみな亡くなったいまとなってはわからない。

本章のはじめで触れた「植物学の神話」について再度考えると、当時の一般的な藻類進化の考え方は色素体に重点を置いた考え方ということができる。シアノバクテリアや色素体を基準に考えるならば、藍藻から紅藻、緑藻、植物という道筋は、大筋で誤りとは言えない。当時の知識としては、植物に関しては光合成の性質が最もよく研究され、よく解明されていたことであるので、それに基づいてこのような一本道の進化を考えたことに不思議はない。それに対して、マーギュリスが主張した説では、色素体を含まない真核生物だけでまず進化し、多様化する。その後で、個別に色素体を獲得する。『真核細胞の起源』に収録されている系統樹はきわめて大きく、四ページ分もある折り込み図であるが、それを本書の巻末資料として再録しておくので、よく見てほしい。丸印のところが色素体の獲得を示し、それぞれに何色の色素体が獲得されたのかも明示されている。

マーギュリスは、さまざまに多様化した藍藻がすでにいたことの説明をまったくしておらず、また、独立に一五回（数え方によっては二十回）もの共生が起きたことの可能性の評価もない。最小限のステップで進化を説明するには細胞内共生を考えるのが合理的であるとマーギュリスは何度も主張している

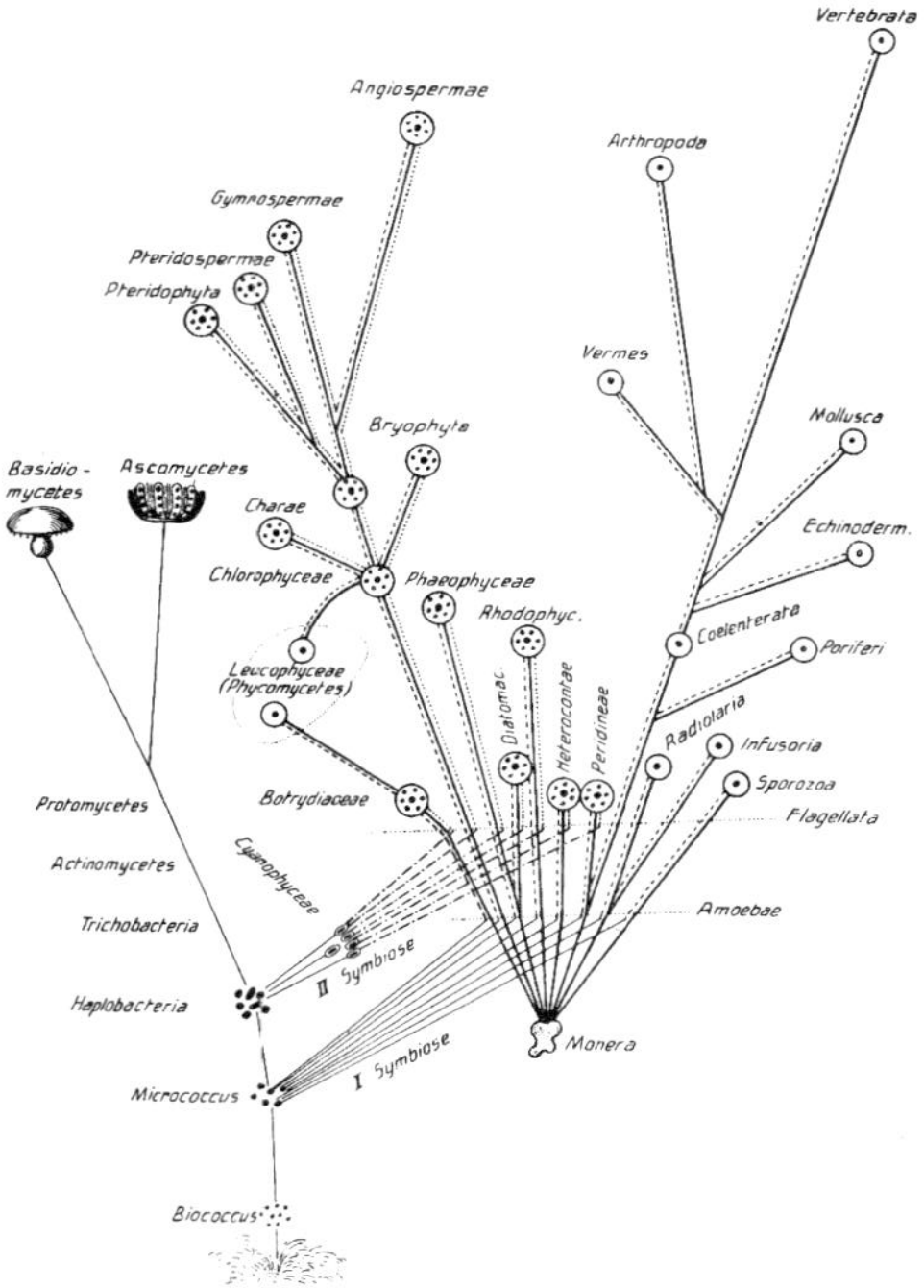

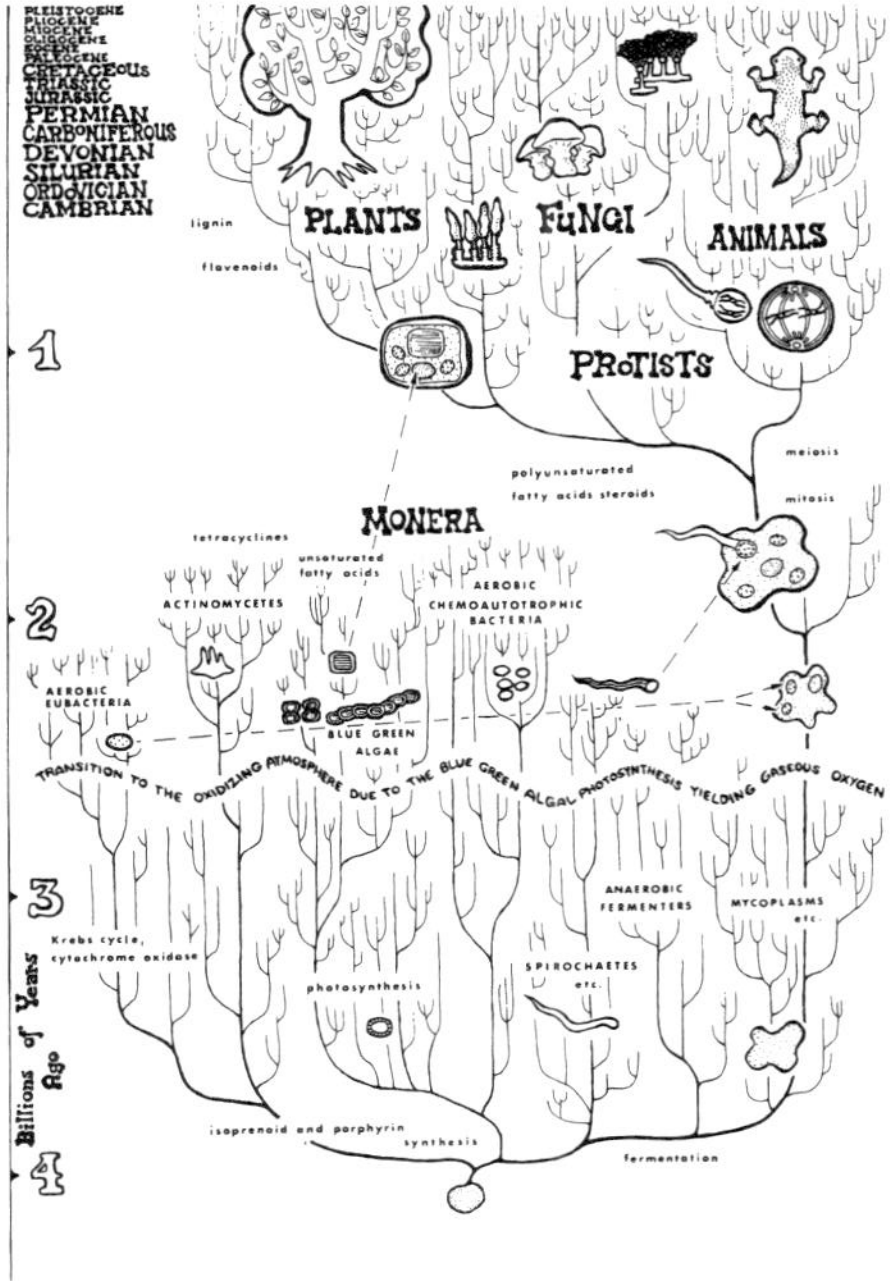

Frontispiece: Theory of the origin and evolution of eukaryotic cells

図 16　メレシコフスキーとマーギュリスの細胞内共生進化の図式

（左は Mereschkowsky 1910，右は Margulis 1970）

メレシコフスキーはミトコンドリアには言及していない。最初の共生で細胞核が生まれ，次の共生で色素体が生まれたとした。右図では，色素体の多重共生は明示されていない。左端にカンブリア紀以降の地質年代が書き込まれている。また左端の白抜きの数字は 10 億年単位の年代を表している。二つの図の全体のデザインはきわめてよく似ているように思われる。

が、多重並列色素体共生を考えると、むしろステップ数が多くなってしまう。色素体を中心に考えた系統関係は、基本的に「植物学の神話」の正しさを示しており、色素体が細胞内に入るのではなく、色素体が真核細胞という衣をかぶったと考えれば、特に不思議はない。実際に、紅藻の細胞では、細胞の半分を色素体が占めている姿を見ると、色素体が細胞核を飼っているという印象すら受ける。これに対し、マーギュリスの説では、藍藻も真核生物もそれぞれに多様化してから組み合わさったというのであるから、これは進化の説明としては自由度が多すぎ、どこにもそれを支持する証拠を求めることはできない。共生の回数に無頓着であったことは、当時のマーギュリスにとって、有糸分裂というメインテーマに比べて色素体の細胞内共生が周辺的問題だったことを示している。

4　文献引用に関する疑惑

マーギュリスはメレシコフスキーなど二十世紀初頭の研究者の論文に言及しているものの、孫引きなどにとどまっていた。まだ三十歳前後の若い研究者としてスタートした初期はともかく、その後、世界的にも認められてさまざまな学会を主催する立場になった一九七〇年代半ば以降であっても、メレシコフスキーの論文は正しく引用されないままになっていたことが不思議である（表4）。この点に気づいている研究者もいるが、かなり高名な学者として認められているマーギュリスに対して、直接にも間接にも、そういう指摘をすることが失礼に当たると言うことだろうか、追及する人はいなかった。唯一正しい引用をしている例は、Bermudes との共著論文で引用した一九一〇年の文献である。実は、この論

表4　マーギュリスによるメレシコフスキーの引用（Sato 2017 に基づく）

---

1. Sagan, L. (1967) *J. Theoret. Biol.* 14, 225–274.

MERECHOWSKY, M. (1910) & MINCHIN, E. A. (1915). *In* "The Cell in Development and Heredity", by E. B. Wilson (1925). New York: Macmillan.

[メレシコフスキーの綴りにはいろいろあるにしても，この綴りは誤り。また，孫引きになっている]

2. Margulis, L. (1970) *Origin of Eukaryotic Cells.* Yale Univ. Press, New Haven

[引用なし]

3. Margulis, L. (1975) Symbiotic theory of the origin of eukaryotic organelles: criteria for proof. *Symp. Soc. Exp. Biol.* 29, 21–38.

[引用なし]

4. Margulis, L. and Bermudes, D. (1985) Symbiosis as a mechanism of evolution: Status of cell symbiosis theory. *Symbiosis* 1, 101–124.

Mercschkowsky, K. 1905. Le plante considéré comme une complex symbiotique. *Bull. Soc. Nat.* Sci., *Quest* 6: 17–98.

[1920 年の論文の内容が不正確に書かれていて Quest は Ouest の誤り。正しくは，1920. La plante considérée comme un complexe symbiotique]

Mereschkowsky, K. 1910. Theorie der zwei Plasmaarten als Grundlage der Symbiogenesis, einer neuen Lehre von der Entstehung der Organismen. *Biologische Centralblatt* 30: 352–367.

[唯一これは正しい]

5. Margulis, L. (1981/1993) *Symbiosis in Cell Evolution.* 2nd Ed. *Microbial Communities in the Archean and Proteozoic Eons.* Freeman, San Francisco.

Mereschkovsky, K. C. 1905. Le plant Considéré comme un complex Symbiotique. *Bull. Soc. Nat. Sci., Ouest* 6:17-98.

[4 と同様の誤りに加えて，イニシャルの誤り，不要な大文字表記がある]

Mereschkovsky, K. C. 1909. Theory of two plasms as the basis of symbiogenesis, new studies about the origin of organisms. USSR: Kazan. (in Russian, cited in Takhtajan, 1973).

[なぜかロシア語の文献を孫引きしている]

6. Margulis, L. (1999) *Symbiotic Planet.* Orion Publishing Group.

[本文中で何度もメレシコフスキーに言及しているものの，巻末の引用文献には挙げていない]

文では、メレシコフスキーの提唱した図を引用して、それと自説とを対比して見せている。そのため、原論文の正確な引用が必要になったものと思われる。

マーギュリスの「ずるさ」（あえてこのように表現する）は、一九七四年頃に紅藻葉緑体の藍藻共生体起源説が大筋で認められてから、葉緑体の細胞内共生説の主唱者に衣替えしたことではないだろうか。Margulis（1999）では、葉緑体やミトコンドリアの細胞内共生説を自身の主要な業績と述べている。最初からメレシコフスキーを表に出さないことによって、このように述べることが可能になったのであるから、最初からそのつもりがあったのかもしれないが、むしろ一九七〇年頃は専門家が状況をしっかりと把握していたため、葉緑体やミトコンドリアの細胞内共生について、マーギュリスが自身の先取権（プライオリティ）を主張することはできなかったであろう。一方で、もとの自説の根本的な誤りを、スピロヘータ起源説の部分だけに集中させることで、大きな批判をかわすことができた。本来は、「マーギュリスの神話」そのものの根本的欠陥のために、彼女の説は消えていくはずだったのだが、奇妙な説は奇妙すぎて誰にも理解されず、理解できる部分だけをもって、葉緑体やミトコンドリアの細胞内共生説の提唱者という顔をすることになったのではないだろうか。

5　当時の最新データの取り込み

細胞生物学・生化学

マーギュリスの説が、昔からある空想的な共生説を現代的なデータによって新たに確立したと言われている一つの理由は、その著書で「現代の生化学的、遺伝学的、細胞学的、古生物学的情報によって、(「植物学の神話」という) 暗黙の前提にチャレンジする」(Margulis 1970, p. 5) と述べられているのを、読者が真に受けたものということができる。それぞれのデータならぬ「情報」がどのように使われたのかを考えてみると、生化学のデータは、DNAの分析や、タンパク質合成系、さまざまな代謝酵素、呼吸・光合成系の分析などの形で利用されている。遺伝学的データは、昔から知られた色素体の細胞質遺伝やその後明らかにされたミトコンドリアの細胞質遺伝などがあり、引用されているとおり、主にレーダーバーグの総説 (Lederberg 1952) に基づいている。細胞学的な情報としては、オルガネラDNAの電子顕微鏡による観察や、オルガネラのリボソームの観察がある。

古生物学的な情報としては、カンブリア紀前後での化石の大きな変化や、地球の歴史の中で酸素発生が二七億年前くらいから始まったことなどがある。一見するともっともらしいが、化石データの使い方は、カンブリア紀の断絶を原核・真核生物の断絶と重ね合わせたり、酸素発生が古いことをもとに、好気性細菌の誕生をシアノバクテリアのあとと考えたりするなど、今日ではおかしなことばかりである。生化学、遺伝学、細胞学などと並べながら、実際に最も重要な証拠となったのはオルガネラDNAの存在だけであった。「生化学的知識」に含まれる代謝経路や、クロロフィル、カロテノイド、トコフェロール、ステロール、不飽和脂肪酸、シトクロムなどの物質に関する知識は、好気呼吸の発生と過酸化ストレスへの対策を説明するために使われており、これらも今日では的外れである。

当時の最新データが細胞内共生説にどのように利用されたのかは、マーギュリスとほぼ同時期に葉緑体やミトコンドリアの細胞内共生説を提唱していた別の論文を見るとよくわかる。それらの論文には、オルガネラと細菌との対照表も載っており、Marguls (1970) は、それらのデータを借用してきているにすぎなかった。そのことからわかるのは、ミトコンドリアと葉緑体の細胞内共生説に関するプライオリティがマーギュリスにはないことを、本人自身が理解していたはずだということである。

これに対して、マーギュリスの主張の核心であった（9＋2）構造の細胞内共生説に関しては、驚くべきことに、マーギュリス自身は微小管や細胞分裂についての実験的研究の業績は何もなかったにもかかわらず、多くのデータを集めることでオリジナルな理論を構築した。当時、中心体にＤＮＡが存在するとする論文が多数あったことに加えて、中心体やべん毛、紡錘体を構成する微小管の電子顕微鏡による観察などがあり、本来マーギュリスが教育を受けていた分野である細胞学的な「情報」が多数あった。この他、分裂阻害剤の効果なども、当時知られていた。これらのことを見ると、マーギュリスが述べていた、最新データによって古い説を新しいものとして再構築することの本質は、（9＋2）構造の細胞内共生に関するものであったことがわかる。

地球科学

一九六〇年代後半は分子生物学や細胞生物学の進歩も著しかったが、一方で、地球科学の進歩によって、生命の歴史についての理解が大きく進んだ時期でもあった。そのことはバナールの著書（Bernal 1967）（図17）とマーギュリスの本の図（図18）を比べるとよくわかる。

地球上に生命が誕生したのが約三五億年以上前であること、最初ほとんど存在しなかった酸素の濃度が約二七億年前から上昇を始めたこと、約五億年前のカンブリア紀の生物多様性の爆発以前には、目立った真核生物の化石が見つからないことなど、マーギュリスが『真核生物の起源』の中で述べていたことは、当時の最新知識であった。おそらく当時の一流の生物学者にとって、こうした別の分野での進歩

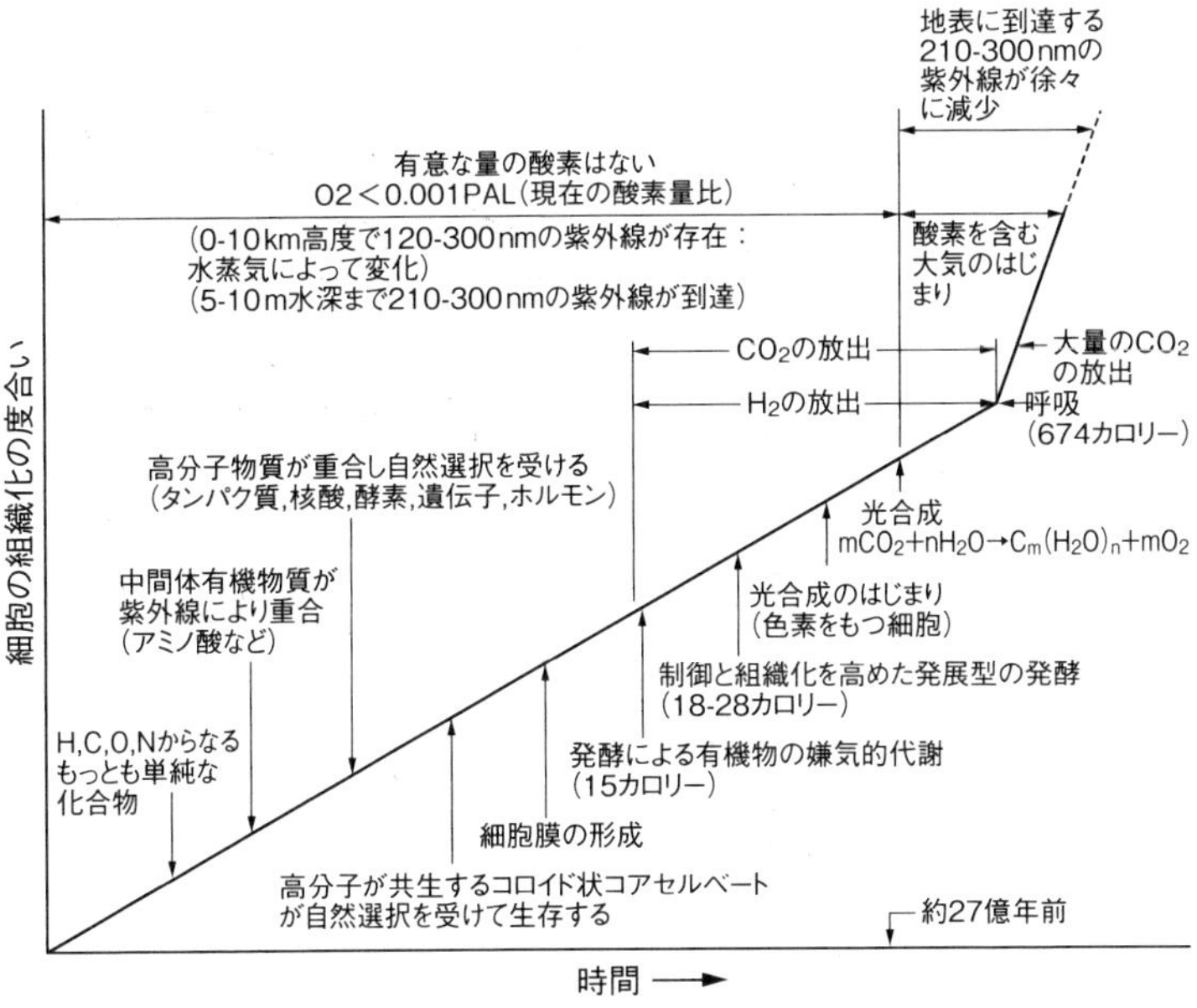

図 17　バナールが示した地球環境と生命の歴史（Bernal 1967）

この他，Chart 1（p. 101）と Figure 5（p. 106）でも，地球の歴史と生命の歴史の関係を詳しく示している。

をしっかりと勉強することは難しかったであろう。バナールのような分子生物学・タンパク質構造化学の素養がありながら生命の起源に強い関心をもつ一部の研究者だけが、こうした最新のデータを活用して、生命の起源と進化についての議論を構築することができた。実際彼は、昔のオパーリンやホールデンの論文を復刻して、自身の本の付録に付けていたという意味で、生命の起源論の草分け的リーダーであった。バナールもマーギュリスの一九六七年の論文をおそらく出版前に知っていて、一九六六年の論文として引用しているが、それは真核細胞の起源という文脈の中、つまり、真核生物と原核生物は根本的に異なるということを

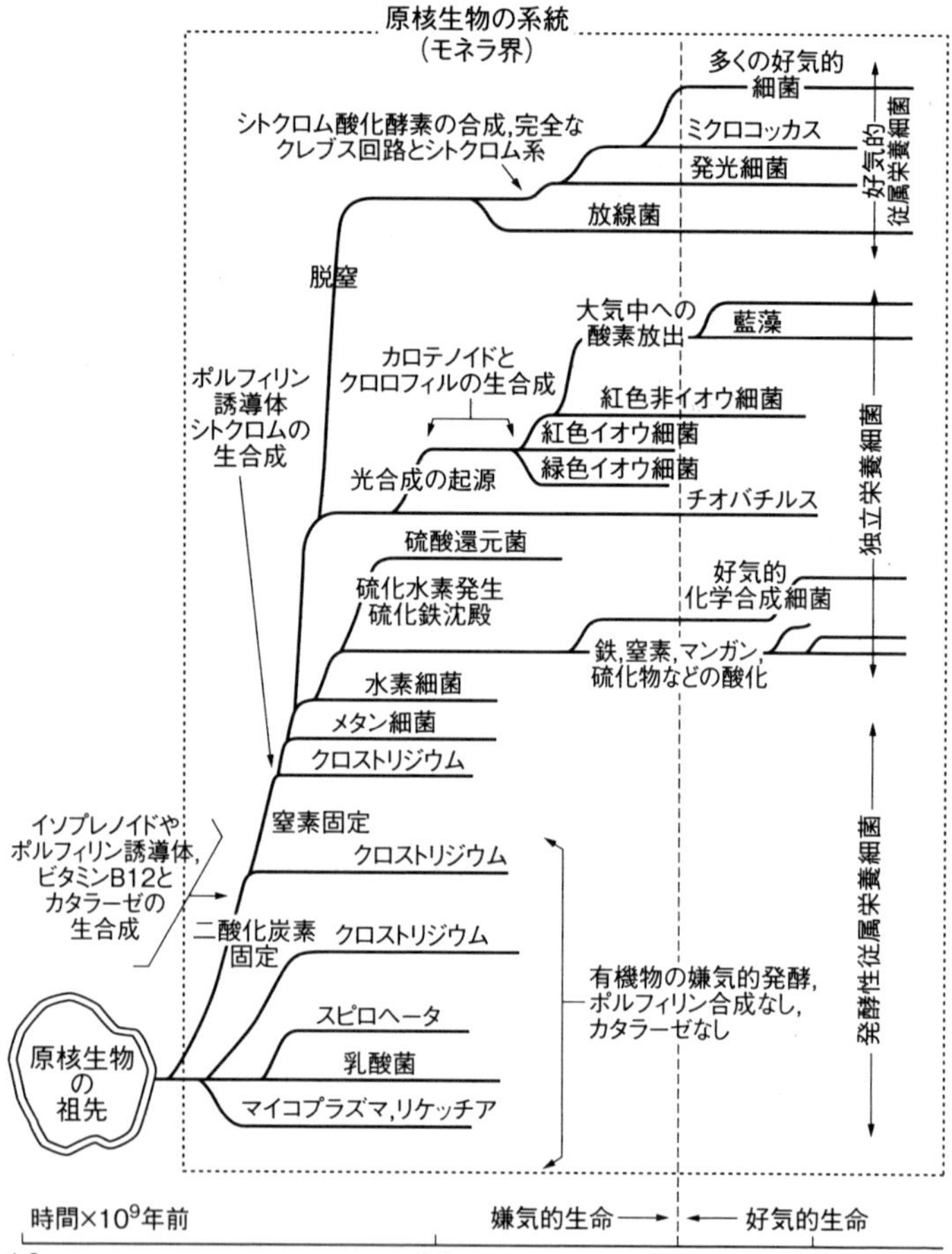

図 18　マーギュリスが示した生命の歴史（Margulis 1970）

補強したということで引用していた。バナールはオルガネラとその起源についても述べているが、内生説的な考えを述べた後で、細胞内共生説については推論にとどまるとしていた。

この考え［共生説］の証拠はまだ推論の域を出ない。自由生活生物として存在できる独立的なオルガネラは見つかっておらず、バクテリアに至るまであらゆる細胞の構造には、オルガネラ［リボソームなども含めてこのように述べている］が含まれている。さらに、これらのオルガネラはそれ自身として存在し、増殖している生物の中央［細胞核］からの遺伝的制御をあまり受けていないことがある。それらは何らかの形で、生物に入り込んだ外来要素のようにふるまい、真核生物に含まれるいくつかのオルガネラは、自由生活性の原核細胞にきわめてよく似ている。藍藻はしばしば「色素体」とほとんど区別がつけられない。（Bernal 1967, p. 81）

マーギュリスが述べていたように、光合成による酸素発生が好気呼吸の起源に結びついたことも、バナールが述べている。

原核細胞から真核細胞への変換は生物進化の比較的後期に起こったと考えられるが、実際には一時に起きたのではなく、数百万年あるいはそれ以上にわたって起こったのであろう。一つの決定的な変化は光合成のはじまりであり、それにより酸素が放出され、発酵を酸化［好気呼吸を指す］によって置き換える生化学的変化が第一に必要とされた。（Bernal 1967, p. 87）

さらに、植物の起源については、色素体の共生として描いている。

真核植物細胞は確実に複数の起源を持つように見える。つまり、もともと自由生活性の原核生物であった光合成をする色素体を呑み込んで維持しているのである。(Bernal 1967, p. 88)

ここまで書かれてしまうと、マーギュリスが新たに付け加えたことはいったい何だったのだろうと疑いをもたざるを得ない。当時一流の生化学者だったバナールが、色素体共生説の原型をそっくりそのままマーギュリスに提供していたというのが実態だったように思える。しかもバナール自身は、上述のように、必ずしも色素体の細胞内共生起源を強く支持していたわけではなかった。こうした場合、マーギュリスの役割は、多くの学者が躊躇しているときに、堂々と主張することによって、人々に一歩踏み出させたということだったかもしれない。

弱冠二九歳のマーギュリスが、どのようにして当時最新の地球科学の知識を得たのだろうか。それは最初の夫であったカール・セーガンをおいては考えられない。後の回想(Margulis 1999)によれば、学生時代に知り合ったセーガンは、背の高いイケメンかつ秀才だったようで、マーギュリス(旧姓リン・アレキサンダー)はすっかり惚れ込んでしまったようである。一九六七年のマーギュリスの論文(Sagan 1967)には、夫の論文も引用されていて、おそらく二人で生命の起源についての考察を行っていたことがうかがえる。当然のことながら、その後の著作には一切セーガンの論文の引用はないが、セーガンから得たものは非常に大きかったはずである。当時の生物学や系統進化学の分野の研究者から見ると、マーギュリスは、生物学の教育を受けた若い研究者でありながら、他分野の知識も駆使する優秀な女性研究者に見えたに違いない。

第5章　一九六〇～一九七〇年代における細胞内共生説の動向

すでに第4章5節でも述べたように、一九六〇年から一九七〇年代にかけての科学の進歩は、細胞内共生説と無縁ではない。なかでも、オルガネラＤＮＡの発見、電子顕微鏡による細胞構造の解明、細胞分裂の機構の解明などは、細胞生物学の基盤をつくる重要な進歩であった。この時期の細胞内共生説の歴史について、サップ（Sapp 1994）が要領よくまとめているので、それを参考にしつつ、コメントを加えながら概観する。

1　大きな流れ

キューバ危機のさなかの一九六三年に、微生物学会主催で、共生に関するシンポジウムがロンドンで開かれた。その内容は、*Symbiotic Associations*（共生による生物集合）として出版された（Nutman & Moose 1963）。そこでは、「目的論という非科学的なオーラ」があるという理由で、共生の研究は不人気であり、西洋では共生はネガティブな効果しかなかったことが記されている。それでも、会議では、ルネ・デュボスらが「共生関係のもつ創造的なダイナミクス」を強調し、感染現象を病理学だけで考えないという方向にリードした。彼らは、酵母のプチ変異の性質や、ストレプトマイシンで処理したユーグレナが白くなることなどを挙げ、オルガネラの欠損によって細胞の性質が大きく変わることに基づいて、細胞の起源について考えた。バクテリオファージの溶原化という新たなテーマを除けば、一九六三年の会議のテーマは、地衣類、根粒、菌根などの古典的なものにとどまっていた。ただし、ミドリゾウリムシが Karakashian により紹介された。共生についての遺伝学的アプローチのメリットとして、合成のパワー、遺伝的・生化学的統合、発見的価値などが挙げられた。これらの発表の中には、細胞が共生起源であることを述べた論文もあったが、ブフナー Buchner（1953/1965）は否定していた（第3章7節参照）。

真核生物の起源に関するブフナーなどの一般的な感じ方としては、起源の研究は科学的でなく、それは証明も否定もできないからだった。しかし当時の世界情勢は、生化学から生命の起源へのアプローチが盛んになっていた。一九五七年のソビエト連邦によるスプートニク（宇宙船）打ち上げでは、宇宙探検の大きな目的として、宇宙の起源と生命の起源も掲げられていた。アメリカ航空宇宙局（NASA）による宇宙開発でも宇宙生物学が取り上げられ、生命の進化に関する憶測に対して寛容な雰囲気をつくった。これは本来軍事的な目的をもつ宇宙開発が、表向き平和的・文化的な装いをまとうため、生命の起源という、当時は「疑似科学的」としかいえないレベルにあったテーマを利用したということもできる。現在の宇宙生物学にも筆者はあまり賛成していないが、それでもいまはだいぶ科学的な感じになってきている。しかし当時の宇宙生物学は、冷戦のもとで、軍拡競争を覆い隠すカモフラージュ以外のなにものでもなかった。

2 生物学の革命から細胞内共生説へ

一九五三年のＤＮＡ二重らせん構造の提唱に始まる分子生物学の発展は、一九七〇年頃には非常に大きな潮流となり、生物学全体が大きく発展した。二十世紀初頭の物理学の革命に対応して、これを生物学の革命ということもできる。細胞内共生説の図式だけを見ていると、ごく単純に藍藻の細胞が真核細胞の内部に入ってきただけのように見えるが、この説が認知され、正当に評価されるには、生物学全体の大きな発展があった。

細胞の微細構造の確立

それまでの生物学は、せいぜい光学顕微鏡が使えるだけで、細胞の詳しい構造や細胞膜の存在はよくわからなかった。しかし第二次世界大戦前に開発され、戦後に生物分野にも応用され始めた電子顕微鏡による細胞構造の解明により、単細胞の微生物や細菌など、原始的と考えられた単純な細胞の構造も詳しくわかってきた。これにより、オルガネラと細菌の構造比較も可能になった。

真核細胞と原核細胞の区別は、一九三七年にフランスの生物学者シャットンによって提唱された。しかし光学顕微鏡の解像度では、はっきりしたことは証明できなかった。Stanier & van Niel（1962）は、細菌も細胞からなることを示し、細胞という同じ言葉を真核生物と原核生物の両方に使うことを認めた。さらに真核細胞の細胞内構造に基づいて、真核・原核の区別を再確認した。真核細胞の特色は、細胞核、ミトコンドリア、葉緑体であった。原核細胞にもＤＮＡの存在領域があるが、核膜が存在しないことが明確になった。つまり、藍藻と細菌は原核生物であり、有糸分裂を行うのは真核細胞だけとなった。原核細胞の場合、染色体が一つであるために有糸分裂をする必要はないと、この著者たちは考えていた。葉緑体の微細構造はようやく一九六一年にいくつかの論文で明らかにされ、包膜、ラメラ（まだチラコイドという言葉はなかった）、ストロマなどが記載されていた。

この論文ではミトコンドリアのことを「呼吸する色素体」respiratory plastid とも記しており、当時の認識では、プラスチドとミトコンドリアの区別がようやく明確になり始めた時期であることがわかる。好気的細菌にミトコンドリアがないことも確認された。しかしまたメソソームと呼ばれる陥入した内膜の存在もわかってきた。藍藻の内部にはラメラが存在しており、それを囲む包膜がないため、細胞全体として葉緑体と類似していることがわかった。特に強調されていたのは、一九五〇年代からの単離オルガネラでの生化学的研究の成果にも裏打ちされて、呼吸と光合成という機能がミトコンドリアと葉緑体にそれぞれ局在することがわかった点であり、真核細胞の内部で機能分化があるとされた。いまでは当たり前になっているこれらのことがらが認識されたのが一九六〇年代であり、これに基づいて、それぞれのオルガネラが細菌や藍藻に似ているという比較が可能になった。スタニエらによる『微生物の世界』*The Microbial World* は、こうした点で、画期的な微生物教科書となった（Stanier et al. 1957/1976）。

Echlin & Morris（1965）では、藍藻の微細構造がきわめて詳細に記載され、藍藻と細菌は同じグループにまとめるのが適当だとの結論をまとめている。いまでは当たり前に思われるこうした重要なことが、一九六〇年代半ばにようやく確立し始めていたのである。その意味では、真核・原核の区別、特に藍藻を細菌と位置づける立場は、まだ新しいもので、その状況の中で、マーギュリスが堂々と「植物学の神話」などと言って、藍藻と真核藻類を系統的に結びつけることを批判したのは、実際のところ若気の至りに過ぎず、きちんとした研究の蓄積を理解していない駆け出しの研究者が、たまたま聞き知った新知識を知ったかぶりしているだけだったのかもしれない。

オルガネラDNAの発見

細胞質遺伝の長い研究の歴史を背景として、クラミドモナスという緑藻を用いた葉緑体遺伝学がセイジャーやギラムらによって進められていた。現在ではモデル緑藻としてバイオ燃料生産などの研究でもよく用いられているクラミドモナスは、レヴィーンによって一九四五年に単離され、それが主に三つの系統として、各研究室で研究されてきた。葉緑体DNAの発見は、Ris & Plaut（1962）による電子顕微鏡観察と、その翌年のSager & Ishida（1963）による葉緑体DNAの単離によって確実なものとなった。前者の論文では、前にも述べたように、Mereschkowsky（1905a）などを引用して、細胞内共生説をほのめかしていたが、後者の論文ではまったく触れられていない。それどころかセイジャーは一貫して細胞内共生説を無視しており（Sager 1967）、それに対して、マーギュリスはセイジャーの研究成果についてさまざまな批判を行っている。ミトコンドリアに関しては、Nass & Nass（1963a, b）が電子顕微鏡観察に基づきDNAを検出し、論文の中でミトコンドリアの共生起源に言及した。ミトコンドリアDNAを単離した論文は、Nass et al.（1965a）である。この間、他の藻類・植物からも、葉緑体DNAの単離の報告があり、塩化セシウム密度勾配遠心に基づく浮遊密度からGC含量の推定もなされた（Edelman et al. 1965, 1967）。さまざまな藍藻のDNAの浮遊密度と植物・藻類の核ゲノムと葉緑体ゲノムのDNA浮遊密度を比較し、シアノフォラ・パラドクサ（*Cyanophora paradoxa*. ペプチドグリカンをもつシアネラを含むとされる灰色藻の一種。第6章図28参照）からも核・葉緑体のDNAを単離した。核と葉緑体でDNAの浮遊密度、つまりGC含量が異なることが、内生説に反すると考えた。しかし藍藻のDNAの浮遊密度は分類群により大きく異なり、そのため、それぞれの植物・藻類で葉緑体の起源となる藍藻が異なっていたとして、どの藍藻がどの葉緑体の起源であるのかという議論もなされた。

オルガネラ細胞内共生説に関する論争

これに対して、オルガネラ起源の細胞内共生説には反対論もあった。Klein & Cronquist（1967）は葉緑体の細胞内共生起源を唱える説を「悪貨」と評して、いい加減な説が広まっていることに苦言を呈した。その根拠としては、補助色素がそれぞれの藻類の系統でまったく異なることと、チラコイド膜系の構造が異なる点を挙げ、一律に藍藻の共生ということはできないと判断した。

この問題は、国際細胞生物学会で一九六六年に議論され、翌年、その内容が出版された（Warren 編 1967）。やはり細胞内共生説に疑問を呈する著者もあった。その中で、Gibor（1967）は論点をまとめた。細胞内共生説の有利な点としては、（1）さまざまな程度に統合された共生体が存在すること、（2）色素体とミトコンドリアのDNAは質的に細胞核のものとは異なること、（3）どちらのオルガネラも二枚の膜で囲まれていること、（4）DNAの組織化のようすが電子顕微鏡で見る限り細菌と似ていることなどであった。

問題点も数多くあった。（1）それぞれの種のオルガネラのDNAが別々に共生しながら、同じように進化したとは考えにくいこと、（2）オルガネラの酵素の一部は細胞核コードであること、（3）ミトコンドリアのRNAの一部は核DNAとハイブリダイズ（雑種分子形成）するので、細胞核コードのR

NAがミトコンドリアに輸送されていることなどがあげられた。一部のDNAがオルガネラに存在するメリットとして、重要なタンパク質を効率的に合成することと、構造と機能の一致が進化に有利だったことが挙げられた。後者の論点は、合目的性を理由として、細胞機能からその歴史的起源を推論するという広く行われた進化の議論のおかしなやり方であると Sapp（1994）は評している。つまり、「すべてのものは目的に適うようにできている」というヴォルテールの『カンディード』における皮肉を、パングロス博士が思い起こさせるのだという（これは科学哲学でよく使われる比喩である。Morange 2016, 邦訳 p. 352）。

Haldar et al.（1966）では、シトクロム *c* の合成が細胞質で起きることを証明し、細菌の内膜が陥入したメソソームがDNAを結合しているとして、もともと細胞核にあったDNAの一部がメソソームに移動することにより、中心体、ミトコンドリア、キネトプラスト、基底小体、色素体などになったと考えた。これが内生説のはしりである。実際問題として、細胞の詳しいことがわからなければ、細胞内共生説よりも内生説を語るのは難しく、細胞内共生説を快く思わない学者が、持ち合わせの知識をまとめて無理矢理「でっちあげた」ものが内生説の実態だったように思われる。その後提出された内生説がそれぞれに異なるのも、論理が難しかったからであろう。

3　オルガネラ細胞内共生説の提唱者たち

実際に、細胞内共生説を提唱した学者は数多くいた。エクリン（Echlin 1966）は、藍藻と葉緑体の詳しい比較表を提示し、細胞内共生説の可能性を示唆した（表5）。

表5　Echlin（1966）による藍藻と葉緑体の比較表

	単細胞藍藻	高等植物葉緑体
サイズ	約 6μm	4～8μm
細胞壁	ジアミノピメリン酸を含む	なし
細胞膜	約 70 Å厚	約 70 Å厚で，通常二重膜
リボソーム	あり	細胞質とは異なるものが存在
光合成装置	多層構造で，周辺部に閉じた膜胞として存在。それぞれの膜胞は70～80 Å厚の膜で囲まれている。	多層構造で，閉じた膜胞がストロマラメラでつながったグラナラメラを形成。それぞれの膜胞は70～80 Å厚の膜で囲まれている。
光合成の機構	水を分解して酸素を発生。光リン酸化が共役している。	水を分解して酸素を発生。光リン酸化が共役している。
光合成色素	クロロフィル *a* ＋補助色素	クロロフィル *a* ＋補助色素
複製の方法	二分裂	二分裂？細胞内の既存の膜からの新規生成。細胞内の既存の原色素体からの新規生成。
遺伝装置	未知。細菌同様の非メンデル性遺伝。	メンデル遺伝の分離比や連鎖を示さない非染色体遺伝。
DNA	25 Å繊維で，染色体構造をとらず，ヒストンと結合していない。	25 Å繊維で，染色体構造をとらず，ヒストンと結合していない。核 DNA とは塩基組成が異なる例が知られている。
RNA	あり	葉緑体 DNA と相補的な RNA が検出されている。RNA ポリメラーゼが報告されている。
タンパク質合成系	あり	あり
自律性	完全に自由生活	単離無傷葉緑体はすべての光合成機能をもつ。その他の代謝活性についてはデータがない。
一次光合成産物	藍藻デンプン（植物デンプン中のアミロペクチンに相当）	デンプンとして存在するが，速やかに植物の他の部分に輸送される。

この時点で非常に詳しい比較が行われていたことがわかる。エクリンは藍藻の微細構造についての詳細な総説を書いており（Echlin & Morris 1965），それを元にこの表ができたと思われる。類似の表は Nass et al.（1965b）によってミトコンドリアと細菌についても作成された。エクリンは1970年にかけて，多くの総説を書いており，植物化学的系統学 *Phytochemical Phylogeny* という本の中の第1章（Echlin 1970）でも，色素体の細胞内共生起源に言及しているが，自身の論文を引用しているだけで，Sagan（1967）は引用していない。これに対して，同じ本の第7章（Carr & Craig 1970）では，Sagan（1967）をはじめとして，多くの細胞内共生説の論文を紹介しながら，データを整理している。当時の論者ごとに，それぞれの立場があったように見受けられる。

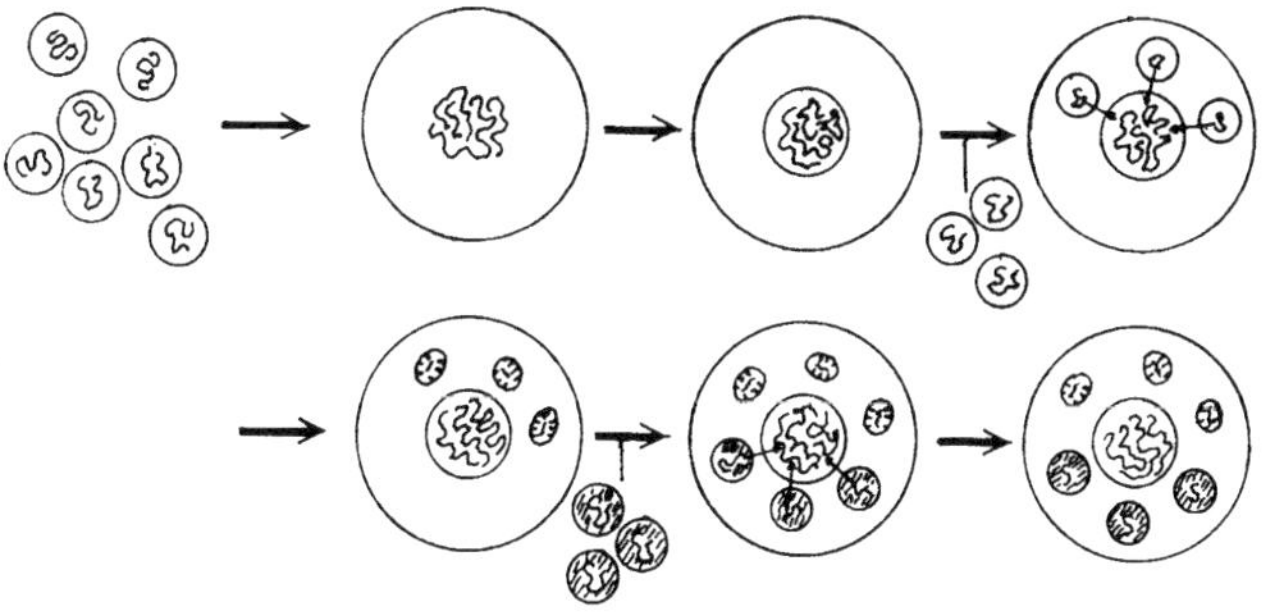

図 19　Goksøyr（1967）による細胞内共生説の図解

ミトコンドリアと葉緑体の細胞内共生と，それに引き続く遺伝情報の細胞核への移行も示されている。

これに引き続いて、ノルウェーの微生物学者ゴクセイル（Goksøyr 1967）は、原核細胞が真核細胞になるのではなく、段階的に複数の原核細胞から真核細胞ができるという仮説を提唱した（図19）。言うなれば後の連続的細胞内共生説SETの先取りである。論文の中で、証明するにはDNA／RNAハイブリダイゼーションをすればよいと示唆していた。マーギュリスが『真核細胞の起源』で述べていたことと基本的には同じである。

Echlin（1966）やGoksøyr（1967）は、マーギュリスの活動を知っていたという可能性はないのだろうか。あくまでもマーギュリス信者が、本当はマーギュリスが最初に提唱したのに、論文が審査を通らない間に、ほかの学者に盗まれたと邪推するかもしれないと想像してのことだが。実はマーギュリスの一九六七年の論文は、一九六六年はじめには最初の投稿がなされ、何度も却下と再投稿を繰り返してきている。その過程で、その審査に関わった学者は細胞内共生説についてきちんとまとめておくべきだと考えたかもしれない。しかし、一九六六年に国際生物学会で議論が行われたのは、おそらくマーギュリスの最初の投稿よりも以前に計画されたものと思われる。そうなると、一九六五～一九六六年には、多くの学者の間に細胞内共生説を議論しようとする機運が生まれていたものと思われる。すなわち、この時点ではマーギュリスはまったく無関係であった。このため、ミトコンドリアと葉緑体の細胞内共生説を議論している限りでは、マーギュリスが出る幕はなかったようである。その意味で、マーギュリスがべん毛の細胞内共生説を付け加えて真核細胞の起源としてまとめたことは、結果的に優れた戦術であったことになる。

4　細胞内共生説と内生説をめぐる混乱

一九六五～一九七〇年代初頭のさまざまな論文には、多くの場合細胞内共生説による考え方と内生説が併記されていて、本当のことはなかなかわからないという論調が多い。Kirk & Tilney-Bassett（1967）の有名な『色素体』という本にも細胞内共生説の記載がある。比較的好意的に書かれているが、慎重な態度である。Loening（1968）では、真核と原核のリボソームＲＮＡ（ｒＲＮＡ）のサイズがはっきりと異なることを実証し、葉緑体は原核タイプのリボソームＲＮＡをもつことを確定した。これは細胞内共生説に有利な結果であった。

Stanier（1970）は、微生物学会での講演を元にした総説だが、両論を比較しながら、光合成のしくみ自体は同じものが藍藻と植物・藻類にあることを確認している。あとは説明のしかたの問題だとしている。Nichols（1970）は、進化・系統の観点から生体物質を解説した本の中の総説であるが、葉緑体と藍藻の脂質の類似性を述べながらも、従来からの藍藻と藻類の連続性に基づく解説になっている。しかし、同じ本の別の章では、Carr & Craig（1970）が細胞内共生説の立場からデータを整理している。Baxter（1971）では、オルガネラの共生起源についても触れているが、実際にオルガネラで合成されているタンパク質がわずかであることなどから、共生したとしても大部分を失ったことになるとして、共生に関しての結論は出さず、さらに研究が必要としている。Stubbe（1971）では、二つの可能性を挙げ、問題は解決していないという結論になっている。メレシコフスキーやシンパーなどを引用しているが、マーギュリスは引用されていない。中心体にＤＮＡがあるのかという問題も、このころ議論されている（Granick & Gibor 1967, Pickett-Heaps 1969, Fulton 1971, Schnepf & Brown 1971）などを参照のこと）。

それでも、細胞内共生説に好意的な言説が有力誌にも掲載されるようになっていく。Raven（1970）は、色素系の異なる葉緑体の共生が複数回あったという、多重並列共生説を明確に提唱した。さらに彼は、ミトコンドリアが先に共生したと考えた。しかし、ミトコンドリアが色素体からできる可能性なども紹介し、さらにミトコンドリアの起源が複数あるのかどうかはわからないとした。このころ、科学雑誌 *Scientific American*（日本では「サイエンス」のタイトルで日本語版が出版されている）に、クラミドモナス研究の第一人者であるレヴィーンのグループからの細胞内共生説を支持する解説（Goodenough & Levine 1970）、そしてマーギュリスの解説（Margulis 1971）が相次いで掲載された。

一方で、Cohen（1970）は細胞内共生説をさまざまな面から検討し、最後に Sagan（1967）と Margulis（1970）も紹介しているが、否定的な見方で締めくくっている。藻類学者である Lee（1972）は、Raven（1970）の多重並列共生説に対して、クリプト藻の単一共生を考え、他の藻類はそこから派生したものと推論した。直近のいくつかの論文は引用しているが、マーギュリスもメレシコフスキーも、以前の細胞内共生説関連文献も引用していない。ただし彼はのちに、一次共生でできた最初の藻類は灰色藻であると意見を変えている（Lee 1980）。Raff & Mahler（1972）では、Sagan（1967）を受けて、ミトコンドリアと細菌の違いを詳しく紹介し、それに基づいて、独自の進化の仕組みを提案している。Uzzell & Spolsky（1974）は、両論を系統学の立場からバランスよく吟味し、その中で、非細胞内共生説として可能な系統樹を提案している。共生という「一種の創造」を仮定しないで、変異の蓄積で考えるという態度である。系統樹の中で藍藻を真核生物のそばにもってこないと全体の説明ができなくなる点は、他の内生説と共通している。ここまでくると、あとは精密な系統樹で話が決まることになる。Taylor（1974a）では、Raven（1970）の誤りが指摘されているが、この人はSET（後述）を提唱したTaylorとは別人である。面白いことに、後に細胞内共生説を活用して大活躍をするCavalier-Smith（1975）や葉緑体の分子生物学の大御所Bogorad（1975）が、細胞内共生説を否定して、内生説を提唱する論文を、それぞれ*Nature*と*Science*に書いている。昔は英語がネイティブで筆が立てば、こういう雑誌にはいくらでも論文が書けたようである。前者では、真核細胞が藍藻からできるとしている。後者は、同じリボソームのタンパク質が核と葉緑体に分かれてコードされていることに基づいて、細胞内共生説に懐疑的な議論をしている。

この一九七〇〜一九七五年という期間は、両論が錯綜する時期である。Cohen（1973）は、一九七〇年の自身による否定的な解説とはうって変わり、最初にマーギュリスを引用した上で、新たなデータに基づき葉緑体と藍藻の類似性に特に注目し、これから活発に研究していかなければならないという結論になっている。葉緑体のリボソームRNAと藍藻のゲノムDNAとのハイブリダイゼーション（雑種分子形成）、紅藻と藍藻のフィコビリタンパク質の免疫交叉反応などが、細胞内共生説の特に有力な根拠とされた。ただし、ミトコンドリアに関してはデータが乏しいとされた。Taylor（1974b）は、マーギュリスの説を連続的細胞内共生説Serial endosymbiosis theory（SET）と命名した。ちなみにこの著者は、メレシコフスキーの三つの論文やファミンツィンの論文をはじめ、Echlin（1966）や Goksøyr（1967）を正確に引用している。同じ号には、前年にマーギュリス主宰によりコロラドで行われた第1回国際系統分類進化生物学会 ICSEB の発表論文が並んでいる。Taylor（1979）では、SET をさらに詳しく検討している。Stanier（1974）は、紅藻が藍藻の共生によるものと結論した。しかしそれ以外の藻類はまだわからないとした。この頃には日本人も細胞内共生説に関心をもっており、当時筆者が大学院生として研究していた東京大学教養学部で、向かいの研究室におられた石川統助教授（当時）はアブラムシの共生菌を研究していた。Ishikawa（1977）では、葉緑体のリボソームRNAは原核生物起源としても、ミトコンドリアのリボソームRNAは原核生物のものとはかなり異なることを指摘していた。当時の日本の状況を知る手がかりとして、当時の教科書をいくつか探してみたが、『光合成』（1971）や『光合成入門』（1973）では、細胞内共生説に関する言及はほとんどなかった。これに対して、『細胞』（1975）では著者である佐藤七郎の強い思い入れが綴られ、さらに、『生体膜とエネルギー』（1975）でも、ミトコンドリアと細菌の類似性に基づく共生起源に言及している。一方で中村（1987）は強い反対意見を述べていた。後の黒岩（2000）になると、真核細胞の起源をつくったミトコンドリアについての熱い想いが語られている。

5　分子系統学の発展と細胞内共生説の確定

一九七〇年代には分子系統学が発達し、タンパク質のアミノ酸配列や、DNA、RNAの塩基配列から系統進化を推定することが始まった。分子系統解析の詳細は第6章で説明するが、ここでは歴史的経緯だけを紹介しておく。分子系統解析にはさまざまなルーツがあるようだが、その一つはFitch & Margoliash（1967）によって提唱された。ただしその理論的な基礎は、Kimura（1968）の分子進化の中立説を待たなければならない。一九七〇年代、開発途中の分子系統解析を用いた結果として、細胞内共生説を支持する系統樹が次々と発表された。Dayhoff et al.（1974）は、5SリボソームRNA、シトクロム*c*、フェレドキシンなどの配列を使った解析から、細胞内共生説を支持した。Bonen & Doolittle（1975, 1976）、Zablen et al.（1975）、Buetow（1976）では、配列解析がまだ困難だった核酸の解析手段として、部分分解産物のカタログをつくるというフィンガープリント法を用いて、5SリボソームRNAのデータをもとに、葉緑体リボソームRNAが典型的な原核タイプであることを主張した。内生説（連続説）と細胞内共生説の図を示しながら議論しており、Famintzin（1907）、Mereschkowsky（1905a）、Margulis（1970）などを引用している。Bonen et al.（1977）は、ミトコンドリアに関しては内生説が有力だった状況下で、コムギ胚のミトコンドリアを精製し、18SリボソームRNAを放射性リン酸でラベルして、ヌクレオチドカタログを作成した（ミトコンドリアは16Sではなく18S）。その結果、ミトコンドリアの原核起源が支持された。この論文ではMargulis（1970）を引用している。Schwartz & Dayhoff（1978）は、原核・真核の違いを分子系統樹により確定し、オルガネラと原核生物の単系統性に基づき、今日知られる二つのオルガネラの細胞内共生の明確な証拠として、5SリボソームRNA配列とフェレドキシン、シトクロム*c*に基づく複合系統樹を示した。Doolittle & Bonen（1981）は、16SリボソームRNAの配列データに基づく距離法によるマトリクスと系統樹によって、葉緑体とシアノバクテリアの近縁関係を示した。ただし当時は外群を入れていないので、系統樹の根（進化が始まると考えられる系統樹の起点、第6章3節参照）が決まらず、どれだけ似ているのか本当には評価できなかった。葉緑体が多系統であることも述べているが、紅藻とユーグレナだけの比較に基づいていた。

本章の時代区分は一九七〇年代までであるが、科学史の記述の締めくくりとして、この後の展開を簡単に述べておこう。一九八二年には、カナダのダルハウジー大学のグレイとドゥーリトルが、葉緑体の細胞内共生起源はほぼ間違いないが、ミトコンドリアについてはまだ研究の必要があると結論するまでになった(Gray & Doolittle 1982)。ウオレスは一九八一年までに解明されたオルガネラゲノムの構造に基づいて、細胞内共生説の可能性を認めているが、やはりまだ研究が必要だと結んでいる(Wallace 1982)。一九八七年になると、SETの提唱者であるテイラーが、ミトコンドリアと葉緑体の細胞内共生説を科学史の観点からていねいにまとめていて、すでに論争は終わったという立場を示した(Taylor 1987)。それでもその論文と並んで掲載されたカバリエ＝スミスの論文では、マイクロボディが細胞内共生起源であるという仮説を述べており、こうした論争がまだ終息していなかったことがわかる。一九九二年になるとだいぶ状況が変わり、グレイは葉緑体とミトコンドリアのどちらも細胞内共生起源と考えて間違いないという見解を述べている(Gray 1992)。こうして、二十世紀末までには、葉緑体とミトコンドリアが細胞内共生起源であるという考え方がほぼ固まった。

6　多重並列共生説と原核緑藻説

もう一つのエピソードを付け加えておきたい。一九七五年のプロクロロン *Prochloron* sp. の発見は、マーギュリスの細胞内共生説を強く支持する新たな根拠として、大きな話題となった(Newcomb & Pugh

1975, Lewin & Withers 1975, Lewin 1981）。すでに述べたように、マーギュリスの説では多重並列共生を考え、紅藻は光合成色素としてクロロフィル *a* とフィコビリタンパク質をもつので、おそらく同じタイプの色素をもつ普通の藍藻の共生により色素体を獲得したが、緑藻を生み出した原核藻類（藍藻に相当する別のもの）は、クロロフィル *a* と *b* をもちフィコビリンをもたないものだったに違いないと考えられた。*Prochloron* は、ホヤの体内に共生する原核藻類として単離され、クロロフィルとして *a* と *b* をもつことがわかった。発見者の一人であるR・A・ルーウィンの名前が、すでにマーギュリスの最初の共生説論文（Sagan 1967）の謝辞に現れていることはすでに述べた。おそらく、当時の多くのまともな生物学者たちが、この若い女性研究者に魅了されて、その説をなんとか証明してあげたいと考えたように見える。ＳＴＡＰ騒動とも似た状況だったのかもしれない。さて、この新たな原核光合成生物は、その特徴から、緑藻を生み出した原核藻類として、一躍脚光を浴びた。その後、同じようにクロロフィル *a* と *b* をもつ原核藻類として、*Prochlorothrix*、*Prochlorococcus* などが相次いで発見され、これらをめぐってさまざまな研究が展開された。

当時ルーウィン博士は世界中をめぐってその知見の普及につとめ、東京大学教養学部にも村上悟教授（当時）の招きで訪ねてこられた。大変楽しい先生で、研究発表者の名前を al. et Lewin と紹介していた。これは「共同研究者とルーウィン」という意味で、自分が中心ではなく、いろいろな実験をしてくれた共同研究者を立てておられた。そうした意味で、ルーウィン自身は決して野心のある人ではなかったと思う。あくまでも慎重で、得られたデータはこうだが、それで原核緑藻説が証明できるだろうか、みんなに考えてほしいという態度で話をしておられた。それでも当時の学界の雰囲気は熱く、これは大変な大発見だという雰囲気がみなぎっていた。

一九九〇年代になると、雲行きが怪しくなってきた。16SリボソームRNAを使った系統解析により、これらの原核緑藻は、どれもシアノバクテリアの系統の中に入ることがわかり、しかも、単系統ではないこともわかった。筆者も一九八三年には、*Prochloron* の膜脂質にグルコ脂質が含まれており、この特徴はシアノバクテリアと同様であることを明らかにした（Murata & Sato 1983）。その後、クロロフィル *a*、クロロフィル *b*、フィコビリンのすべてをもつシアノバクテリアさえもいることが報告された。また、ゲノム解析によって、*Prochlorococcus* がシアノバクテリアの一系統であることがわかり（Palenik & Haselkorn 1992, Urbach et al. 1992）、いまではこれらと海洋性の *Synechococcus* を合わせて、αシアノバクテリアと呼ぶことになった。ゲノム解析により、このことは一層確実になった（Dufresne et al. 2003, Rocap et al. 2003）。分子系統樹については第6章に示す。こうして、その提案から約二十年で消えていった原核緑藻説は、マーギュリスの細胞内共生説のいまわしい副産物であった。しかしこうした研究が無駄だったわけではなく、*Prochlorococcus* などのピコプランクトン（直径が約一マイクロメートル程度の小さなプランクトン）は、世界の海洋における一次生産量の約半分を担う、きわめて重要な微生物であることがわかった。従来、珪藻だけが最も重要な海洋の一次生産者と考えられていたが、ピコプランクトンはその小ささのために、プランクトンネットで捕捉されず、それまで見過ごされていたものであった。

7　細胞内共生という言葉の使用の一般化

現在ではごく普通に細胞内共生という言葉を葉緑体やミトコンドリアに当てはめて使っているが、こ

表 6　細胞内共生という言葉を使った論文の数の推移（Sato 2017 に基づく）

時期	endosymbiosis	endosymbiotic	和集合	論文総数	千分率
1960〜1969	3	3	6	1632,480	0.0037
1970〜1979	19	31	45	2455,754	0.0183
1980〜1989	12	67	78	3325,127	0.0235
1990〜1999	75	196	258	4429,951	0.0582
2000〜2009	359	747	1018	6513,308	0.1563
2010〜2016	496	966	1343	7023,869	0.1912

れは必ずしも古いことではない。アメリカの国立生物工学情報センター（NCBI）の PubMed という文献検索サービスを使って endosymbiosis または その形容詞 endosymbiotic という言葉を使った論文の数を調べてみた（表 6）。

これをみると、細胞内共生という言葉は、元来、生態学などの特定の分野で使われる言葉であったようだが、一九七〇年代から少しずつ使われ始め、一九九〇年代半ばから爆発的に使われるようになったことがわかる。この時代は奇しくも細菌や動植物のゲノム塩基配列の報告が始まった時期以降にあたり、ゲノム科学の発展が細胞内共生という言葉の普及に貢献していたことがわかる。色素体ゲノムは小型のため、容易にゲノム配列を決めることができ、多数の論文が発表され、そのたびに、色素体はシアノバクテリアの細胞内共生起源であるということが述べられた。さらに、細胞核ゲノムの配列を報告する論文では、同定された遺伝子の仕分けをしていく際に、それがオルガネラのタンパク質をコードするのかどうかを検討することになる。そうしたときに、相同性検索をすると、細菌やシアノバクテリアの配列がヒットしてくる。すると、「ははーん、これは細胞内共生起源だな」と考えることになった。おそらく従来の細胞レベルの生物学を実際には体験していない情報系の研究者が、教科書的な知識で細胞内共生という概念を遺伝子に当てはめていった結果、この言葉が普及したのではないだろうか。その際、個別の細胞内共生の詳しい状況や、オルガネラを細胞内共生起源と考えた本当の理由はともかくとして、「オルガネラ＝細胞内共生」という概念が定着していったのではないだろうか。そしてその場合に最も簡単な引用文献は、一九七〇年のマーギュリスの本であった。

本の場合、その引用件数を調べるのはなかなか難しいが、Google Scholar というウェブサイトでは、引用件数を調べてくれる。それによると、一九七〇年代、一九八〇年代、一九九〇年代は、この本の引用が二六〇〜三一〇件であるが、二〇〇〇年代、二〇一〇年以降がだいたい四五〇件となっている。学術雑誌における細胞内共生という言葉の出現頻度ほどは明確ではないものの、ゲノム時代になって引用が増えている状況がうかがえる。

8　遺伝学の進歩と細胞内共生説

細胞内共生説の発展は、実は遺伝学の発展に対応している（表7）。もともとダーウィン進化論に飽き足らないことから細胞内共生説が提唱されていた経緯もあり、遺伝学が進化をどれだけ説明できるのかということが、細胞内共生説の動向にも反映してくるためであろう。これまであまり指摘されてきていないことだが、遺伝学の知識の進歩が細胞内共生説の段階に対応しているように思われる。これは結局、ＤＮＡの存在がオルガネラの細胞内共生の主要な根拠であることの裏返しでもある。細胞質遺伝の発見や細胞質遺伝因子の発見が、細胞内で細胞核とは独立性を保つ共生体というイメージをより強いものにしたのかもしれない。これに対して、光合成のしくみの研究は、すべての酸素発生型光合成が同じ

表7　色素体の細胞内共生説の進展と遺伝学における進歩との関係

年代	遺伝学	細胞内共生説
1900年代	メンデル法則再発見＝遺伝学の誕生，細胞質遺伝の発見	メレシコフスキーの細胞内共生説
1960年代	分子生物学の誕生 細胞質遺伝因子の発見	細胞質遺伝・DNA検出・タンパク質合成を根拠とする細胞内共生説
1980〜90年代	DNA配列解析の普及・ゲノム科学の誕生	ゲノムの系統解析に基づく細胞内共生説，二次共生の提唱
2000〜10年代	ポストゲノム解析	藍藻と葉緑体の不連続性の再認識

しくみであることを明らかにし、すべての光合成生物の間に機能的な斉一性を確立した。色素体の細胞内共生説においても、このことが最も大きな意味をもっており、シアノバクテリアと色素体が同一のしくみの光合成を保持しているためには、これらの間に系統関係を認める以外にはない。その場合、色素体を中心にして考えたのが、「植物学の神話」である内生説であり、真核細胞を中心として考えたのが、細胞内共生説であった。メレシコフスキーもマーギュリスも、異なる色素系をもつ色素体は異なる原核藻類の共生で生まれたと考え、結果的には、この考え方は誤りであることがわかった一方、新たに、数多くの一次共生や二次共生の例が発見されるに及んで、多重並列共生が理論的に見てまったく誤りであったとも言えない。おそらくまだまだ多くの一次共生の例が発見されることであろう。ミトコンドリアに関しては、いまのところ単一の共生起源ということで話が落ち着いているが、もともとミトコンドリアDNAに関しては、多様性がきわめて大きく、無理に考えれば単一起源と言えなくもないにしても、多重起源を覆すことができるだけの強固な根拠があるわけでもない。また、

嫌気条件で働くヒドロゲノソームのようなオルガネラも、ミトコンドリアに相当するものと考えられ、このようなオルガネラは多種多様であることも判明した（Martin 2017）。こうしたオルガネラにはＤＮＡが存在しない。これらがミトコンドリアから派生したのか、それとも、それぞれ別々に細胞内共生したのかなど、ミトコンドリアの起源は、いまだに明確な決着がついていない。

9　マーギュリスの「成功」の秘密

冷戦という政治的状況

一九六〇年代、キューバ危機に代表されるように、当時のソビエト連邦（現在のロシアの前身であるが、共産党一党独裁による連邦国家であった）とアメリカ合衆国との間で、第三次世界大戦にもなりかねない緊張状態が続いていた。これを冷戦と呼ぶが、世界全体が、ソビエト連邦が自ら宗主国と自認する共産主義・社会主義国家群（東側という）と、アメリカの圧倒的軍事力に守られた西ヨーロッパ・日本・韓国など西側諸国に分断されていた。この状況のもとでは、アメリカの学者が、たとえそれが昔の帝政ロシア時代の学者の業績であっても、ロシアの業績を賛美することなど考えられただろうか。細胞内共生に関する言説は、メレシコフスキーをはじめとしてなんといってもロシアが中心であったことは前にも述べた。それには社会における共生という考え方、ことによると、共産主義（の理想）ともつながるかもしれない人々の助け合いという考え方が背景にあった。もともとイギリス革命やフランス革命の理想にもあるように、西洋文明は自由を重んじたため、共生という考え方にはなじまなかった。戦後の好景気と世界第一位の経済力で、アメリカは最も自由な国ということになっていた。

生物の間の共生という概念にも、社会的な助け合いという擬人的なイメージがいつもつきまとう。生態学の研究発表などを聞くと、必ずこのような擬人化によって話を理解させようとする姿勢が伺える。ところが細胞の中はそうではなかった。分子生物学の台頭によって、すべてを機械論的に理解しようとするのが当然のようになっていった。当時、従来型の生物学者と新たな分子生物学者との間には、大きな考え方の隔たりがあった。細胞内共生説を想定する学者たちは、細胞に共生という考え方を持ち込もうとしたのである。マーギュリスも繰り返し述べているように、全体論的（ホーリズム）な考え方、つまり、生物は全体として一つなのであって、部分の集まり以上のものであるという考えは、旧来の生物学につながるだけでなく、分子生物学の還元論に対する強いアンチテーゼとして打ち出された。しかし彼らは共生の源泉をロシアに求めることはできなかった。それは「危険」な共産主義の手先となることを意味していた。マーギュリスがすべてを自身の独自性として展開していった背景には、冷戦の構図もあったに違いない。ソビエト連邦が崩壊した後に、ロシアのハヒナの著作を英語に翻訳するなど、ロシアとの関係でマーギュリスが活躍したのは、その裏返しということもできるだろう。結果として、共生に関するロシアの昔の研究者を掘り起こしたのはマーギュリスのお手柄ということになってしまった（Lazcano & Peretó 2017）が、筆者は細胞内共生記念号の論文で、これを明確に否定しておいた（Sato 2017）。

多面的な内容

マーギュリスが二九歳で真核生物の起源に関する最初の論文を書き、その三年後には大部の本を執筆できたことには驚きを禁じ得ない。いまの研究室を見たときに、そんな仕事のできるポスドクがいるだろうか。実験は得意かもしれないが、多分野にわたる多くの文献を網羅して、何らかの独自の世界観を打ち出すことなど考えられるだろうか。確かに若手で幅広い知識を背景に活躍している研究者もいないことはないが、マーギュリスの知識の幅は相当なものである。前にも述べたように、夫の協力があったなどの要因はあるとしても、これは大変な努力を要する。マーギュリス自身の得意は細胞学のようであり、さまざまな原生生物の細胞分裂の機構や電子顕微鏡的な構造を把握していた。それに加えて、一方では、地球の歴史、生命の歴史、化石データなどの地球科学的な面、他方では、分子生物学や生化学、生理学の知識など、非常に幅広い素養をもっていたことになる。こうしたことは長年特定の分野にはまりこんで研究をしてきた者にとっては到底不可能であるが、大学でさまざまな分野の勉強をしたばかりのフレッシュな博士には可能だったのかもしれない。知識の偏りがなければ、どんな内容でも吸収できる。若き日のマーギュリス、つまりリン・アレキサンダー（旧姓）はかなりの秀才だったようである。多くの教養を吸収していたのであろう。

科学哲学の装い

マーギュリスには教養があったという話の続きであるが、彼女は科学哲学をうまく利用したこともわかる。一九六二年にレーチェル・カーソンが『沈黙の春』を出版し（Carson 1962/2002）、高度経済成長の陰で環境汚染が深刻になってきていることを指摘した時代、科学というものに対する疑念が高まっていった。日本でも、水俣病をはじめとする公害問題がクローズアップされ、当時高校生だった筆者も、光化学スモッグを集めて過酸化物を測定しようなどと実験をしていた。実際、当時の東京の空は真っ白で、スモッグなのか何かわからないものが充満していた。いまではきれいになっている明治通りの千歳橋交差点や甲州街道の大原交差点はスモッグで有名で、全体に黒いかすみがかかったようになっていた。

こうした状況で、科学そのものの価値に疑問をもつ考えも生まれてきた。もともと一九五〇年代から科学哲学の分野では、自然科学の論理構造やその知識の正統性を理論的に考えるということが始まっていた。カール・ポパーは「反証可能性」falsifiabilityをもって、優れた仮説の判断基準とした（Popper 1959/2002）。この考え方は、ジャック・モノーの『偶然と必然』（Monod 1970）の中でも引用されるなど、物理学だけでなく、生物学にも影響が及んできていた。さらにトマス・クーンの『科学革命の構造』（Kuhn 1962/70）は、パラダイムという有名な言葉を生みだし、自然科学がパラダイムをめぐって大きく転換することがあり得るという考え方は一世を風靡した。いまでも政治や文化の分野でパラダイム転換などと発言する人が見られるほどである。マーギュリス自身もクーンを引用しながらこの言葉を使って、細胞内共生は新しいパラダイムであると宣言している（Margulis 1981/1993）。こうした新しい科学哲学の流れは、自然科学を当然の価値として受け入れるのではなく、ある条件をクリアした科学的知識に意味を見いだそうとするものであった。

マーギュリスの言説には「反証可能性」が色濃く反映している。彼女は一度もポパーを引用していないが、最初の論文から、検証可能という意味でverifiableやtestableという言葉を繰り返し用いている（Sagan 1967, Margulis 1970）。これは自分の仮説が単なる思いつきではなく、実験によって真偽を検証できる正しい科学的仮説なのだということを主張していた。この姿勢はさらに正面から検証可能性を議論する論文に発展した（Margulis 1975, Margulis and Barmudes 1985）。これらの論文を読むと、マーギュリスの仮説から生み出されるはずのさまざまな考え方が紹介され、それぞれを検証できるはずの実験が列挙されていた。

しかし、ここで疑問を抱いてしまう。もともとポパーが述べていた反証可能性は、物理学的な法則の提案に基づいて、それが正しければこういうこともあるだろう、別のこともあるだろう、それらのどれかが反証されれば、もとの仮説には誤りがあり、修正を迫られるというものである。ところが、マーギュリスの仮説は、そもそも葉緑体、ミトコンドリア、べん毛の三種類のものが共生するという複雑な話であり、べん毛が変化して有糸分裂装置になるということまでも含んでいる。その場合、これらの話から演繹されるさまざまな帰結も膨大な数となり、その一つ一つが全部検証に耐えるなどということは考えにくい。実際にマーギュリスの検証可能な実験のリストを検証した結果は、ほぼすべて誤りとなったのである。一番まともに見える葉緑体の細胞内共生説ですら、彼女は単離培養できることが共生の一番の証拠だと考えていたのであるから、これも誤りとなる。本来の反証可能性という基準で考えれば、どれか一つでも反証されれば、それで最初の仮説全体が否定されるはずである。しかしマーギュリスは、べん毛のスピロヘータ起源説をはじめとして、一つ一つ反証されても、決して全体の仮説を変えなかったのである。それどころか、本来、真核細胞の起源を説明するための全体が一つの仮説だったものを、少なくとも三つに分割して、ミトコンドリアの共生、葉緑体の共生、べん毛の共生という仮説に変換してしまい、最初の二つは証明されたと自慢するようになった。マーギュリスがしかけた検証可能性という議論は非常にうまく仕組まれた「わな」であり、「自分の主張は絶対に正しい、反証したいならしてみなさい」という啖呵《たんか》を言い換えていただけだったようである。

時代の先端を行く若き女性研究者像

それでも若き女性研究者が全力で提案する仮説の威力は大したもので、多くの重鎮たちを動かした。

当時すでに学会の中心人物だったスタニエなどの微生物学者がこれに翻弄された。なぜなら、地球科学関連の知識、化石の知識、生命の起源に関する新しい考え方など、どれも当時一流の研究者からもたらされたものだったからである。

若い女性研究者の草分けとして思いつくのは、マリー・キュリー（一八六七〜一九三四）であろう。彼女はポーランドからパリに来て、ぱっとしない研究をしていた物理学者のピエールと結婚し、夫の助けを借りながらも、博士論文のために、みずから、百キロ単位の鉱物から微量に含まれるポロニウムやラジウムの精製を行うなどして、放射能の正体に迫っていったのだった。一九〇〇年頃というその時代は、女性が研究をすること自体が困難であったが、やはりまわりの人々の計らいもあり、放射能の発見とラジウムの発見を分割して、二度のノーベル賞受賞となったようである。放射性壊変という錬金術まがいのとんでもない仮説（Curie 1899）を出したマリーであったが、ラザフォードらによる検証がすぐにできたことが幸いだった。こうして、一九〇〇年頃の物理学革命の場合には、多くの技術的な進歩が同時に起き、それらが協調的に働いて、新発見が続いたのである。

他方、一九七〇年頃は分子生物学に牽引された生物学の革命の時代である。有名なドラクロワの絵画「民衆を導く自由の女神」にも表現されているように、革命を率いるシンボルは女性である。その意味では、ジャンヌ・ダルク（一五世紀のフランスとイングランドとの百年戦争の末期に現れ、フランスを勝利に導いたとされる少女）のような研究者が現れることを誰も疑わなかったのであろう。実際、葉緑体の細胞内共生説を妥当なものとする分子系統解析（第6章参照）を行ったのは、リンダ・ボーネン（現在オタワ大学教授）やマーガレット・デイホフ（一九二五〜八三）などの女性研究者だった。クラミドモナスの研究を中心とする細胞内共生説の紹介記事を一九七〇年に書いたアーシュラ・グッディナフ

（現在ワシントン大学教授）も、遺伝学を駆使したクラミドモナスの細胞学のリーダーとなった。また、マーギュリスにとってはライバルであったルース・セイジャーも、クラミドモナス葉緑体ＤＮＡなどで大きな業績をあげた。リン・マーギュリスの「成功」はこうした時代にも恵まれていた。

以上、第I部では、オルガネラの細胞内共生説の約百年の歴史を振り返った。その中の二大スターはたしかにメレシコフスキーとマーギュリスであるが、本当の提唱者といえるのはメレシコフスキーである。しかし、オルガネラの起源が細胞内共生にあるという考え方が提唱され、議論され、確立されていく背景には、分子生物学は言うに及ばず、遺伝学、細胞学、生化学をはじめとする生物学の革命があり、さらにまた、地球科学、古生物学、生命の起源の理論など、生物学の周辺にある諸科学の進歩も見逃せない。その一方で、最終的にマーギュリスの「一人勝ち」の様相を呈することになる細胞内共生説には、さまざまな要因があり、マーギュリスの才能による部分も大きいが、それだけではない周辺状況にも恵まれていたと考えられる。筆者の見解では、マーギュリスが最初に提案していた真核細胞の起源に関する学説では、ミトコンドリアと葉緑体を除外することによって、有糸分裂の進化を説明しようとした。細胞内共生説は、これらのオルガネラを除外するために有効だったのであり、彼女自身にとっては、これらのオルガネラの起源などどうでもよかったようにすら思える。ところが時代が下ると、マーギュリスが本来主張したかったことはことごとく否定されたが、その代わりに彼女自身が細胞内共生説の伝道師としてクローズアップされた。これは非常にうまい変容ぶりであり、それ自体マーギュリスの才能なのであろう。そのことについては、最近発表した論文 Sato（2017）でも詳しく述べた。

実際、オルガネラを真核細胞本体と切り離すことは、パウル・ブフナーにとっては絶対に受け入れられないことだったが、生物学の発展にもメリットがあった。一九八〇年当時の日本では、真核細胞（特にヒトや動物細胞）の分裂や細胞周期の研究は、がんを撲滅するという中曽根首相の肝いりで強力に推進され、それは二十世紀の間続いた。世界的にも同様だった。その結果として、細胞内シグナル伝達系や染色体分配のしくみ、さらにアポトーシスなどが次々と明らかにされた。動物の発生に関わる遺伝子群もたちまち解明されていった。その間、葉緑体の研究はシアノバクテリアとともにゲノム研究に移っていくという形で、うまく生き延びることができた。葉緑体を中心とする分子生物学がしばらくの間、細胞生物学の革命ともいうべき大きな潮流に呑み込まれずにその独自性を維持できたのも、こうした細胞とオルガネラの切り離しによっていた。二〇〇〇年になると、あらゆる生物学研究がゲノム研究に移行し、大きくまとまっていったが、それまでの時期、葉緑体研究やシアノバクテリアの研究がかなり独立した立場を維持できたのは、結果的には「マーギュリスさまさま」と言えるかもしれない。筆者は先に挙げた論文（Sato 2017）でも、細胞内共生説を提唱したのはマーギュリスではないという論調で述べたが、一人の審査員は大賛成といってくれたものの、もう一人からは「ちょっときびしすぎるんじゃないの」というコメントももらった。しかしマーギュリスが本当に考えていたことを浮き彫りにし、正しく評価することは必要なことであり、マーギュリスに対する真摯な研究の姿勢であると筆者は主張し、その考えはエディターにも受け入れられた。それに加えて、本章9節に述べたことはむしろマーギュリスのよい面を発掘したことにもなるのではないだろうか。

II 色素体の細胞内共生説の科学的再検討

これまでは、細胞内共生説について、主に歴史的な面から考えてきた。はじめの序章は別として、あえて分けるならば、ここまでが科学史編、ここからは科学編となる。これ以降、主に筆者自身の研究成果に基づいて、細胞内共生といわれるものの実態を記述し、さらに細胞内共生説とは何なのかを考えてみることにしたい。

第6章　オルガネラの細胞内共生に関する現代の考え方

この章ではまず、オルガネラの起源が細胞内共生によると考える根拠を、特に色素体に絞って検討する。第I部で述べてきたように、昔からその根拠としては、主に色素体とシアノバクテリアとの形質の類似性が利用されてきたが、近年では分子系統解析が起源を解明する有力な手段となっている。ここでは、分子系統解析の基本的な理論を簡単に説明した上で、現在、どのような根拠によって色素体の起源がシアノバクテリアであると考えられているのか、解説する。なお、ミトコンドリアに関しては、ヒドロゲノソームなど、ゲノムをもたない類似オルガネラが多数存在し、依然として話が複雑なので、それに比べればよくわかっていると思われている色素体でもこういう状況である、という形で議論をしていきたい。

1 系統樹と分子系統解析

色素体が細胞内に共生したシアノバクテリアに由来するということには、どのような証拠があるだろうか。一九七〇年代に議論されていた当時とは区別して、現代の立場から再度整理してみることにしよう。シアノバクテリアと葉緑体が何らかの意味で類似しているということを列挙することが、当初の議論の中心であった（第5章表5）。当時、類似形質としては、酸素発生型光合成やクロロフィルの存在、原核型リボソームによる独自のタンパク質合成系の存在などとともに、DNAの存在が挙げられていた。表8はそれを現代の観点からまとめている。この表では、形質として、物質、構造、機能の三種類に分けて扱っている。複雑な構造や機能は、単なる物質の共通性では理解できないからである。

一方、現在では単なる形質類似性にとどまらず、詳細な系統解析によって、葉緑体の遺伝子やタンパク質の起源をシアノバクテリアと考えてよいのかどうか、厳密に客観的に評価することができるようになった。そういう意味では、分子系統解析が細胞内共生説を支持する（または否定する）重要かつ決定的な証拠になったと言うことができる。多くの分子生物学的な研究では、葉緑体に存在するタンパク質と相同なタンパク質がシアノバクテリアにあると、直ちにそのタンパク質がシアノバクテリア起源と判断する傾向が強い。私見だが、分子生物学者は、遺伝子の機能を解析するときにはきわめて厳密な論理を組み立てる一方、系統関係を考えるときには非常に安易な考え方をしてしまうことが多いように見える。実際には、仮に相同なタンパク質であっても、系統関係を詳しく調べると、シアノバクテリアのタ

表8　シアノバクテリアと葉緑体との類似性

種類	項目	シアノバクテリア	葉緑体
物質	chl *a*	存在	存在
	chl *b*	*Prochlorococcus* などに存在	緑藻・植物に存在
	糖脂質	MGDG, DGDG	MGDG, DGDG
	DNA	存在	存在
	rRNA	原核型	原核型
	酵素・タンパク質	単一系統に属するタンパク質が多数共通に存在する	
構造	チラコイド膜	*Gloeobacter* をのぞき存在	緑藻・植物ではグラナもある
	フィコビリソーム	*Prochlorococcus* などをのぞき存在	紅藻に存在
	包膜	二枚	二枚
	ペプチドグリカン	分厚く明瞭	灰色藻では明瞭 コケ・シダでは薄い
機能	増殖様式	二分裂	二分裂
	タンパク質合成	原核型	原核型
	光合成	酸素発生型	酸素発生型

糖脂質やペプチドグリカンについては本文で説明したが，それ以外の言葉について，簡単に説明しておく。chl *a*，chl *b* はそれぞれ，クロロフィル *a* と *b* を示す。通常の光化学系反応中心には chl *a* が存在し，chl *b* は補助色素として存在する。補助色素としては構造の項目に挙げたフィコビリソームに含まれるフィコビリン色素もある。フィコビリン色素は低分子の発色団を含むタンパク質である。*Prochlorococcus* はシアノバクテリアの中でも，フィコビリソームをもたず，代わりに chl *b* を含む光捕集色素タンパク質をもつ。rRNA はリボソーム RNA を示す。リボソームではタンパク質合成が行われる。

ンパク質が葉緑体のタンパク質と姉妹関係にない場合が多い。そうした場合、葉緑体のタンパク質がシアノバクテリアに由来するとは判断できないことになる。

系統関係の推定には、次に述べるように、かなり込み入った論理が前提となる。ただ単にアミノ酸配列が似ているからといって、起源を即断することはできない。序章6節で述べたように、シアノバクテリアと葉緑体の類似性から、それらの歴史の連続性を仮定することが一般的である。しかし、連続性を本当に確認するには系統解析が必要で、後に述べるように、実際に多くの形質が同じ起源ではない、つまり不連続ということがわかるのである。

まず、系統樹とは何かということから解説しておこう。もともと系統樹はダーウィンの進化論に基づいて、すべての生物が共通の祖先から分岐していったという考えを図に表したものである。古くはさまざまな生物の形質を比較して、類似の特徴を見つけると、その特徴を共有する生物群が同じ系統に属していると考えた。さまざまな形質を使って生物の系統関係を調べていくと、原始的な生物から複雑な形態・機能をもった生物へと枝分かれしていく関係がわかってきた。つまり、おおもとの系統から動物と植物へ、あるいは原始的な生物群であるモネラに分かれていく。動物ではごく単純な形態をもつものと、二胚葉、三胚葉からなる生物群が区別され、三胚葉生物は前口動物、後口動物へと分岐していくと考えられた。このように、類似性に基づく分類を生物の系統関係に置き換えて、生物の進化を考えたのである。有名なヘッケルの系統樹（図20）はこのようにして描かれた。つまり、偉い学者の頭のなかの景色を図示したようなものということになる。

さて、このような形で生物の分類・系統を論ずるような学問は一九八〇年代まで存在していた。しかし、あくまでも学者の主観に依存するところの大きいこのような手法は古くさいという批判を免れず、一九五〇年代に始まった分子生物学が大きく展開してくる新しい潮流の前に、もうこんな学問は要らないという風潮すら生まれていた。そうした中で華々しく登場したのが分子系統解析である。これは多種の生物のDNA塩基配列やタンパク質のアミノ酸配列を比較して、それらの配列の間の近縁関係を推定する手法で、一九九〇年頃から急速に発展を遂げたコンピュータや情報技術の進歩と相まって、生物学の中に広く浸透した。現在では、詳しい原理を理解していなくても系統樹ができるウェブサイトが数多

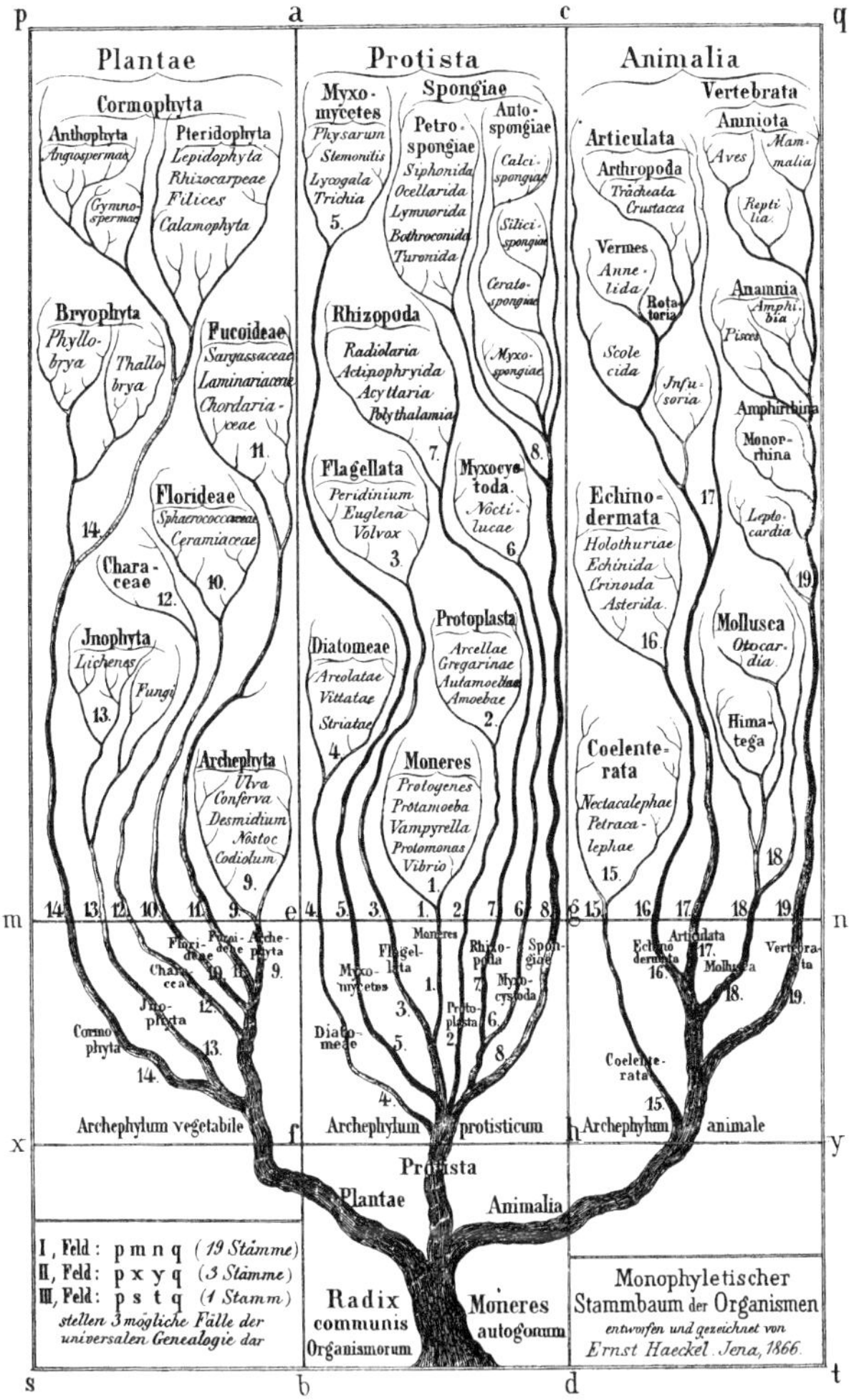

図 20　ヘッケルの系統樹（Haeckel 1866）

これはさまざまな生物が主に三つの系統に分かれることを示している。主にラテン語表記であるが，右下のタイトルと左下の凡例はドイツ語表記である。左から順に，植物，原生生物，動物の系統を示している。

く存在する。

分子系統解析といえども、基本的な原理は、形質の共通性に基づく分類・系統の考えと大きく変わるわけではない。塩基配列やアミノ酸配列を比較したときに、生物間で異なっている部分に注目し、違いが多いほど、その二種の生物が分岐した年代が古いと考える。旧来の系統学で共通な部分を使って仕分けしていた作業を裏返して考えればよい。旧来の形質に基づく方法では、似ているものを集めることはできるが、遠いものがどれだけ遠いのかを推定することは難しい。分子系統解析ではこのような違いを定量化することによって、「遠さ」（つまり「進化距離」）を推定できるのである。

具体的に考えてみよう。ヒトとチンパンジーは約七〇〇万年前に分岐したといわれていてきわめて近縁である。これに対して、ヒトとイヌ、ヒトとゴキブリなどを比較したとすると、この順に分岐してからの時間が長くなっているはずである。ヒトとゴキブリが昔同じ生物だったなどと考えたくないという気持ちはともかくとして、あらゆる生物はみんな昔は一緒だったはずである。そうすると、これらの生物が共通に持っている遺伝子を比較した場合、ヒトとチンパンジーとではほとんど違いはない（一％程度といわれている）のに対して、ヒトとイヌではある程度異なるだろうし、ヒトとゴキブリに至っては、本当に機能的に重要な配列を除いて、大部分が異なるかもしれない。

こうした比較の操作は、人間が目で見て作業したのでは間違えることも多く、作業が大変である。そのため、さまざまな生物に存在する互いに対応する遺伝子の塩基配列（またはタンパク質のアミノ酸配列）を自動的に探し、整列して比較し、それらの間の系統関係を計算してくれるソフトウェアが多数開発された。昔のソフトウェアは、それぞれの配列の対応する部位の不一致箇所を探して数え、それを整理することにより、変異の数が最も少なくなるパターンを求めるものだった（最節約法）が、特に二〇〇〇年以降、コンピュータの性能が飛躍的に向上し、複雑な微分方程式によって「進化モデル」を推定できるようになってきた。「進化モデル」という意味は、進化の過程でさまざまな系統に分岐していく際に、それぞれの枝での各塩基（またはアミノ酸）置換の速度（進化速度）をパラメータとして当てはめたもので、実際の塩基配列やアミノ酸配列のデータに最も適合するように、繰り返し計算を行って、分岐パターンとパラメータの値を推定する。こうして最尤《さいゆう》法やベイズ（推定）法などの計算手法が可能となった。

2　分子系統解析の手法の実際

少しだけ具体的な方法を紹介しておこう（巻末の関連文献にある『光合成の科学』12章コラム p. 238でも説明しておいた）。まず、それぞれのソフトウェアや情報の入手先を表9にまとめた。DNAにしてもタンパク質にしても、多数の配列を集めるには相同性検索という手法が用いられる。現在ではBLASTと呼ばれるソフトウェアが定番で、アメリカの国立生物工学情報センター（NCBI）やヨーロッパの生物情報研究所（EBI）などのウェブサイトで、自分が検索したい配列をもとにして、類似の配列を取得することができる。

次に、集めた配列を整列する作業が必要である。これは多重アラインメントと呼ばれる。これにより、類似遺伝子や類似タンパク質の配列において、対応する塩基やアミノ酸残基を決めることができる。このために用いられるソフトウェアにはいくつかあり、昔から使われているClustal Xのほか、Muscleや

表 9　系統樹作成関連ソフトウェアの入手先，サービス提供元

分類	サービス名またはソフトウェア名	ウェブまたは FTP サイト
相同性検索と配列取得	NCBI（アメリカ国立生物工学情報センター） EBI（ヨーロッパ生物情報研究所）	http://www.ncbi.nlm.nih.gov/ http://www.ebi.ac.uk/
多重アラインメント	Clustal W (Clustal X) Muscle MAFFT	http://bips.u-strasbg.fr/fr/Documentation/ClustalX/ ftp://ftp.ebi.ac.uk/pub/software/clustalw2 http://www.drive5.com/muscle/ http://align.bmr.kyushu-u.ac.jp/mafft/software/
系統樹推定	MEGA PhyML MrBayes	http://www.megasoftware.net/ http://www.atgc-montpellier.fr/phyml/ http://mrbayes.csit.fsu.edu/
系統樹描画	FigTree	http://tree.bio.ed.ac.uk/software/figtree/
相同タンパク質クラスタ	Gclust	http://gclust.c.u-tokyo.ac.jp/

MAFFTなどが便利である。

実際に系統樹を求める計算をする手法として、以前は近隣結合法が用いられたが、現在では進化モデルに基づく精密な計算を行うのが一般的となった。MEGAは、もともとは近隣結合法のために開発されたソフトウェアだが、その後最尤法も利用できるようになっている。最尤法のソフトウェアにはRAxMLなどさまざまなものがあるが、ここではPhyMLを挙げておく。ベイズ推定法は非常に長時間の計算が必要となるので、大型計算機や専用サーバーで計算する。MrBayesが有名だが、PhyloBayesなど他にもいくつかよく使われるソフトウェアが存在する。これらの計算手法は、対象となる配列の近縁関係によって使い分ける必要がある。近年では、さまざまな国や地域の人々の遺伝子配列情報が得られるようになり、ヒトという同じ種の個人間の関係を推定することが大きなプロジェクトとなっている。こうした場合には、比較的単純にどの塩基にどんな置換や欠失が起きたかを調べ上げて整理するだけでも、系統関係を求めることが可能である。そのため、近隣結合法や最節約法が有効である。これに対し、本書で問題としているような、時間スケールの大きな系統関係の推定では、変異確率（進化速度）のばらつきなどを含めた複雑な進化モデルを使った最尤法やベイズ法が必須である。つい最近（二〇一七年）開かれた日本進化学会の近隣結合法開発三十周年記念シンポジウムでも、開発者の斎藤成也教授から、目的によっては近隣結合法がいまなお有効であるという話題提供が行われた。

ここまでの作業で系統樹の主要な計算は終わっている。しかし、これでできたのは、系統関係を示す数値を集めたファイルに過ぎない。一般的に系統樹といわれる図形にするには、さらに専用の描画ソフトウェアが必要である。これにもさまざまなものがあるが、ここでは多くの機能をもち、初心者にも使いやすいFigTreeを挙げておく。こうした計算には、UNIXという基本ソフト（OS）の上で動くMacOS XやLinuxなどを用いるのが一般的であるが、MEGAなど、もともとウィンドウズ用に開発され、現在では他のOS上で動作するものもある。

ここまでの説明では詳しく述べなかったが、相同配列を一つ一つ手作業で集めるのは困難であるし、間違えることもある。そのため、筆者の研究室では、あらかじめ設定した生物のゲノムにコードされたすべてのタンパク質の全体について、網羅的な相同性検索を行い、その結果に基づいて、互いに相同なタンパク質のグループ（クラスタと呼ぶ）を自動生成している。同様の処理を行うことができるソフトウェアにはOrthoMCLなどさまざまなものがあるが、筆者が開発したGclustでは、オルガネラのタンパク質とシアノバクテリアなどのタンパク質を含むクラスタがつくれるようになっている（Sato 2009）。細胞核にコードされた葉緑体局在タンパク質には、N末端にトランジットペプチドと呼ばれる葉緑体輸送を指定する配列がついており、対応するシアノバクテリアのタンパク質よりもずっと長い。そのため、トランジットペプチドを考慮しないで相同性検索を行っても、対応するタンパク質を見つけられないことが多い。しかし、Gclust ではこうした処理を自動で行い、さらにタンパク質クラスタごとに配列間の相同性（つまりは進化速度）が大きく異なる点も考慮した処理を行っている。代表的なデータセットはウェブでも公開している。本書で示している系統樹の多くは、こうして得られたクラスタの配列をまとめて使って作成されたものである。系統樹ができるまでの処理の大部分は自動化されており、言うなれば、細胞内共生問題を扱うために特化したソフトウェアということができる。

3　分子系統解析が示す色素体の細胞内共生説

これでようやく細胞内共生説を確認するための分子系統解析の準備が整った。通常の分子系統樹では、用いた遺伝子・タンパク質によらず、生物のほぼ同じ系統関係を表す系統樹が得られる。図21に示すのは、さまざまな原核生物に共通に存在する四八種類のタンパク質配列を用いて作成した分子系統樹である。アーキア（古細菌）を外群として、プロテオ細菌（α、β、γの各グループからなる）、放線菌、グラム陽性菌、シアノバクテリアなどが分岐している。細菌は顕微鏡で観察しても目立った特徴はなく、昔はゼラチンを溶解するなどの代謝的な特徴によって分類されてきたが、遺伝子（タンパク質）の情報

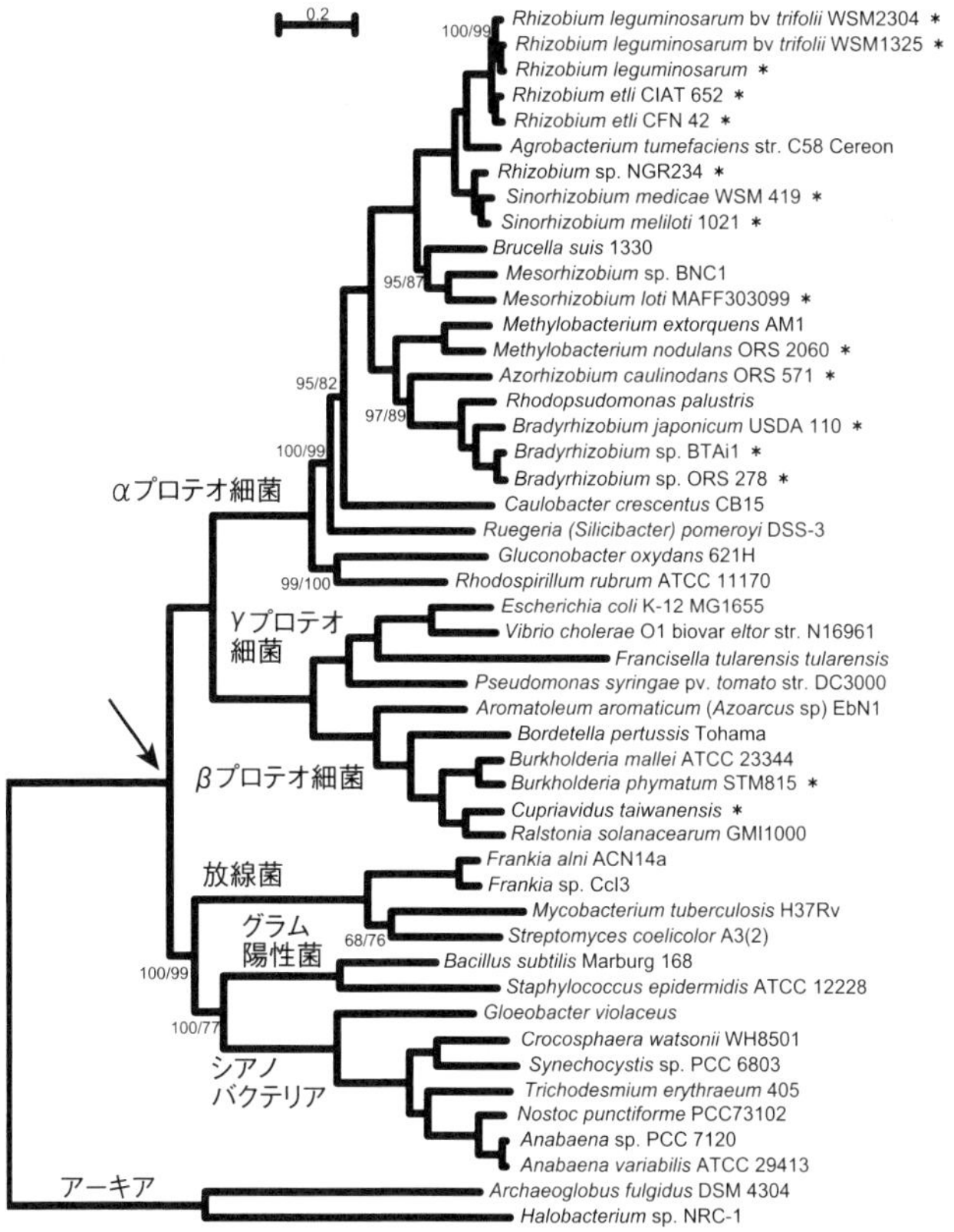

図 21　原核生物の分子系統樹

代表的な原核生物に共通な 48 種類のタンパク質遺伝子を使ってベイズ法により得られた分子系統樹。この図は特に根粒菌の系統関係を調べる目的で作った。緑色光合成細菌はここには含められていない。細菌の進化が始まるルート（根）は矢印のところになる。種名の右の星印は，根粒菌であることを示す。多くの根粒菌はプラスミド上に根粒形成関連遺伝子をもっており，細菌の進化の系統と根粒形成能とは直接関係ない。根粒菌はαプロテオ細菌とβプロテオ細菌の両方に見られる。左上のスケールは，各アミノ酸の置換が平均して 0.2 回起きる進化距離を示す。主な分岐点には，その分岐の信頼度を示す数値を示している。二つの数字があるがどちらもパーセントで，左がベイズ法，右が最尤法による。

を用いることにより、はじめて客観的で確実な系統関係を示すことができるようになったことを再度強調しておきたい。

ここで分子系統樹の見方について簡単に説明しておきたい。本書で示す系統樹では横の線と縦の線があるが、進化距離を示しているのは横の線だけで、縦の線の長さは任意であることに注意が必要である。もちろん、ヘッケルの系統樹のように分子系統樹も縦に描くことができるが、その場合、縦線と横線の意味が逆になることは言うまでもない。本書に示す分子系統樹では、進化は左端から始まって、右に向かって進むようになっている。進化距離のスケールは、図21の場合、一番上に示されている。0.2という数字の意味は、それぞれのアミノ酸がこれだけの長さに相当する時間の間に平均して0.2回の変異を受けるということである。したがって、この系統樹の場合、左端から右端まででは、進化距離はゆうに1.0を越えてしまうが、その場合、同じ場所が何度も変異を受けうることを意味している。系統樹の計算では、このような多重置換の可能性を含めて、もともとの配列の相違に基づく進化距離がさらにずっと長く引き延ばされていることがある。また、枝ごとの進化速度も同じとは限らない。このため、ソフトウェアや計算方法によっては、特定の枝の長さがきわめて長くなることも起きる。

さて、一般的な系統樹の場合、ルート（根）が存在しないため、無根系統樹と呼ばれる。ルートとは、進化がスタートした出発点を指す言葉であるが、現存するタンパク質や遺伝子の配列を相互に比較するだけの系統樹計算では、互いの配列間の進化的な距離と分岐パターンを求めるだけで、進化の出発点を決めることはできない。そのため、何らかの方法で、ルートを決める必要がある。もっとも、原核生物ばかりの系統樹の場合、どこがルートであるかを決めることは難しく、あくまでもすべての種の相対関係だけしか問題にできない場合も多い。実際に、系統樹を描画するソフトウェアでは、どこをルートにするかを指定でき、それによって見かけ上大きく異なる系統樹がつくれる。ただし、分岐パターンそのものはルートの位置にかかわらず変わることはない。そのため、論文に出ている系統樹などを見るときには、見かけにだまされずに、よく吟味することが大切である。最近になって、簡便にルートの位置を推定できるソフトウェアが開発された（Tria et al. 2017）。これは系統樹全体の中心を推定するもので、枝ごとに進化距離が著しく異ならない限り、建前としては、ルートが中心になるはずだという理論に基づいている。

図21の場合、アーキア（古細菌）と細菌が含まれており、おそらくその中間がルートであると想定される。両者はもともと別の生物群と考えられるからである。言い換えれば、左端の縦線（これ自体の長さには意味はない）とそれにつながる二つの横線の部分がそれである。それでも具体的にそのどの部分がルートであるのかを特定する手段はない。しかし少なくとも、アーキアを外群とする限りにおいて、細菌のクレード（系統樹におけるひとまとまりの生物群）の一番もとは矢印のところとなる。ここで外群とは、いま系統関係を検討したい生物群とは明らかに系統的に離れている生物群を指し、外群を指定することにより、それ以外の内群の中での相互の進化的関係・順序を決めることができる。

こうして、細菌の進化は矢印のところから始まり、まず図の上下に大きく分かれることになる。上のグループはプロテオ細菌と呼ばれる生物群、下は放線菌とグラム陽性菌、それにシアノバクテリアなどのクレードからなるグループである。プロテオ細菌はさらに、α、β、γなどのクレードに分かれる。

さらに注意が必要な点として、このような系統樹は、あくまでもそれぞれのタンパク質（または遺伝子）の相互関係を示していて、生物の系統関係そのものを表しているのではないということがある。生物の系統関係を知るには、こうしたさまざまなタンパク質を使ってつくった系統樹が互いに一致することを確認する必要がある。あとで問題にするシアノバクテリアと葉緑体の系統関係についても、系統樹作成に用いた遺伝子やタンパク質ごとに異なる関係が得られることがある。特に、もともと一つだった遺伝子が遺伝子重複によって二個になり、それぞれが進化しながら、系統ごとに一方が消失するというようなことが起きると、遺伝子の系統樹と生物の系統関係が異なるものになってしまう。光化学系Ⅱ反応中心を構成するD１タンパク質（*psbA* 遺伝子）などは、各生物ごとに複数コピー存在するため、生物の系統関係と安易に結びつけることは問題がある。

もう一点注意しておきたいのは、枝分かれのところに書かれている数字である。これはパーセントで表示する場合と、小数で表示する場合がある。一〇〇％または1.0ならば、その分岐の信頼性がきわめて高いことを表している。数字が少ないほど信頼度は低い。言い換えると、その分岐の右の方に書かれたタンパク質や遺伝子が一つのクレードにまとまる信頼性を表しており、実際には、ブートストラップ（計算法により若干異なる方法を使う）と呼ばれる多数の計算の中で一致している割合である。また、異なる計算方法で描いた系統樹における同じ分岐の信頼度を併記することも行われる。その場合、スラッシュで区別していくつかの数字が表示されている。本書では、原則として、ベイズ法で得られた系統樹の樹形の上に、ベイズ法と最尤法で得られた信頼度の数値を「ベイズ法／最尤法」の順序で併記している。ただし、枝分かれの細かいところでは煩雑となるので、数値を表記していない。この数値が五〇％よりも低いようでは、その部分の信頼性が低いことになる。しばしば論文でも五〇％以下の数値の分岐であるにもかかわらず、その分岐を結論に使っているケースが見られる。この点は、実験系の研究者にはなかなか周知されていないようである。

同様にして、真核生物全体の系統関係も研究されてきた。二〇〇〇年ごろ以前はカバリエ＝スミスに

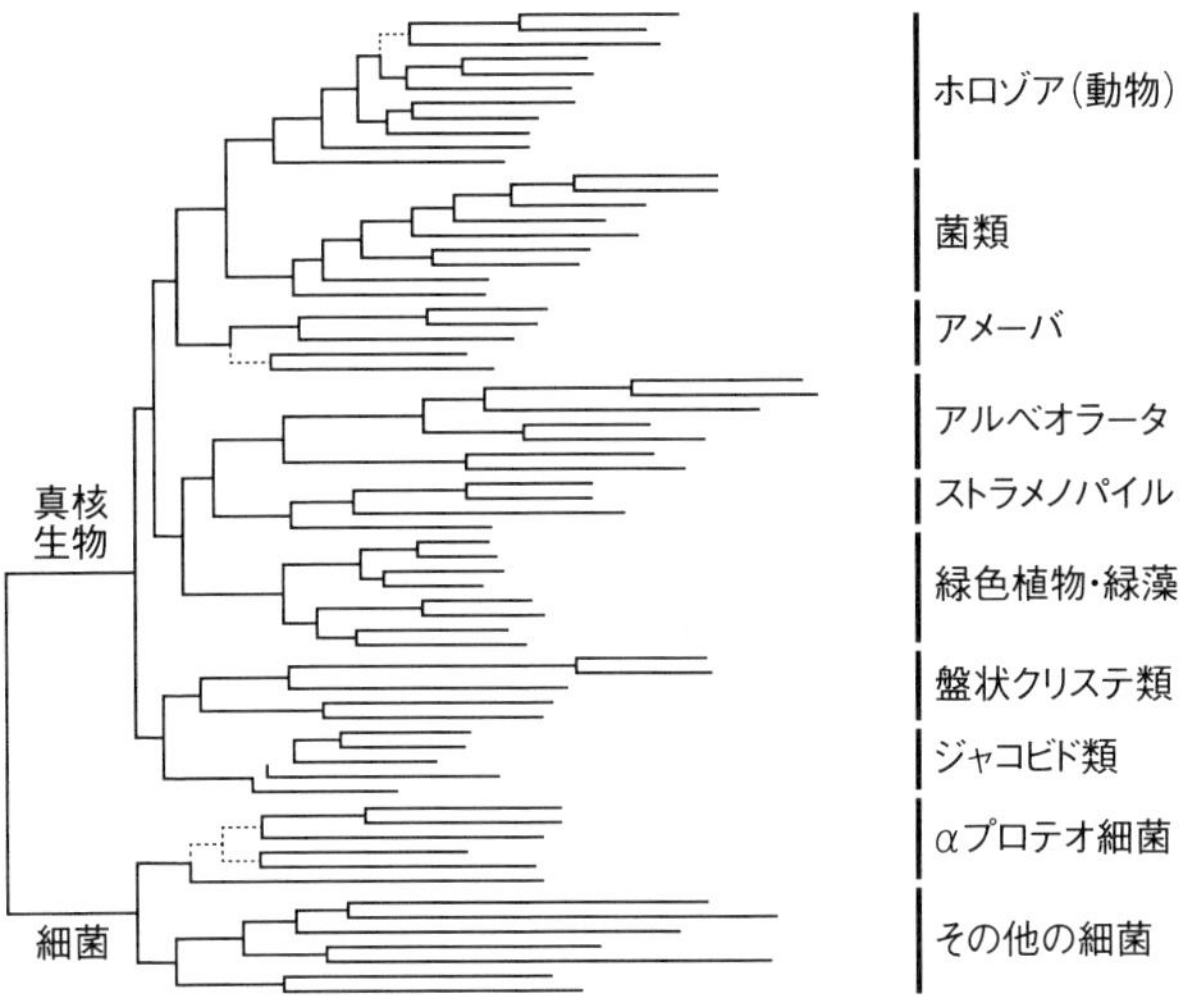

図 22　新たに提案された真核生物の系統樹（He et al.2014）

これまで真核生物はバイコント類（アルベオラータ，ストラメノパイル，植物・藻類）とオピストコント類（ホロゾア，菌類，アメーバ）に大きく分けられてきたが，この系統樹では，それらを合わせたグループに対して，さらに原始的な微生物のグループがあり，両者の間に真核生物のルートがあるとしている。

よるバイコント類とオピストコント類という二分法が主流であったが、盤状クリステ類やジャコビド類など、これまで分類できなかった生物群も含めた系統樹が作られるようになり、真核生物のルート（ちょうど「真核生物」と書いてあるあたりにある分岐点）が推定できるようになった（図22）。

では、葉緑体はどうだろうか。図23に示すのは、細菌、シアノバクテリア、葉緑体ゲノムに共通にコードされた一六種類のタンパク質遺伝子の配列を使って、ベイズ法で計算した分子系統樹である。さまざまな細菌を外群として、シアノバクテリアのグループがあり、その一部から矢印のところで葉緑体が分岐している。緑藻、紅藻、

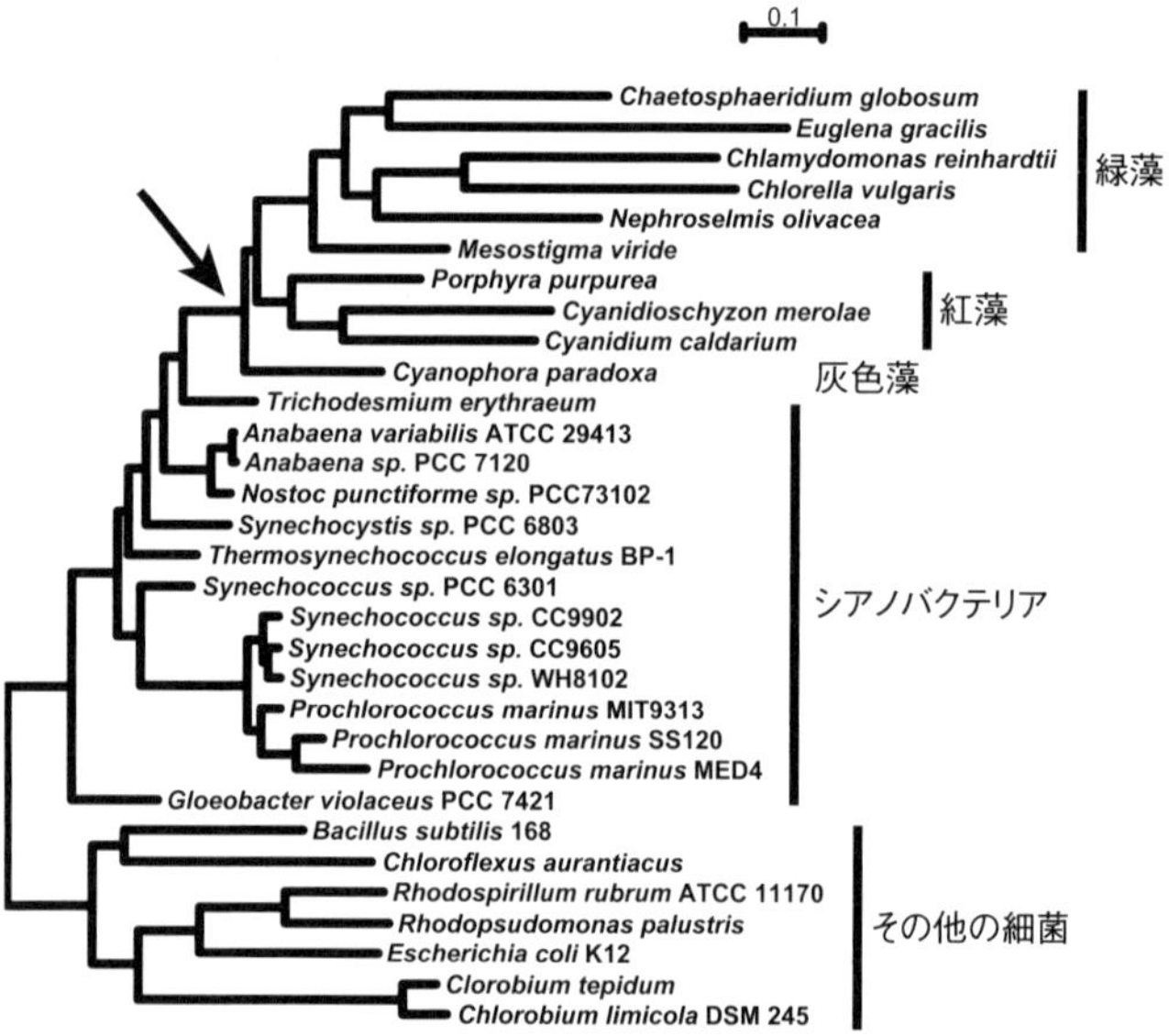

図23　細菌，シアノバクテリア，葉緑体ゲノムに共通にコードされた16種類のタンパク質をコードする塩基配列（コドンの1番目と2番目のみ使用）に基づきベイズ法で計算した分子系統樹

使用した生物種の数は31種，すべての分岐の信頼度は100パーセントである。矢印のところで色素体ができたことになる。

灰色藻の葉緑体は、もともと一つの系統であり、そこから分岐していることがわかる。この系統樹をみると、葉緑体がシアノバクテリアから派生したことと、すべての葉緑体は単系統であることなどがわかる。

ただし問題はある。どのような遺伝子を用いるか、あるいは、使うのがタンパク質かDNAか、また、特定のコドン部位を省くかなどによって、つくられる系統樹の分岐パターンは必ずしも同じにはならないのである。図24に示すのは、リボソームRNAの一種、16SリボソームRNA配列で描いた分子系統樹と、一一種のタンパク質を用いた分子系統樹である。図23と比較す

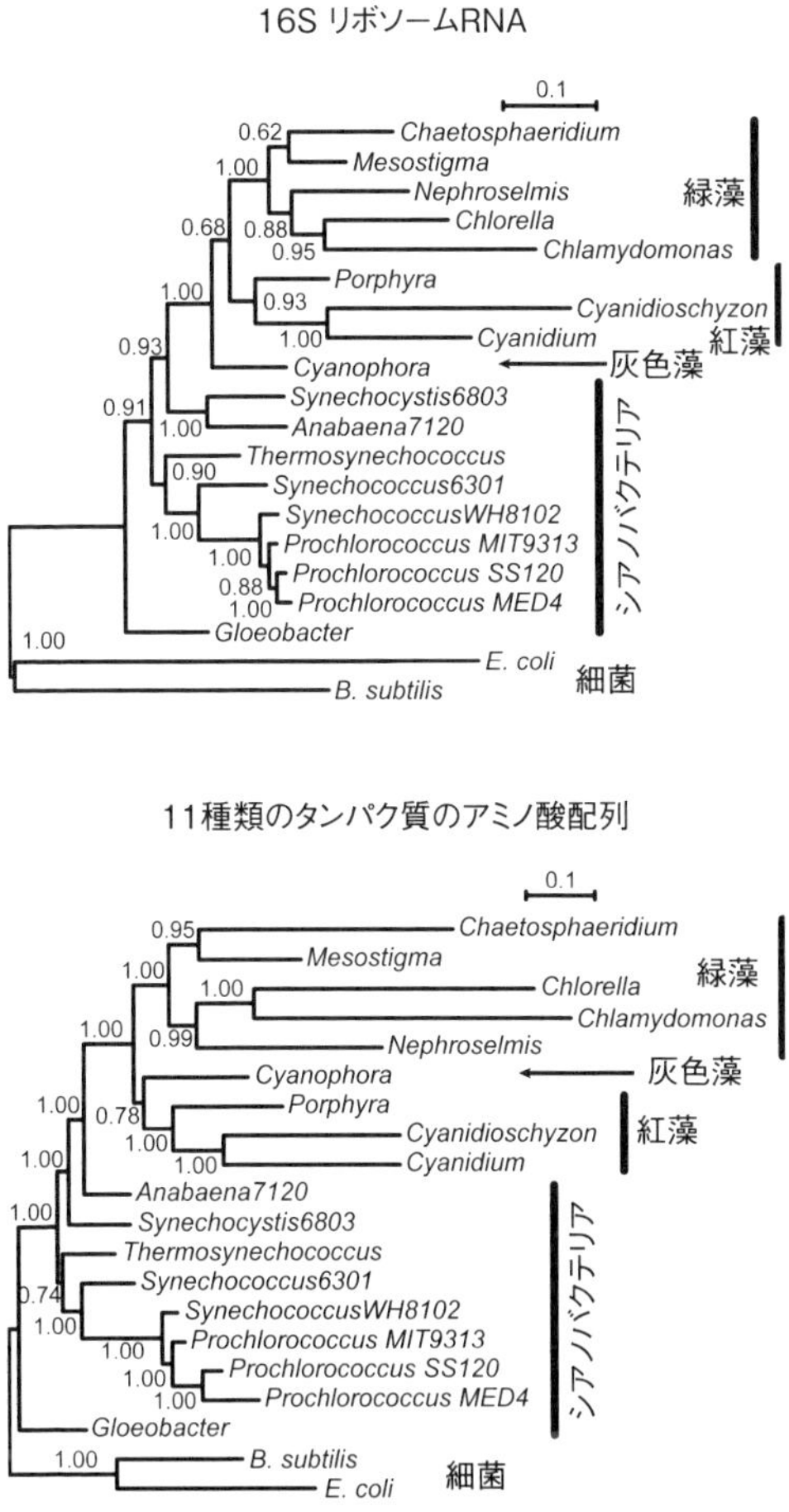

図24　生物種の数を 20 にした場合の，リボソーム RNA に基づく分子系統樹（上）とタンパク質配列に基づく系統樹（下）

どちらもベイズ法による計算結果。スケールは置換速度による進化距離を示す。分岐の信頼度は小数で示している。上の図では，色素体が分岐した後で，シアノフォラが最初に分岐している。下の図では，色素体が分岐したあと，紅藻と灰色藻を含む下半分のクレードと緑藻を含む上半分のクレードに分かれている。

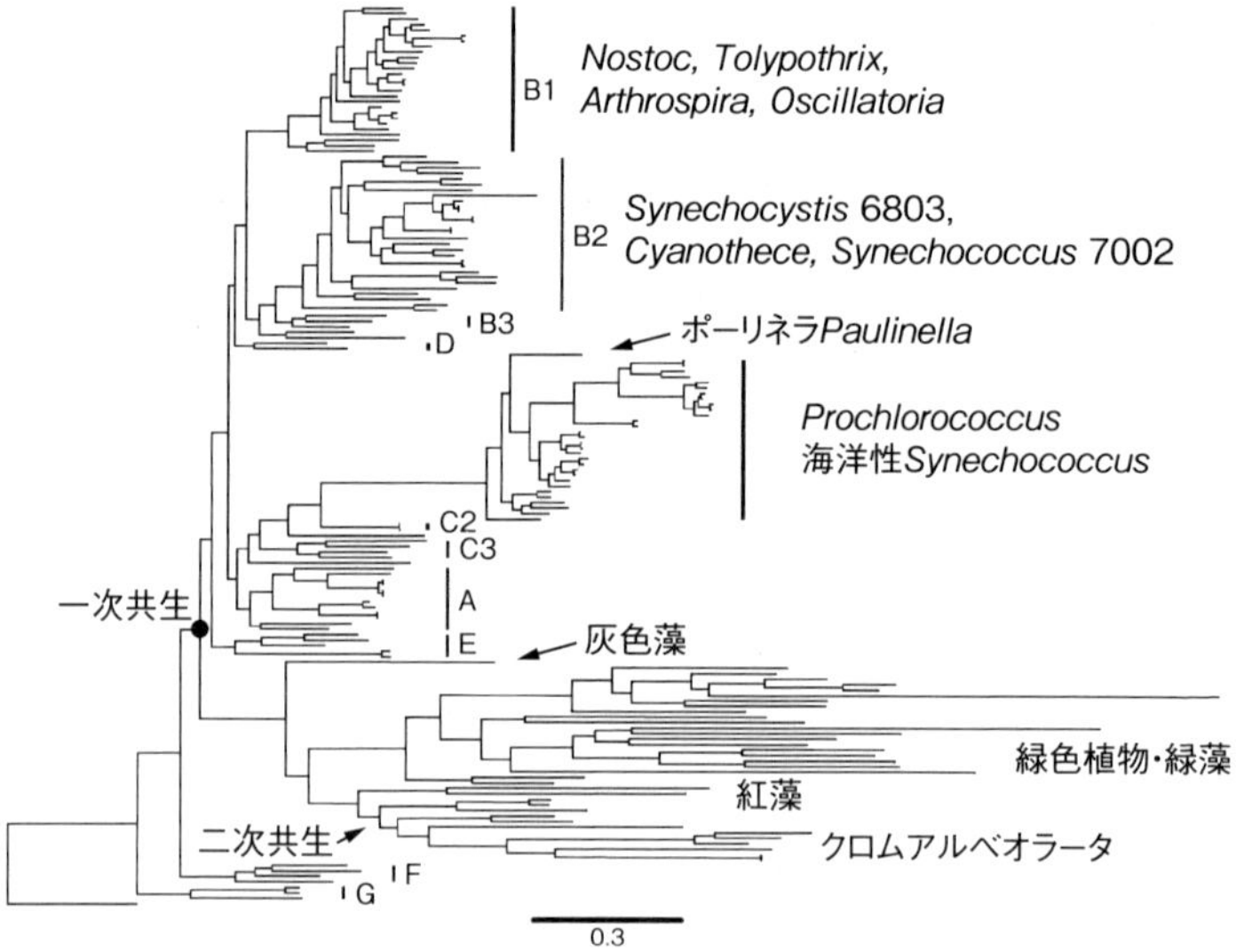

図 25　より新しい系統解析に基づくシアノバクテリアと色素体の関係
（Shih et al. 2013 に基づく）

多数のシアノバクテリアのゲノムが新たに解読され，その結果に基づいて 16S rRNA 配列を用いて推定された系統樹である。一次共生の位置には丸印がつけられている。二次共生は矢印で示されている。またもう一つの一次共生である *Paulinella* も上の方に示されている。

ることにより、計算に用いる生物種の数を変え、用いる配列を変えただけでも、分岐パターンが変わってくることに気づく。図24下に示す一一種のタンパク質を用いた系統樹では、シアノフォラ（灰色藻）の位置が葉緑体の分岐の内側に入り、最初にシアノフォラと紅藻のグループと緑藻のグループが分岐し、それからシアノフォラと紅藻グループが分岐している。これに対して、前に示した図23では、最初にシアノフォラが分岐し、そのあとで紅藻と緑藻が分岐している。さらに、図24上のリボソームRNAによる系統樹は、これらのタンパク質に基づく系統樹とも異なっている。この問題は多くの学者を悩ませている点で、そのため、研究者によって、紅藻が先に分岐したという考えとシアノフォラが先に分岐したという考えがある。

それでも共通しているのは、緑藻（緑色植物も含めて）、紅藻、灰色藻の葉緑体ゲノムが単系統であること、つまり、これらの生物が持つ色素体ゲノムは、もともと一つだったものから分岐して生まれたということである。ここに示したのは色素体ゲノムの遺伝子に基づくデータだけだが、多くの研究者により、核ゲノムにコードされたタンパク質の情報に基づく系統解析も行われ、その場合にもこれらの生物群が単系統であることが支持された（Moreira et al. 2000, Lopez-Garia et al. 2017）。そのため、これら三種類の生物群を一次共生生物またはアーケプラスチダ Archaeplastida と呼び、最初に一回の細胞内共生が起きた後に分岐して生じたと考えられている。

もう一つの問題は、色素体を生み出したシアノバクテリアがどんなものかということである。ここまでに示した系統樹では、色素体の起源となったシアノバクテリアが *Anabaena* sp. PCC 7120 など、細胞が数珠状に連なり窒素固定を行うものから分岐したように見える。これに対し、その後の研究で、もっと原始的なシアノバクテリア（図25、図中G、F）の配列を多数用いた解析をすることにより、実はシアノバクテリアの多様化のかなり初期段階から分岐したという考え方も生まれた。ごく最近の研究によると、*Gloeomargarita lithophora* という淡水性のシアノバクテリアが、色素体の祖先に一番近いのだそうであるが、このような探索はまだまだ続けられることだろう（Ponce-Toledo et al. 2017）。

4 マーギュリスの考えに含まれていた二つの問題点の解決

このように分子系統解析が進んでくると、もともと一九七〇年当時にマーギュリスが提起していた問題（第4章参照）について、答が出せるようになってきた。一つは「植物系統分類学などうそだ」という botanical myth の問題、もう一つは、色素体の共生があとからいくつも並行して起きることが前提とされていたという多重並列共生の問題である。

「植物系統分類学などうそだ」という誤り

第4章1節で述べたように、マーギュリスは一九七〇年の本『真核細胞の起源』で、藍藻から藻類、植物へと進化していくとする当時の植物系統分類学の支配的な考え方を否定し、真核生物が進化したあとから色素体が導入されることにより、藻類や植物ができると考えた。この場合、真核生物本体の系統関係としては、動物も植物も区別はなかったので、動物に色素体が入ることによって植物ができるという程度の考え方だった。ところが、分子系統学の発展により、カバリエ＝スミスはバイコントとオピストコントという言葉を提案し、真核生物全体を藻類・植物と菌類・動物に大きく分類した。前者は二本のべん毛をもつ生物、後者は一本のべん毛を後方にもつ生物という意味である。当然、べん毛をもたない生物も存在するが、そういう生物も含めて分子系統分類にしたがって全体を大きく分類している。現在では、さらに詳しいことがわかり、この二分法で分類できなかった生物も分類できるようになり、図

22に示すような全生物の分子系統樹が提案されている。重要なことは、色素体をもつ生物は、この中の中央に描かれた特定のグループだけだということであり、それには、アルベオラータ、ストラメノパイル、植物・藻類が含まれる。ここでいう植物・藻類は一次共生生物つまりアーケプラスチダを指している。こうして考えると、色素体を外部から取り込むという細胞内共生は、どんな生物でもできるわけではなく、この特定のグループだけであるということがわかる。筆者らと紅藻ゲノム解読を一緒に行った東京大学理学系研究科の野崎久義准教授などは、これを広義の植物 Plantae と呼んだこともある。

そう考えると、真核宿主自体にも最初から複数の種類があることになり、はじめから植物・藻類になれる真核生物とそうでないものがあったことになる。つまり、「植物学の神話」botanical myth はまったく間違いではなく、ある程度正しかったことになる。たしかに、次に述べるような二次共生藻と一次共生藻は、はじめから別の真核宿主をもっていたのであるが、それでもそれらはある程度の系統関係があったことになる。植物系統分類学を全面的に否定しようとした若き日のマーギュリスが思い至らない結末があったのである。

多重並列共生の解決策としての二次共生

当初のマーギュリスの考えでは、色素体の細胞内共生は何度も並行して起きていたことになっており、マーティンは素直に数えると二十回にもなると述べている（Martin 2017）。たしかにマーギュリスは緑藻と植物も別々に色素体を獲得したと説明していたこともあった。それは、両者の細胞分裂のしくみが異なるためであった。しかし現在では色素体の細胞内共生は、主要なものは一度だけだったと考えられている。緑色植物や緑藻、紅藻、灰色藻は、同じ一度の細胞内共生によって共通の色素体を獲得したと考

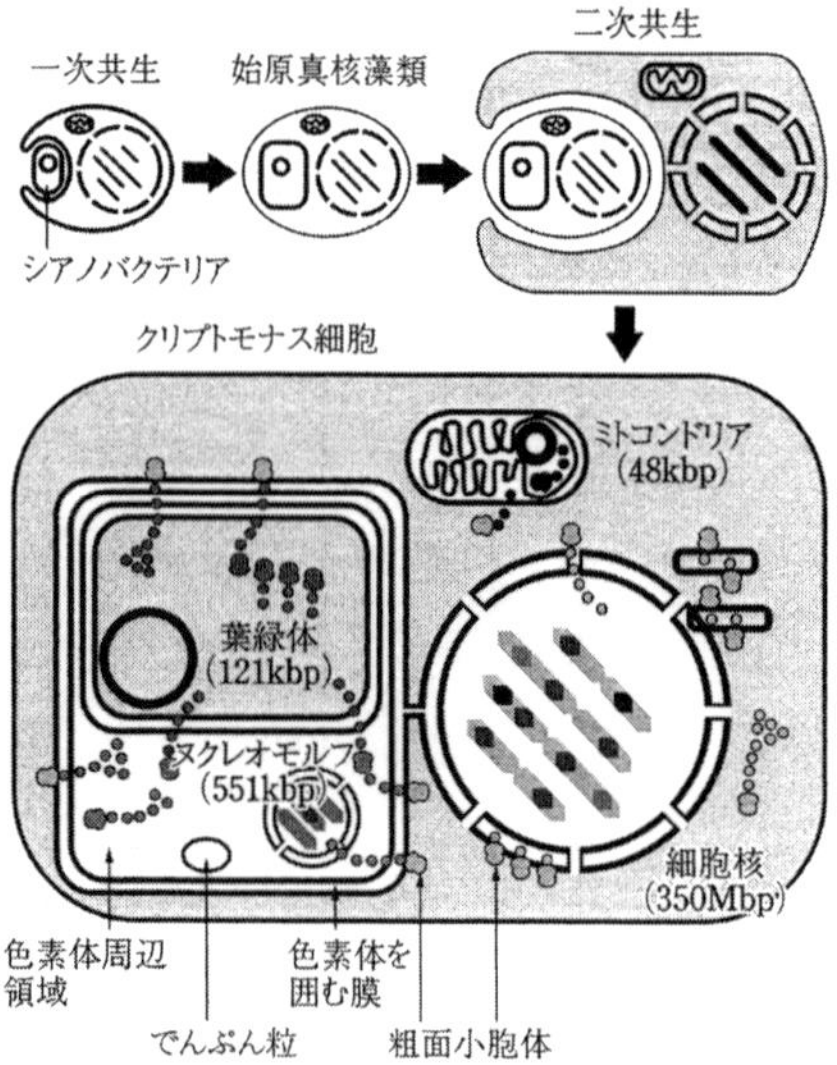

図26　クリプト藻の細胞ができる仮想的な過程を一次共生と二次共生で説明した図
（Douglas et al. 2001）

えられている（一次共生）。これに対して、褐藻や珪藻などは、真核細胞の中に、紅藻の細胞が取り込まれ、その色素体だけが残ったと考えられている。これを二次共生と呼ぶ（図25下方）。二次共生の中間段階と思われるものも知られており、それはクリプト藻である（図26）。この場合、紅藻共生体の細胞核が縮小した形で残存し、ヌクレオモルフと呼ばれている。もともとクリプト藻がきっかけで、二次共生という考え方が生まれた（Whatley 1981, Cavalier-Smith 1982）。二次共生には別のものもあり、ユーグレナ（ミドリムシ）は、リザリアと呼ばれる細胞に緑藻が入り込んで、葉緑体だけが残ったもの、また、クロララクニオン藻も緑藻が入り込んでできたもので、どちらも紅藻が入ったのとは異なる別の二次共生である。クロララクニオン藻にはヌクレオモルフもあり、これは共生した緑藻の細胞核のなごりと考えられる。さらに、ハプト藻や渦鞭毛藻では三次共生も想定されている。マーギュリスが異なる色素をもつ藍藻が別々に取り込まれたと考えていたこれらの多様な藻類の起源は、こうして二次共生という考え方で説明できるようになった。さらに、マラリアの原因となるマラリア原虫 *Plasmodium falciparum* に含まれるアピコプラストが二次共生体の色素体由来と推定されるに及んで、二次共生の普遍性が広く認められるようになった（解説としてはMcFadden & Gilson 1995）。一次共生と二次共生の考え方に基づく藻類の新たな分類体系も確立された（Adl et al. 2005）。

こうした細胞内共生において、カバリエ＝スミスは、膜の対応関係を重視している（Cavalier-Smith 2000）。つまり、共生体の膜がそのまま維持されたかのような説明が、きれいな図とともに示されている。

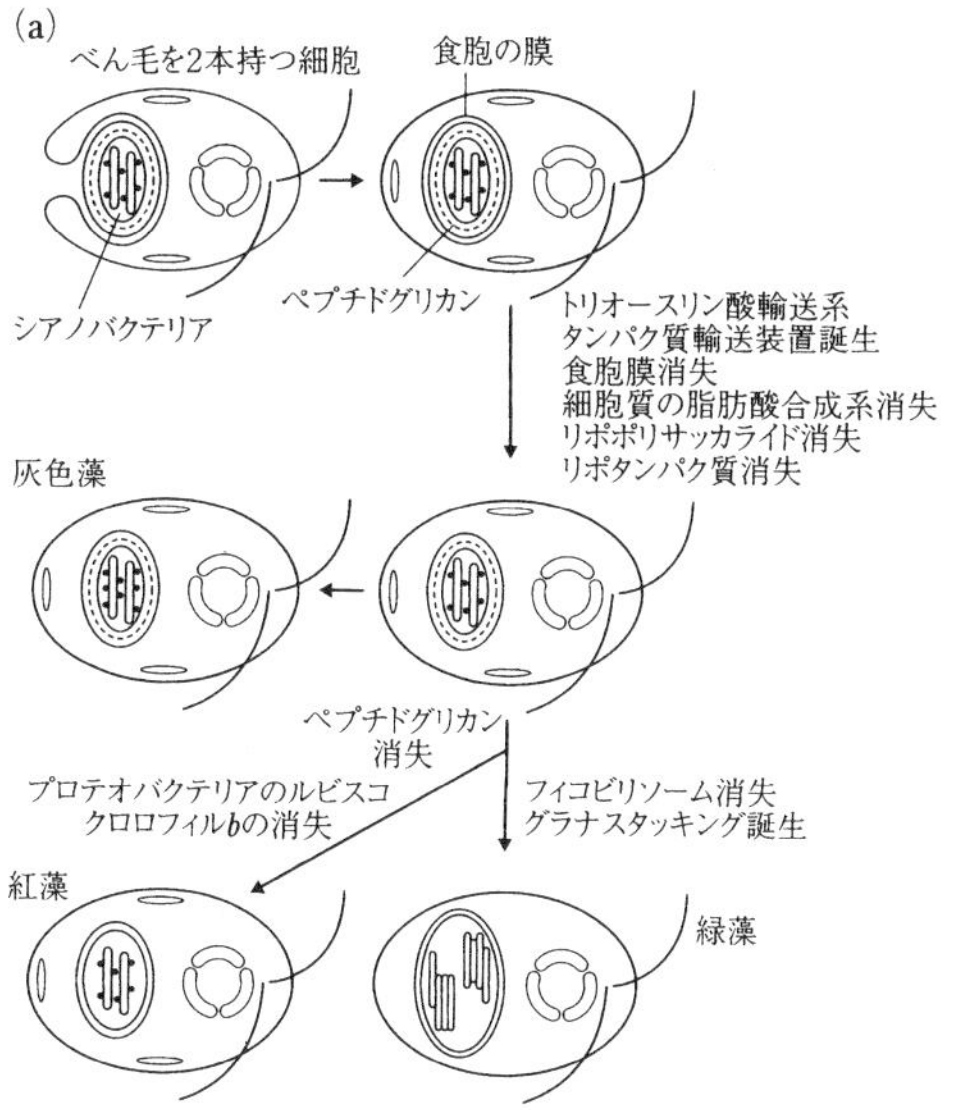

図 27　カバリエ＝スミスによる一次共生の説明図
（Cavalier-Smith 2000）

二次共生を説明するためにも，これと類似の図がもとの論文（Cavalier-Smith 2000）に多数掲載されている。ここでは最初に共生したシアノバクテリア細胞を宿主の食胞がつつみ，一時的に三枚の膜で囲まれたオルガネラができている。そのときペプチドグリカンもある。そののち食胞膜がなくなり，ペプチドグリカンが灰色藻以外では消失する。結局，できあがった色素体では，もとのシアノバクテリアの内膜と外膜が残っている。なお紅藻はべん毛をもたない。

このたぐいの図は至る所に見られ、教科書も例外ではない。そのため、葉緑体をつくっている膜が、シアノバクテリア共生体の膜そのものであるかのように見えてしまうという問題がある（図27）。

いまになって改めてわかった複数の一次共生

マーギュリスが多数の独立な細胞内共生を考えたことの大部分は誤りだったことはすでに述べたが、いまになると複数の一次共生が改めて明らかになってきた。それらについて、マーギュリスが独立のものと認識していたかどうかはかならずしもはっきりしない。すくなくとも、『真核細胞の起源』に収録されている膨大な系統樹の図（巻末資料の図）には、根足類は明示されておらず、珪藻のスフェロイドボディも示されていない。おそらく現在知られている別起源の一次共生も含めてマーギュリスが複数の色素体共生を考えていたわけではなく、単純に色の異なる色素体の起源を別々の共生によって説明しようとしていただけのように思われる。

すでに紹介したように、ポーリネラと呼ばれる根足類がもつソーセージ状の色素体は、上記の普通の一次共生とは異なるもうすこし新しい時代の一次共生の産物と考えられている（図28）。そのときに取り込まれたシアノバクテリアは、現在では海洋の主要な一次生産者として知られるαシアノバクテリアと呼ばれるものの仲間だったと考えられているので、起源からしても、通常の一次共生とは異なっている（図25）。現在では、ポーリネラの細胞核ゲノムの配列（Nowack et al. 2016）や、別種のポーリネラ *Paulinella micropora* のクロマトフォアゲノム配列（Lhee et al. 2017）なども発表され、活発に研究が進められている。このあとで示す多くの系統樹でも、ポーリネラのクロマトフォアはシアノバクテリアの系統の中に位置し、シアノバクテリアがそのまま細胞内に共生している状態に非常に近いことは間違いなさ

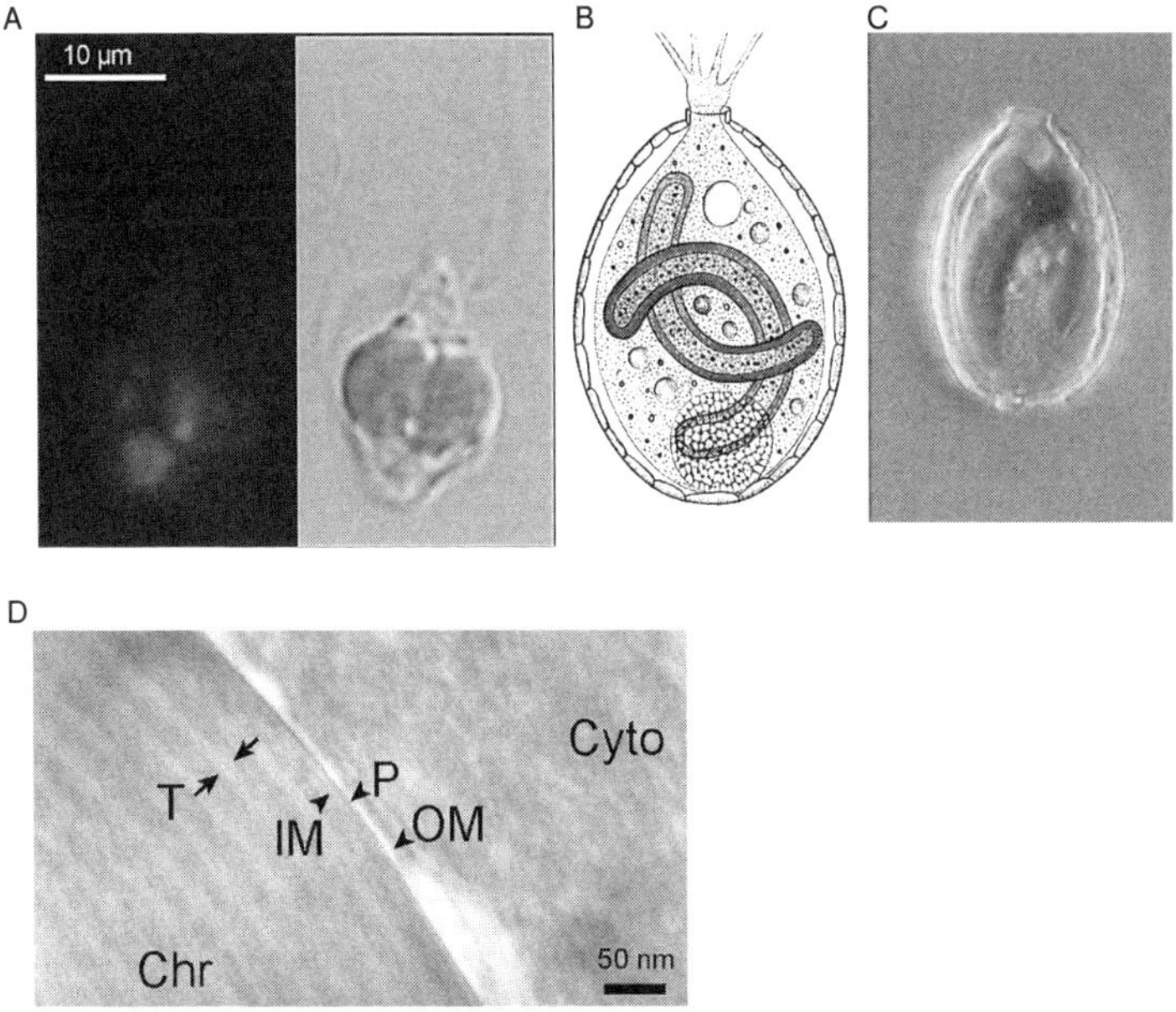

図 28　シアノフォラ（A）とポーリネラ（B–D）の細胞（A は筆者撮影，B の図と C の写真は Keeling & Archibald 2008，D の写真は筑波大学石田教授より恵与の細胞を筆者撮影）

（A）シアノフォラについては，DAPI 染色した蛍光顕微鏡像と明視野像を示す。（B）は最初にポーリネラを発見した Lauterborn（1895）の図をきれいに修正したもの。もとの図はあまり色が明瞭ではない。（C）は論文の著者による光学顕微鏡像。（D）はクロマトフォア表層部の電子顕微鏡像。Chr はクロマトフォア，Cyto は細胞質，T はチラコイド膜，IM は内膜，OM は外膜，P はペプチドグリカン。ペプチドグリカン層はきわめて薄いが，それでも内膜などと比べて，まっすぐになっていることがわかる。なお，Lauterborn（1895，図版 30）や Pascher（1929a, p. 192）には，単離したクロマトフォアの図も出ており，浸透圧を保つようなことをしていない当時の技術でも，細胞から取り出したクロマトフォアが形態を保っていることがわかる。なお，Schimper（1883, 1885）にもあるように，クロマトフォアという言葉はプラスチドと同義で，色素体を意味していた。

そうである。

　さらに、ある種の珪藻の細胞には、葉緑体とは別に、窒素固定を行う無色のシアノバクテリアが含まれていることがわかった（スフェロイドボディ）。これももう一つの一次共生である。さらに海水中のDNAを分析した研究から、細胞がどんなものかはわからないが、窒素固定を行うシアノバクテリアが存在することがわかり、UCYN-Aと呼ばれたが、最近になって、ハプト藻の一種がもつ窒素固定顆粒がその正体であることがわかった（序章表2）。このように、一次共生も数多く知られるようになった。

　おもしろいことに、これらの現象の発見は意外と古く、メレシコフスキーも、ポーリネラや特殊な珪藻がシアノバクテリアを含むことを述べていた（第2章4節）。また、シアノモナスというクリプト藻の一種について、青い色をしていることから、シアノバクテリアがそのまま含まれていると考えていた。それよりも少し後の一九二四年にはシアノフォラ・パラドクサという灰色藻（図28）が発見されており、これとポーリネラが、共生シアノバクテリアをもった細胞の代表格として、一九七〇年代まで信じられてきた。その特徴は、ペプチドグリカン層で囲まれていることで、これはシアノバクテリアなどの細菌と同じ特徴であった。そのため、これらの共生シアノバクテリアを、特にシアネラと呼んだ。現在では、シアノフォラのシアネラは、まったく普通の意味での葉緑体と変わらないことがわかっているが、ポーリネラは新しい共生の産物で、まだゲノムの大きさも約百万塩基対程度ある。ポーリネラは日本でも田んぼなど、どこにでもいる微生物のようである。

　二次共生と似ている例も数多くある。序章で紹介したミドリゾウリムシに含まれるクロレラやサンゴに含まれる褐虫藻は、可逆的な細胞内共生であるが、真核藻類が別の真核生物の細胞内に入っているという点では、二次共生に似ている。さらにハテナと呼ばれる共生藻類が発見された（図29）（Okamoto &

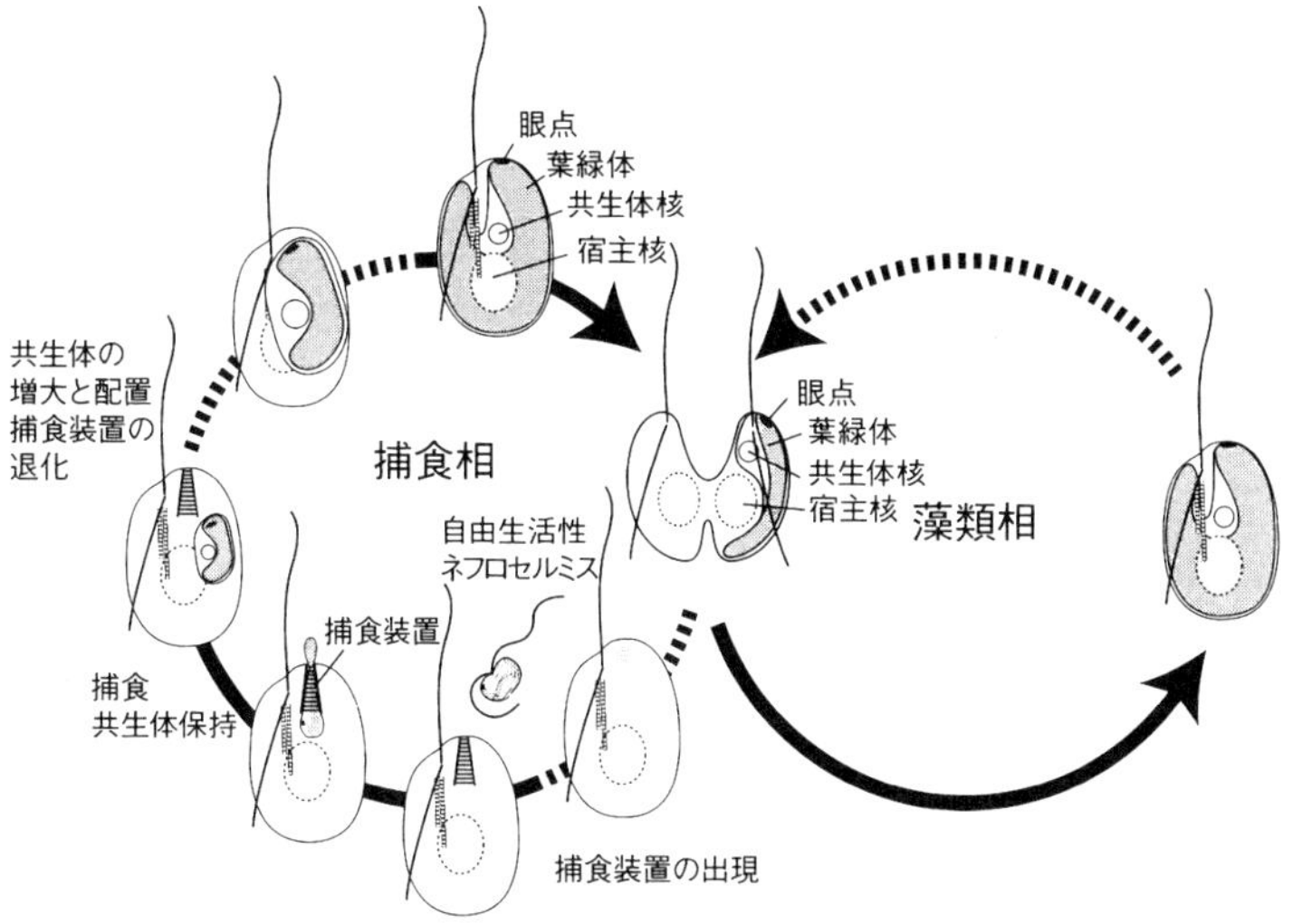

図 29　ハテナの説明図（Okamoto & Inoue 2006 に基づく井上 2006/2007 より）

捕食相の上から説明を始める。細胞が分裂すると，一方は藻類を含んだまま（右の藻類相）になるが，他方は藻類を失う（左の右下）。無色の細胞は微小管のかごのような形の摂食装置を発達させ，それを使って *Nephroselmis* 細胞を取り込む。取り込まれた藻類細胞では葉緑体が巨大化し，細胞核やミトコンドリアは残るが，ゴルジ装置などは退化する。

Inoue 2006, Yamaguchi et al. 2014)。これはカタブレファリス属のべん毛虫の細胞の中にプラシノ藻（緑藻）の一種 *Nephroselmis rotunda* が取り込まれたものである。細胞が分裂しても共生体は分裂しないため、娘細胞の一方にはプラシノ藻が残るが、他方には共生体はなくなる。共生体を失った細胞は、まわりにいるプラシノ藻を再度取り込んで共生体にする。これは筑波大学の井上勲らの研究グループによって日本の和歌山県磯ノ浦で発見された。井上（2006/2007, pp. 323–327）に詳しい説明がある。

第7章　葉緑体とシアノバクテリアの連続性と不連続性

さまざまな生物のゲノムが解読されるようになると、新たな展開が始まった。ゲノムとは、元来、それぞれの生物がもつ遺伝子の総体を意味していたが、現在では全ＤＮＡを示す言葉となっている。多くの真核生物は二倍体なので、一倍体に相当するＤＮＡをもって、全ゲノムと考える。しかしヒトのように性染色体をもつ場合には、一倍体の常染色体（染色体一番から二二番まで）とＸ、Ｙ二つの性染色体を併せて、ゲノムと考えることになっている。二〇〇〇年前後には、ヒトやシロイヌナズナ、大腸菌、酵母など、モデル生物のゲノムの塩基配列が決められたが、その後、次世代シーケンサーの登場によって、非モデル生物、つまり実際にさまざまな研究で使われている多くの生物のゲノムも、容易に解読できるようになってきた。これがポストゲノム時代である。同時に、モデル生物に関しては、単なるゲノム塩基配列だけでなく、転写産物のデータ（トランスクリプトームと呼ばれる）、タンパク質のデータ（プロテオームと呼ばれる）、代謝産物のデータ（メタボロームと呼ばれる）なども整備されてきた。これらを有機的に結びつけて活用することにより、非モデル生物でも、その生物独自の興味深い現象の解明が進められることとなった。比較ゲノムという手法はコンピュータの発達によって可能になったもので、異なる生物のゲノム情報を相互に結びつけることにより、ある生物でわかっている知見を他の生物にも拡張することができるようになった。それにより、多数の生物がもつ相同なタンパク質を見いだすことができるようになり、分子系統解析を適用できる範囲が飛躍的に拡大した。こうして、ポストゲノム研究の恩恵は、当然、オルガネラの起源を解明しようとする細胞内共生説にも及ぶこととなった。

すでに筆者自身がSato（2001）やSato（2006）などでも示してきたように、シアノバクテリアと色素体の性質には、類似点と相違点がある。類似した性質は、たんに両者が似ているというだけでなく、進化の歴史を通じてシアノバクテリアから色素体までつながる性質の連続性とみなすことができる。もちろん、両者で異なる点は、両者の歴史的不連続性を表していることになるが（第6章表8）、不連続性の意味はそれだけではない。メレシコフスキーにしても、マーギュリスにしても、シアノバクテリアと色素体の類似性を挙げて、それらを連続性とみなし、色素体の細胞内共生説の根拠とみなした。マーギュリス以降の色素体の細胞内共生説の根拠には、生化学的な物質組成やタンパク質合成系なども含まれる。それらの性質は、酸素発生型光合成（クロロフィルの存在も含む）、遺伝物質の存在、タンパク質合成系の存在、色素体の原核生物的特徴（核をもたないこと、タンパク質合成阻害剤への感受性の共通性など）である。こうした性質の類似性の評価は実際には難しく、見かけの性質の類似性が、必ずしも系統のつながりを表さないこともある。性質の相違や物質構成の相違は、ただちにシアノバクテリアから色素体までの歴史が連続していないことの証拠になり得るが、それればかりでなく、類似の形質や酵素、遺伝子であっても、系統解析の結果、シアノバクテリアから色素体まで、ひとつながりの系統にならないことがあり、こうした場合も不連続性を示していることになる。そのため、シアノバクテリアと色素体の性質やそれを支えるしくみを詳しく比較することが必要である。具体的な例をいくつか挙げよう。

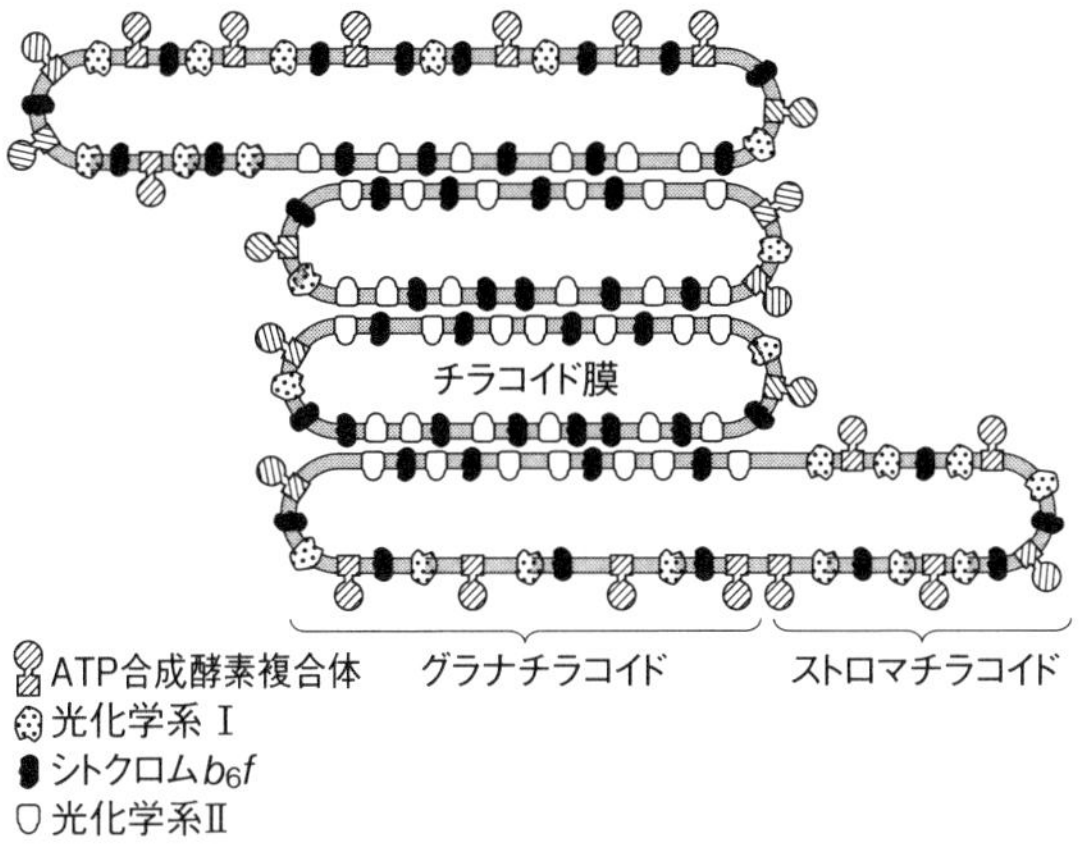

図 30　葉緑体のチラコイド膜の構造模式図（Buchanan et al. 2002）

チラコイド膜は袋状の膜で，扁平な形で積み重なり，グラナを形成している。膜の素材は脂質分子で，多数の脂質分子が疎水性部分を内側に，親水性部分を外側にして，自発的に集合している（脂質二重層）。この図では脂質二重層が一枚の膜として表現されており，ここには 4 枚の袋状の膜が積み重なったようすが描かれている。膜の中には光化学系 I，光化学系 II，シトクロム b_6f 複合体，ATP 合成酵素複合体などの大きなタンパク質複合体が埋め込まれている。

1　糖脂質合成系

　葉緑体には、チラコイド膜と呼ばれる扁平な膜があり、そこには光化学系のタンパク質複合体が埋め込まれている。シアノバクテリアでも、同心円状にカールしたチラコイド膜がある（序章図8B、また、第6章図28のポーリネラのクロマトフォアの電子顕微鏡写真にもチラコイド膜が見えている）。植物の葉緑体の場合、チラコイド膜はところどころで積み重なり、グラナと呼ばれる構造をつくっている（序章図6、図30）。これらの膜は脂質成分とタンパク質成分からなっていて、タンパク質成分は光化学系Ⅰと光化学系Ⅱの複合体やシトクロムb_6f複合体、あるいは、ＡＴＰ合成酵素複合体などがある。脂質成分としては、糖脂質とリン脂質が含まれる。糖脂質としては、モノガラクトシル・ジアシルグリセロール（MGDG）とジガラクトシル・ジアシルグリセロール（DGDG）という二種類のガラクト脂質（ガラクトースという糖を含む脂質）と、スルフォキノボシル・ジアシルグリセロール（SQDG）という硫酸基をもつ糖を含んだ脂質がある。リン脂質としてはフォスファチジルグリセロール（PG）が含まれている。真核生物に一般的なフォスファチジルコリン（PC）やフォスファチジルエタノールアミン（PE）などは、チラコイド膜の成分としては含まれていない。葉緑体の包膜の成分としてはPCが少し含まれていることがわかっている。また、糖脂質は光化学系複合体の成分としても含まれており、複合体一個あたり数分子の糖脂質が、光化学反応活性にとって非常に重要であると考えられている（『光合成の科学』（2007）など参照）。

こうした状況を考えると、共通の糖脂質（MGDG, DGDG, SQDG）が存在することが、葉緑体がシアノバクテリア起源であるという説の根拠の一つとして考えられたことも当然と思われる。Carr & Craig（1970）ではSagan（1967）を引用しながら、脂質組成の対応関係を説明している。一方で、脂質の類似性は機能との関連だけで考え、光合成生物の古典的な系統関係（マーギュリスが「植物学の神話」と呼んだもの）に基づいた考察を述べ、細胞内共生説には言及しない立場もあった（Nichols 1970）。

ところが、筆者が一九八〇年頃に始めた脂質合成経路の研究から、シアノバクテリアと葉緑体は、異なるしくみで糖脂質を合成していることが推定された（Sato & Murata 1982）。その後、それぞれの酵素をコードする遺伝子が同定され、いまではシアノバクテリアと葉緑体における糖脂質合成系の全容が解明された（図31）。それによれば、ジアシルグリセロール（DAG）からMGDGをつくるまでのしくみは、

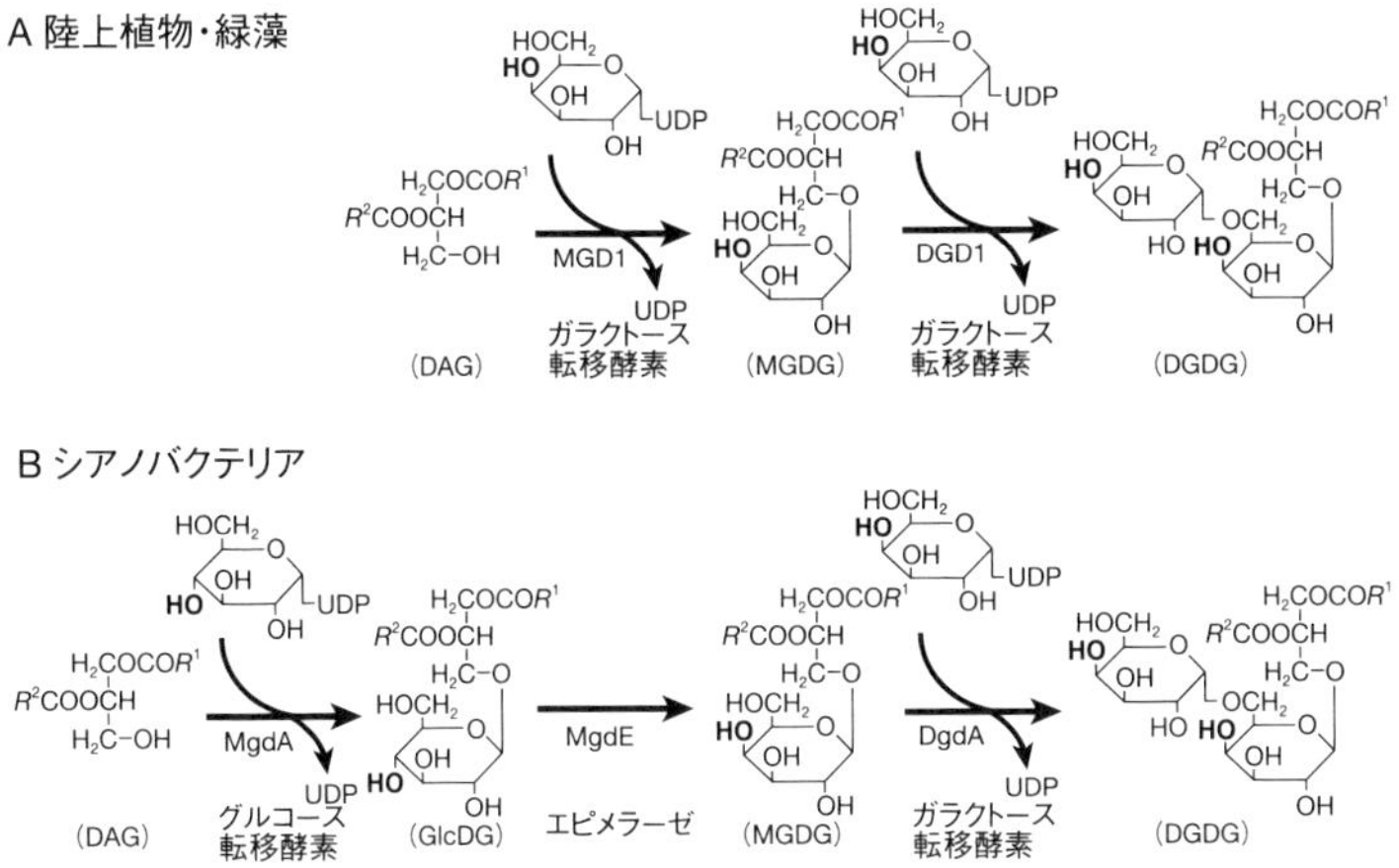

図 31　植物の葉緑体（A）とシアノバクテリア（B）におけるガラクト脂質合成経路の比較（佐藤 2015 から改変）

陸上植物や緑藻では，ジアシルグリセロール（DAG）に UDP ガラクトースからガラクトースが転移され，モノガラクトシル・ジアシルグリセロール（MGDG）ができる（UDP はウリジン二リン酸基であり，生化学反応において糖のキャリアとなる）。さらにもう一つのガラクトースが転移されて，ジガラクトシル・ジアシルグリセロール（DGDG）ができる。これに対して，シアノバクテリアでは，最初に UDP グルコースからグルコースが転移されて，モノグルコシル・ジアシルグリセロール（GlcDG）ができる。グルコースの 4 位の炭素が異性化してガラクトースとなることで，MGDG に変わる。さらにもう一つのガラクトースが転移されて DGDG になるが，このときの酵素は陸上植物・藻類の酵素とは異なる系統の酵素である。このため，MGDG と DGDG を合成するために，シアノバクテリアと葉緑体は全く異なるしくみをもっていることになる。なお，原始紅藻では DGD1 ではなく，葉緑体ゲノムにコードされた DgdA が使われている。構造式のなかの *R* はアルキル基（炭素数が 15 ないし 17 の炭化水素鎖）を表す。*R*COOH ならば脂肪酸となるが，ここでは脂肪酸がグリセリンの OH 基とエステル結合している。グリセリンの末端に結合したアルキル基は R^1，二番目に結合したアルキル基は R^2 と表記している。

葉緑体とシアノバクテリアとで、まったく異なる。葉緑体では、DAGにガラクトースが結合することによりMGDGができるが、シアノバクテリアでは、DAGに一度グルコースが結合し、そのあとで、グルコース部分がガラクトースの構造に異性化され、MGDGができる。そればかりでなく、植物の葉緑体がもつ糖脂質合成酵素MGD1とDGD1の由来はシアノバクテリアではなく、前者は緑色光合成細菌由来であることがわかった（Sato & Awai 2016参照）。緑色光合成細菌（以後、緑色細菌と呼ぶ）はシアノバクテリアとは異なり、酸素を発生しない光合成を行う細菌である。その細菌の酵素がなぜ藻類や植物にあるのか、不思議である。さらにDGD1の相同タンパク質は、光合成をする真核生物以外から見つかっていないため、その起源はいまのところ不明である。シアニジオシゾンなどの原始紅藻にはDGD1がなく、代わりに葉緑体ゲノムにコードされたDgdAが働いているが、海産の紅藻類ではDgdAはなく、DGD1が細胞核にコードされている。これを説明するためには、紅藻の進化の最初には、DgdAとDGD1が共存していたことがあったと考えるのが妥当であり、緑藻と紅藻の共通祖先でDGD1が獲得されていたと考えるべきである。

シアノバクテリアと植物の葉緑体の両方で、ほぼ似た構造をもつ糖脂質を合成する別個の経路が存在し、それらの経路を構成する酵素の由来が異なるのはきわめて不思議である。また葉緑体に存在する糖脂質合成酵素の遺伝子は細胞核にコードされている。

2　脂質合成系のその他の酵素

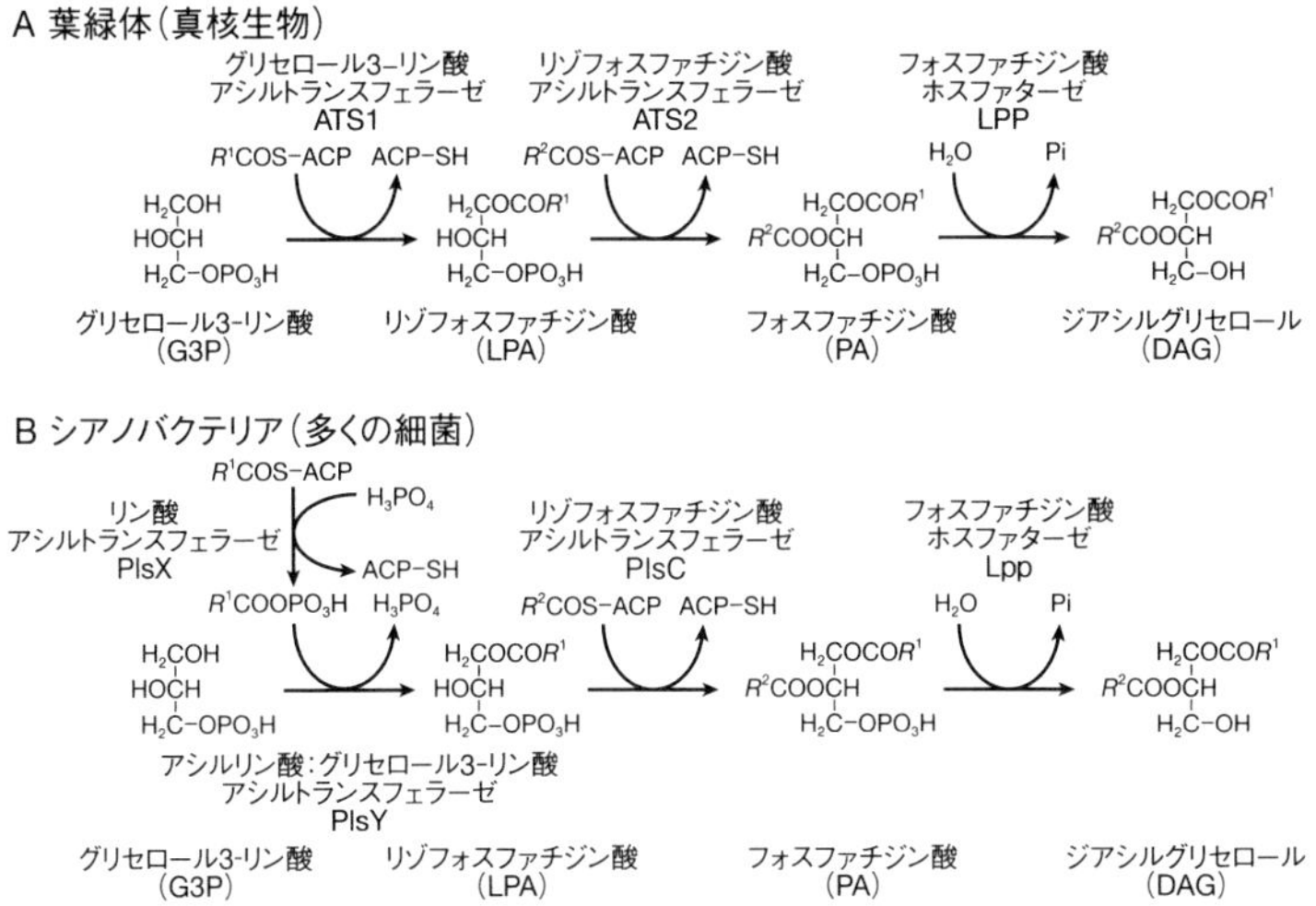

図 32　葉緑体とシアノバクテリアにおけるジアシルグリセロール合成経路(Sato & Awai 2017)

最初のアシル化は全く異なるしくみで行われる。二段階目と三段階目は相同な酵素による反応だが，どちらも，系統的には異なる酵素が働いており，葉緑体の酵素は真核生物の進化の過程で生まれた酵素が葉緑体に局在するようになったもので，シアノバクテリアに由来するものではない。

次に、糖脂質をつくる前の段階や他の脂質の合成系も調べてみた(Sato & Awai 2017)(図32)。グリセロール3-リン酸(G3P)に脂肪酸を結合させるアシルトランスフェラーゼは、原核生物と真核生物(葉緑体も含む)とでまったく異なる。原核生物では脂肪酸合成の産物であるアシルACP(ここでACPはアシルキャリアータンパク質を示す)からアシルリン酸をつくり、ここからG3Pにアシル基を転移させる。真核生物の葉緑体には、アシルACPからG3Pにアシル基を転移するATS1という独自の酵素がある。真核生物の小胞体(ER)には、さらに別の種類のアシルトランスフェラーゼがある。

こうしてできたリゾフォスファチジン酸(LPA)に二個目の脂肪酸を

結合させるアシルトランスフェラーゼはLPAATと呼ばれる大きなタンパク質ファミリーに含まれるが、葉緑体のATS2はシアノバクテリアのPlsCとは系統的に離れている。この部分の系統解析はなかなか難しく、用いる生物種をふやすとかえって混乱するように見える（Sato & Awai 2017）。それでも、おそらくもっともらしいのは、植物のATS2や酵母のSLC1を含む真核生物のLPAATは原核生物のPlsCとは異なるグループとなっており、ここでも、真核、原核が別系統になっていると考えられることである。これに加えて、植物の小胞体には別の系統のLPAATが存在し、LPATと呼ばれている。

次の脱リン酸酵素であるフォスファチジン酸フォスファターゼは、LPP（lipid phosphate phosphatase）と呼ばれる一群の酵素である。これについても、真核・原核でほぼ完全に系統が分かれ、葉緑体の酵素は真核生物がもともともっていた酵素に由来することが判明した。

次に、葉緑体に存在するフォスファチジルグリセロール（PG）の合成系についても、酵素の由来を調べた。PGはPAからCDP-DG, PGPを経て合成される（図33）。この過程で、CDPを結合する酵素（CDS）は、葉緑体のものがシアノバクテリアのもの（CdSA）の姉妹群となり、シアノバクテリアかその祖先由来と推定されたが、次のPGPをつくる酵素（PGPS）はγプロテオ細菌由来、さらにPGPを脱リン酸化してPGをつくる酵素（PGPP）は、真核生物の共通祖先に由来するものと考えられた。なお、図には示さないが、葉緑体にはスルフォキノボシル・ジアシルグリセロール（SQDG）もある。この脂質はDAGにUDPスルフォキノボースからの糖転移によって合成される。これを触媒する酵素には二系統あり、一つはSqdX、もうひとつはSqdDである。一部のシアノバクテリアや紅色細菌にはSqdDがあるが、植物・藻類と多くのシアノバクテリアにはSqdX/SQD2がある。これはDgdAとも弱い相同性があり、遠い親戚にあたる。SqdXは緑色細菌からシアノバクテリアに入ってきたもののようであるが、

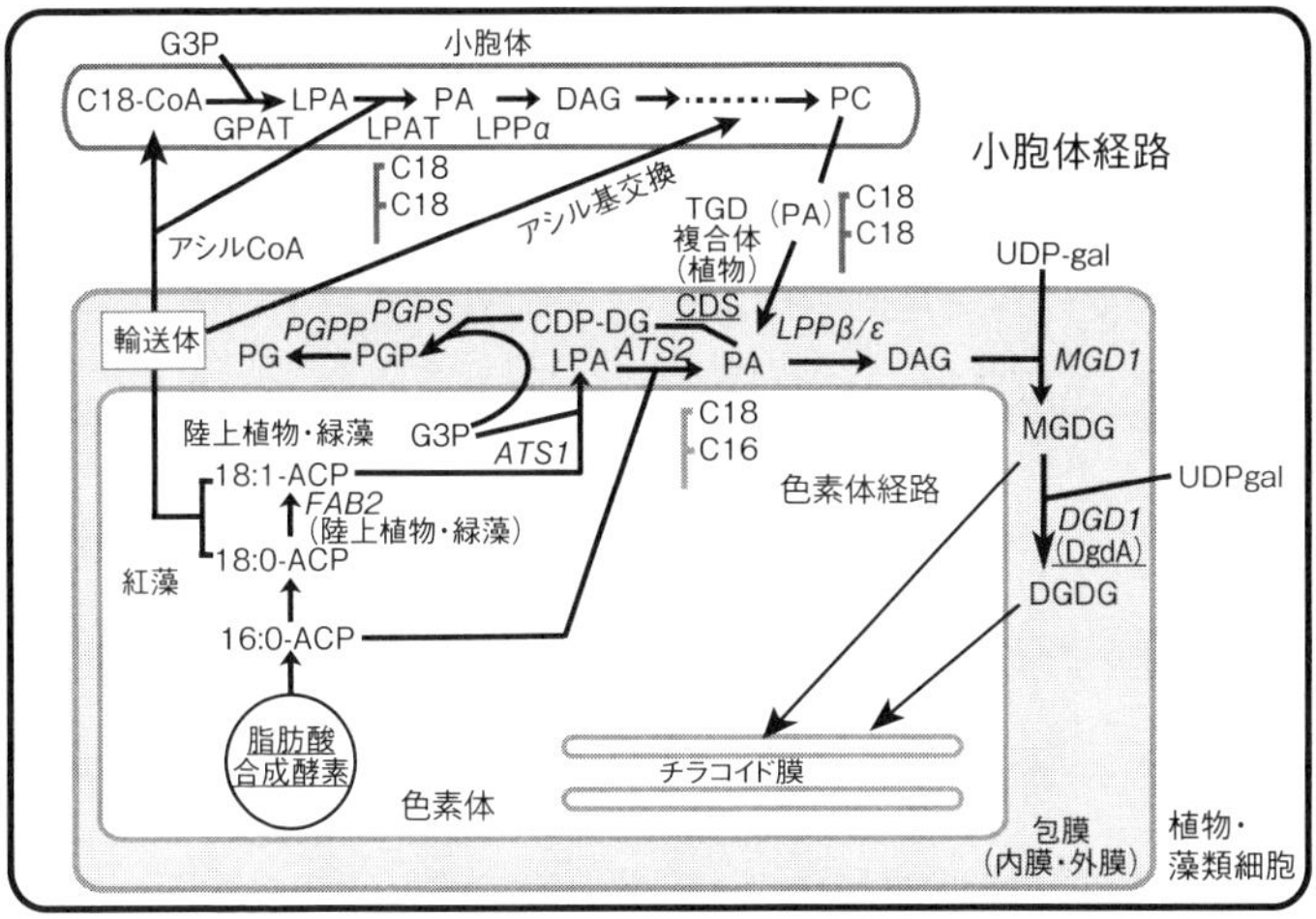

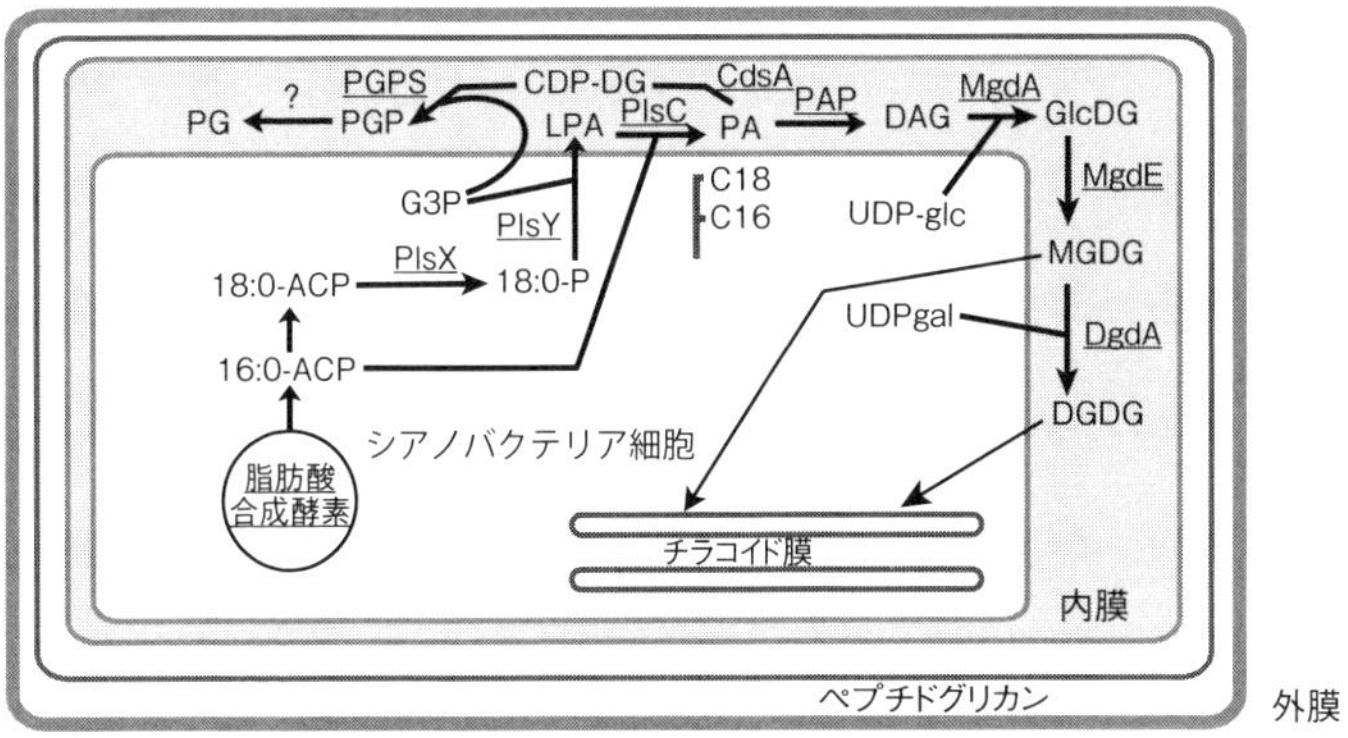

図 33　植物・藻類とシアノバクテリアにおける膜脂質合成系の比較

葉緑体でもシアノバクテリアでも同様の脂質が合成されるが，その合成に関わる酵素反応の一部は両者で全く異なり，また同じ反応のように見えても，触媒する酵素の由来は別系統である。シアノバクテリア由来と考えられる葉緑体の脂質合成酵素は，原始紅藻の DgdA だけである。CDS と SQD2 はシアノバクテリアの祖先由来と推定されるので，通常の一次共生起源とはいえない。酵素名の下線は，シアノバクテリアまたは祖先由来であることを示す。酵素名のイタリックは葉緑体独自の酵素であることを示す。ローマン体は小胞体経路の酵素を示す。

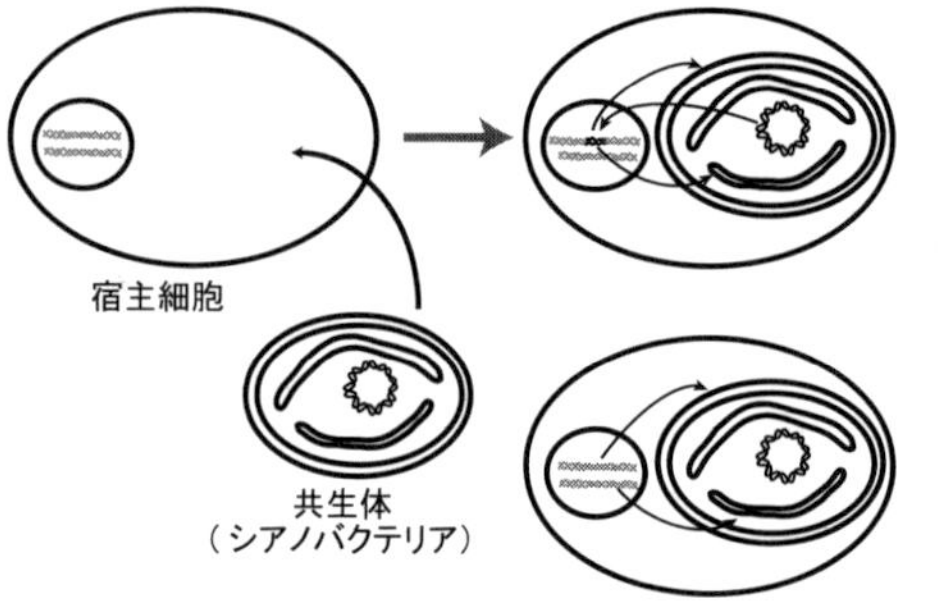

図 34　膜合成系の由来についての従来の考え方と新しい考え方

従来の考え方では，シアノバクテリアのゲノムにある情報が細胞核に移行し，その情報を使って色素体の膜（包膜やチラコイド膜）を合成していると考えていた。しかし詳細な系統解析の結果，色素体の膜を合成するための細胞核の遺伝情報の起源が共生体由来ではないことがわかった。

その根元で葉緑体のもの（SQD2）とも分岐しており、葉緑体の酵素はシアノバクテリアか緑色光合成細菌、あるいはそれらの共通祖先に由来すると考えられる（Sato & Awai 2016）。

このように、葉緑体の膜を構成する脂質を合成する酵素系をひと通り調べると、その大部分がシアノバクテリアに起源をもつ酵素ではないことがわかる。ほぼ確実にシアノバクテリア由来と推定できるのは、原始紅藻のDgdAだけである。CDSとSQD2は、シアノバクテリアの祖先に由来するように思われる。すなわち通常の一次共生とは別の起源と考えられる。これらに基づいて考えると、本書の最初に紹介したような細胞内共生の模式図（序章図9～11）は成り立たない。シアノバクテリアという構造体が宿主細胞に入ってきたとして、それが葉緑体になったときには、その可視的な構造である膜を合成する酵素は、共生シアノバクテリアのものではなく、何らかの形で宿主が準備したものと思われる（図34）。多くの研究者は、最初にシアノバクテリアの細胞が入ったときに、その遺伝子も全部入ってきて、しばらくはシアノバクテリア由来の酵素で膜もつくっていたが、やがて、外来遺伝子によってだんだんと置き換えられたなどと考えようとしている。ポーリネラのクロマトフォアに似た状況から葉緑体に変化していったという考え方である。しかし、外来遺伝子が入ってきたのは、シアノバクテリアが入ってくる前だったかもしれない。これについては、さらに他の遺伝子の例を紹介した後で、次の章で詳しく議論することとする。

文章だけではなかなか理解しにくいと思われるので、ここでさまざまな酵素の系統解析結果のパターンをまとめた図を示すことにする（図35）。一般的に考えられる一次共生では、先に示したリボソームRNAや葉緑体ゲノムにコードされたタンパク質の系統解析のように、シアノバクテリアが多様化を始めた少しあとで、葉緑体が生じていて（第6章図23〜25）、図35のパターン（1）のような形になる。また、光合成関連の酵素など、シアノバクテリアと葉緑体にしか保存されていないものもあり、その場合には、パターン（1）の一部分だけの系統樹の形になる。ここではパターン（6）として別に記している。従来の研究では見過ごされてきたのがパターン（2）である。系統樹をつくると、シアノバクテリアの根元で葉緑体の根元と合流する。従来の研究では、このパターンも葉緑体酵素が一次共生由来であることを示すとみなされてきたが、改めて調べてみると、このパターンはかなり多い。その他、明らかにシアノバクテリア起源とならないパターンとして、（3）、（4）、（5）がある。

まだこれから述べる酵素もあるが、脂質合成やペプチドグリカン合成の酵素では、（2）のパターンが多いことがわかる。つまり、これらの酵素の起源はシアノバクテリアの共通の祖先以前に遡る。系統樹推定の誤差や誤りも考えられるが、多数の系統樹について、異なる方法で計算しても、同じこのよう

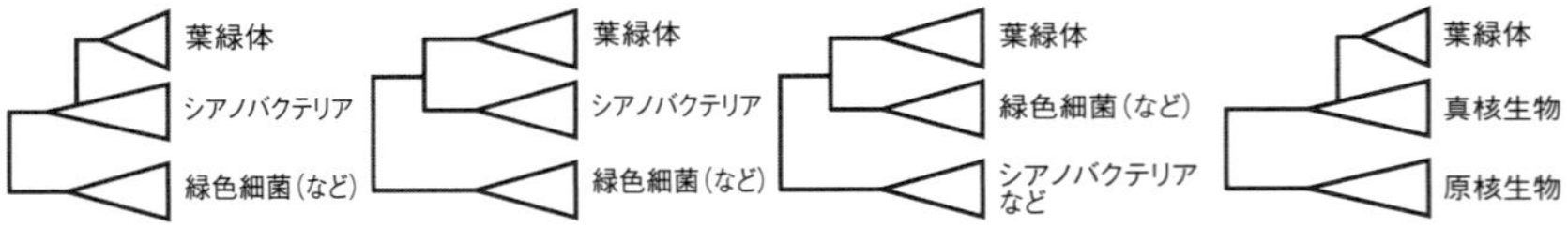

葉緑体タンパク質の由来で分類したパターン	(1)シアノバクテリア由来	(2)シアノバクテリアの祖先に由来	(3)シアノバクテリアとは別系統	(4)真核生物由来
膜脂質合成	DgdA*	SQD2, CDS	MGD1, ATS1, ATS2, PGPS	PGPP, LPP
脂肪酸合成	ACP[緑色], FabG, FabI[紅色], AccA, AccB, AccD*	ACP*[紅色], FabZ, FabI[緑色], FabH, FabD, AccC	FabF	
ペプチドグリカン合成	MurA, PBP*[一部の緑藻]	MraY	MurB, MurC, MurD, MurE, MurF, MurG, Ddl, PBP	
DNA複製関連	GyraseA	GyraseB, DnaB*[紅色], DnaG*[紅色], TOP1[紅色]	RNaseH, TOP1[緑色], Pol I 5-3exo	POP(DNAポリメラーゼ)
その他	リボソームタンパク質*, rRNA*, NdhA, H, I* HemY	FtsZ, NdhB, C, E, G, K* [ストレプト植物]		

(5) 葉緑体タンパク質が植物・藻類以外にホモログをもたない：DGD1
(6) 葉緑体タンパク質が植物・藻類・シアノバクテリア以外にホモログをもたない：光合成関連タンパク質
[ ]の緑色, 紅色はそれぞれ, 緑色系統(陸上植物・緑藻), 紅色系統(紅藻・クリプト藻・ストラメノパイルなど)を表す。
アスタリスク(*)は, 葉緑体ゲノムにコードされていることを示す。

図 35　葉緑体のさまざまな酵素が示す多様な系統関係

系統解析で得られる基本的なパターンを6種類に分類した。図示しにくい(5)と(6)は表の下に示した。アステリスク(*)をつけた葉緑体DNAにコードされた多くのタンパク質やリボソームRNA(rRNA)は,(1)のパターンとなり,葉緑体ゲノムがシアノバクテリアから由来したという通説と合致している。それとともに,(2)のパターンがかなり多いことがわかる。この中には葉緑体ゲノムにコードされたタンパク質(Ndh 群など)も含まれている。これはシアノバクテリア共通の祖先から葉緑体のタンパク質遺伝子が由来していることを示しているが,従来,(1)と(2)は厳密に区別されてこなかった。

な結果が得られるので、ある程度は本当のことを表しているように思われる。では、シアノバクテリアの祖先が将来の葉緑体に遺伝子を渡したとはどういうことになるのだろうか。タイムマシンがなくて、そんなことは可能なのだろうか。これについては改めて次章で考察する。

3 脂肪酸合成酵素

合成経路の順番を遡ると、脂質合成の前は脂肪酸の合成である。脂肪酸合成は、アセチルCoAという活性化酢酸を縮合させて行われる。アセチルCoAは解糖系からクエン酸回路に供給される物質として、一般的な代謝の説明にも出てくる物質であるが、光合成生物の場合には、グルコースの分解によって生成されるのではなく、光合成の炭素固定を司るカルビン・ベンソン回路によって生み出されるトリオースリン酸から、いわば解糖系の下半分の経路をたどってつくられる。脂肪酸をつくる準備反応として、アセチルCoAに二酸化炭素を結合させる反応があり、こうしてできたマロニルCoAがさらにACP（アシルキャリアータンパク質）に転移されたうえで、脂肪酸合成酵素反応に供給される。あとで付加された二酸化炭素部分は、縮合反応の際に取り除かれるので、脂肪酸になっていくのは実質的に最初のアセチルCoAの酢酸部分だけである。

脂肪酸合成の最初の段階（図36）では、アセチルCoAから炭素二個の単位が、マロニルACPのカルボキシル基を外しながら結合して、炭素四個からなる化合物をつくる。この縮合反応を触媒するのはKAS IIIである。そのあとで炭素鎖を伸ばす縮合反応をするときには、KAS Iが働く。さらに炭素一六個

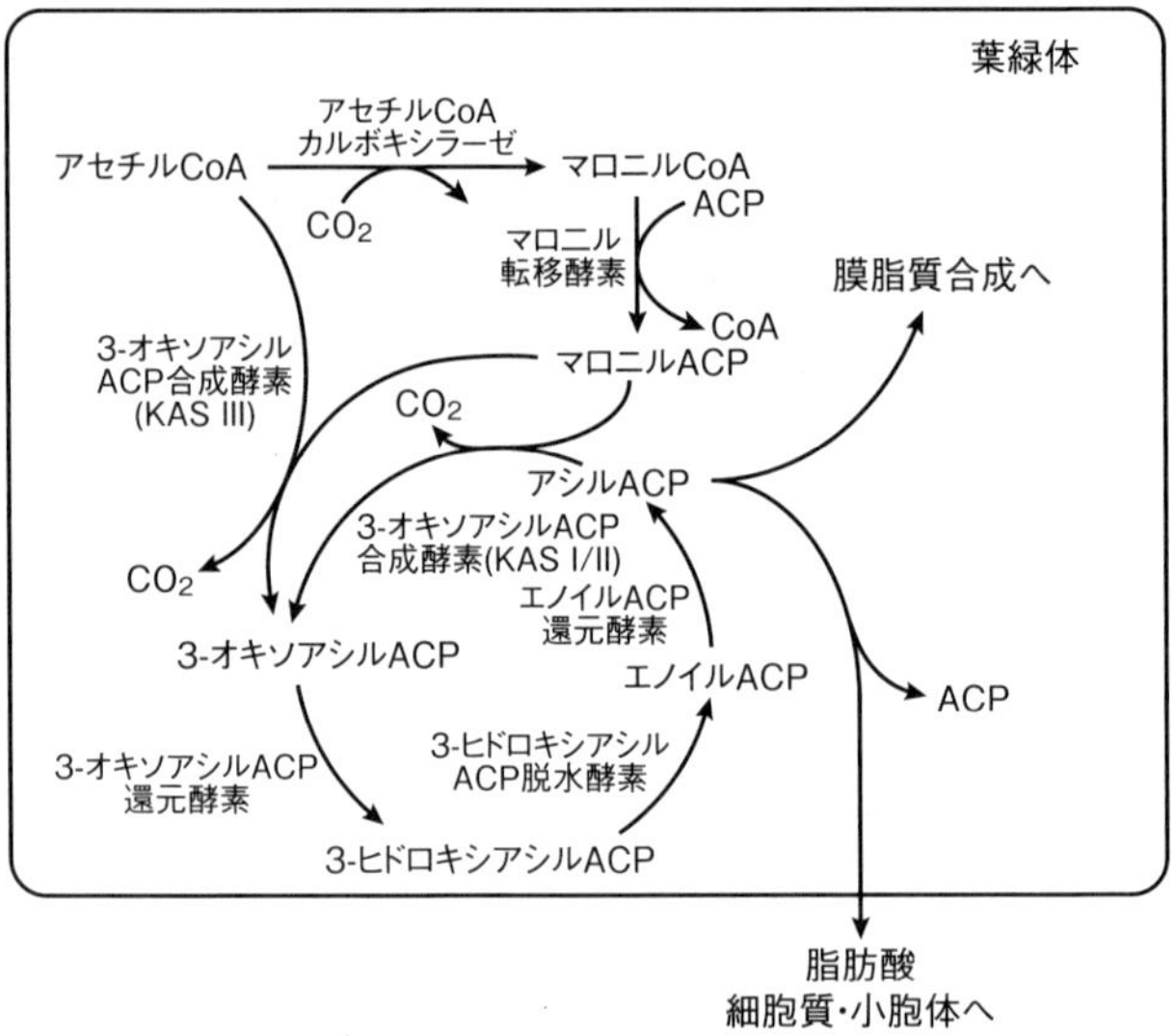

図 36　葉緑体の脂肪酸合成系

左上のアセチル CoA はアセチル CoA カルボキシラーゼにより二酸化炭素を付加されてマロニル CoA となる。脂肪酸合成の一段階目の縮合反応では，アセチル CoA とマロニル ACP が縮合し，炭素数 4 の物質になる。もともと最初のマロニルが結合していた ACP がずっと残り，合成途中の脂肪酸を保持し続ける。それ以降の縮合反応では，マロニル ACP からの炭素 2 個の単位が順次縮合していく。その際，最初に付加されていた二酸化炭素が遊離する。縮合反応の結果できる化合物には酸素がついているが，還元，脱水，還元の 3 段階の反応により，飽和脂肪酸の形になる。

を含む脂肪酸であるパルミチン酸に炭素二個をつなぐ最後の反応は、KAS IIが触媒する。いずれの場合も、縮合反応の結果としてできる物質には、末端のカルボキシル基から数えて三番目にカルボニル基がある（3-オキソアシルACP）。これを還元してヒドロキシ基にし（3-ヒドロキシアシルACP）、さらに隣の水素と合わせて脱水することで二重結合をつくる（エノイルACP）。これを二個の水素で還元することにより、最初に比べて炭素が二個増えたアシルACPができる。

まず、葉緑体のアセチルCoAカルボキシラーゼは、四個のサブユニットからなる原核生物型の酵素である。この他に細胞質には、全部のサブユニットが一つのポリペプチドに集まった、多機能型のアセチルCoAカルボキシラーゼが存在する。葉緑体の酵素の四個のサブユニット、AccA, B, C, Dは、どれもシアノバクテリアの対応するサブユニットとよく似ており、系統解析の結果、シアノバクテリアかその祖先由来であることが確認された。次のマロニル転移酵素（MCATまたはFabD）は、さまざまな原核生物の共通の祖先から分岐した真核生物の酵素群のなかに葉緑体の酵素も含まれるので、シアノバクテリア由来とは言えない。さらに最初の縮合反応を行うKAS III（FabH）は、葉緑体の酵素とシアノバクテリアの酵素が姉妹群になるので、シアノバクテリアの祖先由来と考えられる（図35）。

脂肪酸合成の主要なサイクルは四段階の反応からなる。葉緑体の3-オキソアシルACP還元酵素（FabG）はシアノバクテリア由来である。3-ヒドロキシアシルACP脱水酵素（FabZ）は、シアノバクテリアの祖先由来である。縮合酵素KAS I/II（FabB/F）は、緑色細菌由来と考えられるが、一番近いのはクラミジアである（図37）。クラミジアはヒトの感染症の病原菌として知られるが、植物と共通の遺伝子を多くもつことがわかっており、進化の一段階で、クラミジアが細胞内共生していたことがあるのではないかと主張する学者もいる（Ball et al. 2015）。つまり、シアノバクテリアとクラミジアが一緒に共生したというのである。クラミジアは、あとのペプチドグリカン関連酵素の系統解析でも出てくる。なお、紅藻ではKAS IとIIが分化していないが、植物・藻類の縮合酵素は全部単系統である。アシルキャリアータンパク質（ACP）は、陸上植物・緑藻のものはシアノバクテリア由来、紅藻のものは緑色細菌由来と考えられる。エノイルACP還元酵素（FabI）は紅藻のものがシアノバクテリア由来、陸上植

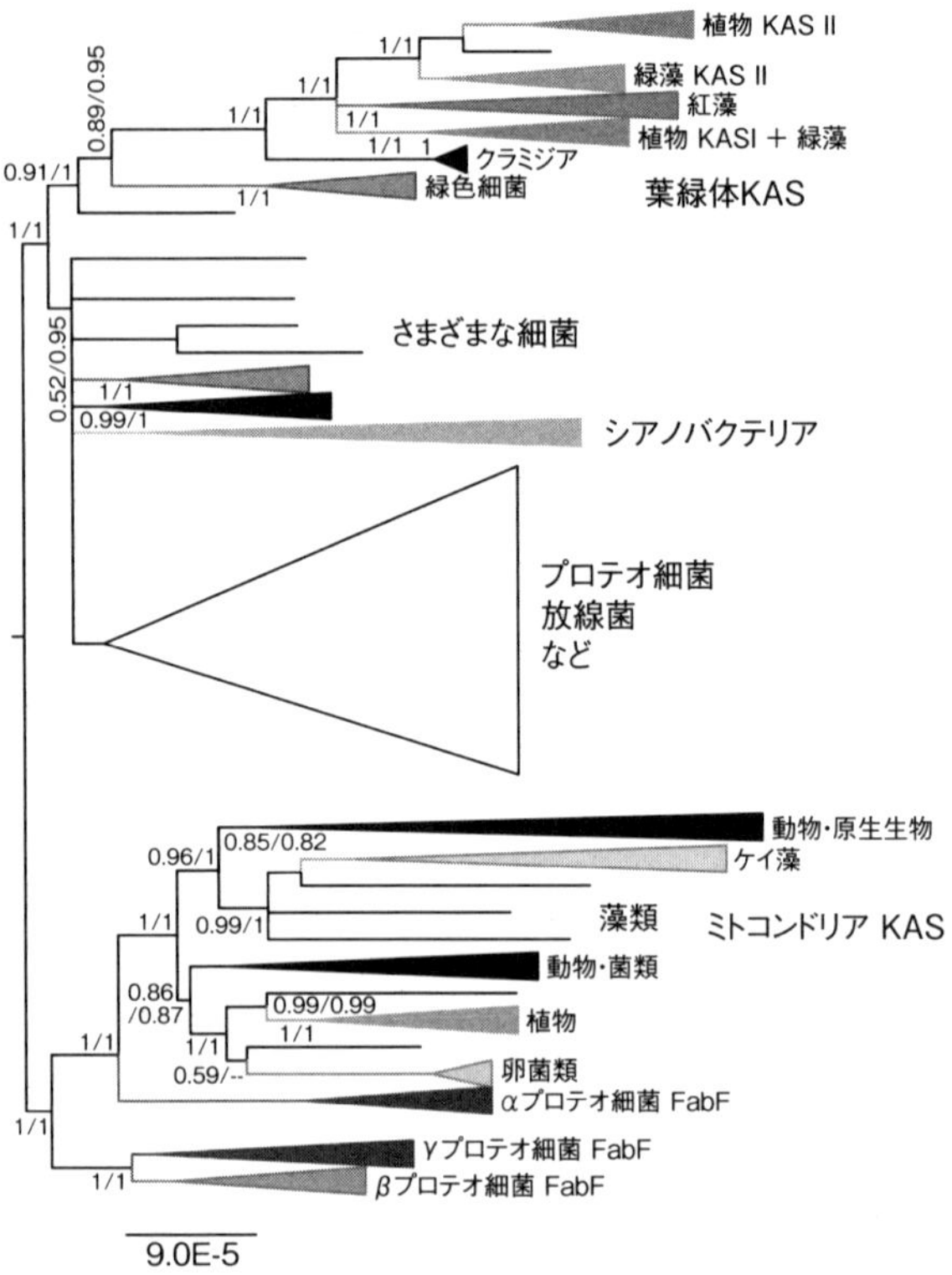

図 37　脂肪酸合成で働く主要な縮合酵素 KAS I/II（FabB/F）の系統樹

葉緑体とミトコンドリアの両方に縮合酵素は存在する。ミトコンドリアは，動物でもこの酵素をもち，リポ酸など短鎖の脂肪酸を合成していると考えられている。葉緑体の KAS の起源はクラミジアと緑色細菌と考えられるが，おそらく，緑色細菌からクラミジアと葉緑体の両方に水平伝達されたのであろう。ミトコンドリアの KAS は，動植物を含めて単系統であり，すべてαプロテオ細菌由来と考えられる。ミトコンドリアがαプロテオ細菌起源と考えられている説に合致する。

物・緑藻のものがシアノバクテリアの祖先またはクラミジア由来である。

こうして、脂肪酸合成に関しては、シアノバクテリアまたはその祖先由来と判断される多くの酵素が葉緑体で使われていることがわかった。ただしこれは、アセチルCoAカルボキシラーゼのように四つのサブユニットが一緒に働く酵素や、脂肪酸合成酵素のように四種類の酵素が密接に連携してサイクルを回すような場合に、一つ一つの酵素が異なる由来ではうまく働かないという機能的な制約のためかもしれない。さらに検討が必要である。

ミトコンドリアの場合、カルジオリピンという特殊なリン脂質が共生細菌由来と考えられているが、その合成酵素は真核生物の細胞核にコードされており、ミトコンドリアに輸送される。真核生物のカルジオリピン合成酵素は、動植物を含めて一つの系統で、PGPSとも遠縁の酵素である。最も近縁なのがαプロテオ細菌の酵素であるので、ミトコンドリアの細胞内共生に伴ってもたらされたものかもしれないが、ミトコンドリアに最も近いとされるリケッチアには存在しないので、話は単純ではなさそうである。ちなみに真核生物のカルジオリピン合成酵素は、大腸菌など多くの細菌に存在するカルジオリピン合成酵素とは相同性がなく、別系統の酵素と考えられる。いずれにしても、オルガネラの膜を作る酵素は基本的に細胞核にコードされていて、細胞質で合成された酵素がオルガネラに輸送されるようになっている。したがって、オルガネラだけで独自に増殖するということは不可能で、宿主側からの酵素の供給がなければ、増殖することも機能を維持することもできない。

4　色素体のＤＮＡ複製酵素

シアノバクテリアと色素体の不連続性を示すもう一つの重要な酵素が、色素体のＤＮＡ複製酵素である。色素体のＤＮＡ自体は、おそらくシアノバクテリアのゲノムＤＮＡに起源があることはまちがいなさそうである。とはいうものの、ゲノムの大きさは、シアノバクテリアの中で一番小型のゲノムが約二百万塩基対であるのに対して、色素体ＤＮＡは一番大きな紅藻のものでも約二十万塩基対程度であり、それらの間には、ほぼ十倍の開きがある。問題はそのＤＮＡを複製するしくみである。シアノバクテリアは、他の細菌と同様、ＤＮＡポリメラーゼⅢをもつ。これは多数のサブユニットからなる複雑な酵素で、複製の性能も高く、細菌ゲノムをまるごと複製するのに適した性質をもっている。これに対して、色素体のＤＮＡを複製するのは細胞核にコードされたＤＮＡポリメラーゼで、しかもその構造は、一つのポリペプチドだけからなる、かなり単純な構造の大きなタンパク質である。この酵素は、ＰＯＰと呼ばれる独特のもので、植物や藻類の場合、細胞質でつくられた酵素は、ミトコンドリアと葉緑体の両方に輸送され、それぞれの場所で複製酵素として機能する。系統解析の結果からは、おそらく、もともとミトコンドリアの複製酵素だったものが、色素体の誕生以降、色素体ゲノムの複製にも転用されたと考えられる。これに対し、ヒトなどの脊椎動物や昆虫、あるいは酵母などの菌類は、まったく異なるミトコンドリアＤＮＡ複製酵素をもっている。それらは、もともと真核生物のＤＮＡポリメラーゼとして三番目に発見されたため、ＤＮＡポリメラーゼガンマと呼ばれており、いまだに多くの生化学の教科書では、すべての真核生物のミトコンドリアのＤＮＡポリメラーゼをガンマ（γ）としている。実際には、テトラヒメナなどの原生生物も含め、ＰＯＰをもつもののほうが圧倒的に多いので、すべての真核生物が、ミトコンドリア成立のあと、おそらくウイルスからＰＯＰを獲得し、ミトコンドリアゲノムの複製に使っていたが、オピストコント類と呼ばれる菌類と動物の祖先において、複製酵素がガンマに入れ替わったと考えられる（Moriyama & Sato 2014）。ＤＮＡ複製酵素だけの話とはいえ、ＰＯＰからガンマへの入れ替えは、植物から動物ができたととらえることもでき、興味深い。

図38には、この他のＤＮＡ複製関連因子であるヘリカーゼ（DnaB, DnaG）、ジャイレース、トポイソメラーゼ、一本鎖ＤＮＡ結合タンパク質などについて、それぞれ葉緑体の酵素と細菌の酵素との系統関係を示している。シアノバクテリアと紅藻の間では、比較的保存されているものが多いが、そうでないものもあり、事情は複雑である。

ＤＮＡの複製だけではなく、遺伝子発現系も、色素体とシアノバクテリアでは大きく異なる。図39に示す不連続進化仮説（Sato 2001）では、色素体がシアノバクテリアの細胞内共生によって生まれたことを前提とし、その後、さまざまな因子が脱落し、その代わりに新たな因子が真核細胞側から供給されるようになって、現在の色素体の遺伝子発現系が成り立ったという考え方を述べている。基本的には、脂質合成系などで新たにわかってきた不連続性と軌を一にしているが、もとの因子が完全に失われてから新たに真核的因子が加わるという点で、脂質合成系の話とは少し違う。これは筆者が一五年ほど前に提案した考え方なので、いまは少し考え方を変えるべきなのかもしれない。たとえば、藻類の誕生初期にさまざまな転写因子がすべて失われてしまうと、遺伝子発現制御ができなくなるので、やはり代替因子が事前に準備されていたということも考えなければならないかもしれない。

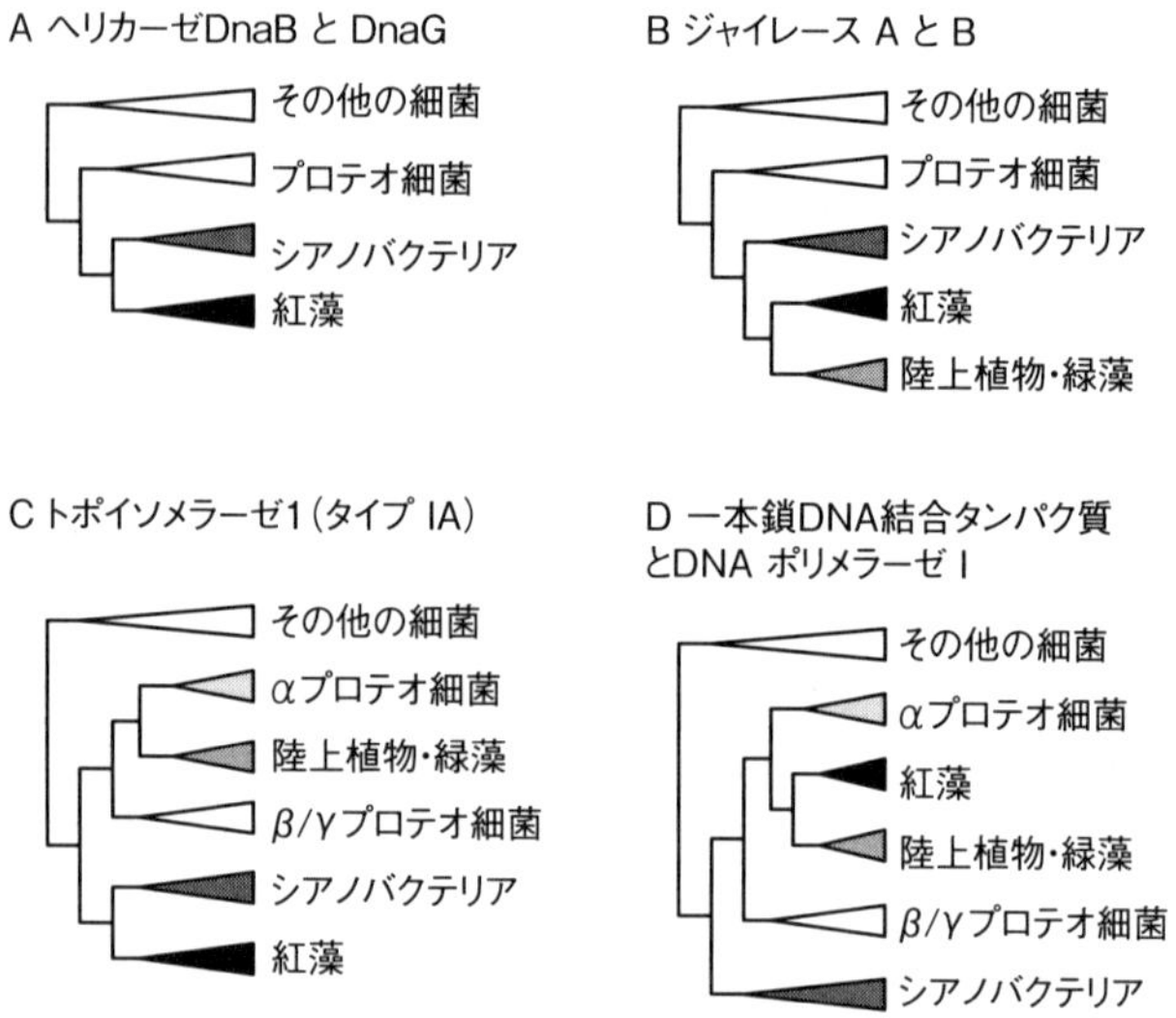

図 38　オルガネラの DNA 複製に関連する酵素の由来を模式的に示す系統樹（Moriyama & Sato 2014）

細菌のヘリカーゼと相同な酵素は陸上植物・緑藻には存在しない。B のように紅藻と陸上植物・緑藻がそろってシアノバクテリアと姉妹群になる場合は珍しく，紅藻と陸上植物・緑藻が別の細菌と姉妹群であったり，シアノバクテリアとは無関係だったりする場合が多い。α プロテオ細菌と姉妹群になる D のような場合は，ミトコンドリアに入ってきた酵素が，その後葉緑体とミトコンドリアの両方で使われるようになった場合とみなされる。ここでいう DNA ポリメラーゼ I は，5' → 3' エキソヌクレアーゼドメインを指している。ミトコンドリアと葉緑体の複製酵素の本体は，T7 ファージの複製酵素などと同様に一本のポリペプチドからなる POP と呼ばれる酵素である。なお，動物や菌類のミトコンドリアでは，DNA ポリメラーゼ γ と呼ばれる別のものが存在する。歴史的には γ が早くから知られていたが，真核生物全体で見ると少数派である。

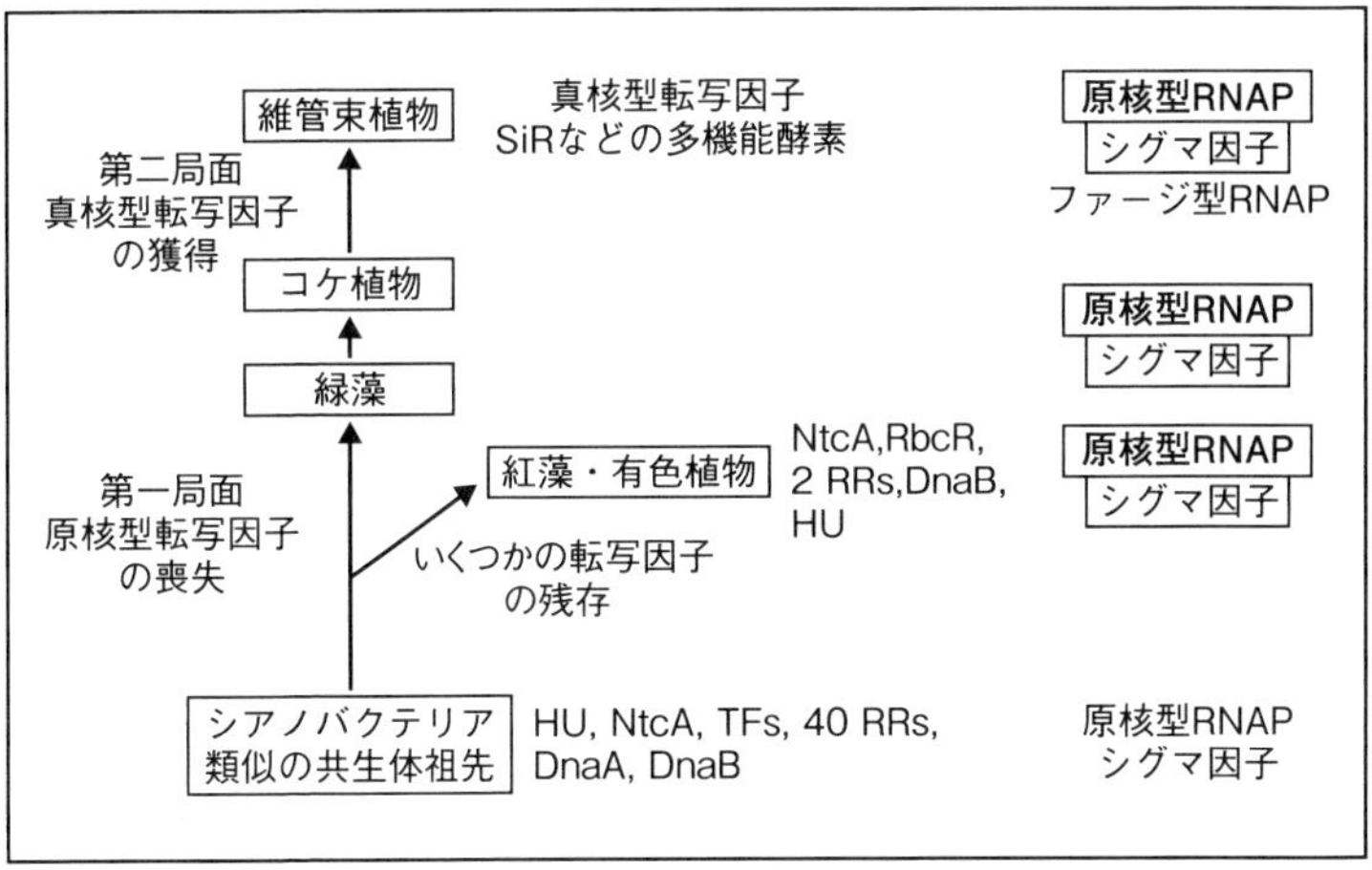

図 39　プラスチドゲノム装置の不連続進化（Sato 2001, 佐藤 2002 より改変）

シアノバクテリアには多数の DNA 結合タンパク質や転写因子が存在するが，色素体になった段階で，ほとんどが失われている。紅藻やその二次共生によって生じたとされる有色植物ではいくつかのシアノバクテリア由来の転写因子が色素体ゲノムにコードされている。葉緑体の RNA ポリメラーゼ（RNAP）は，シアノバクテリアのものとよく似た分子構造をもつので，シアノバクテリアに由来すると考えられる。またこの原核型 RNAP においてコア酵素とともに働くシグマ因子が，藻類でも植物でも，細胞核にコードされている。陸上植物では，原核型 RNAP の他に，1 本のポリペプチドからなるファージ型 RNAP（RpoT または NEP とも呼ばれる）が存在する。陸上植物への進化の過程で，さまざまな制御因子が真核細胞側からオルガネラに供給されるようになったと推定される。

5　ペプチドグリカンの由来

細菌は、グラム染色という染色法により、グラム陽性細菌とグラム陰性細菌に区別される。グラム陽性細菌には枯草菌（納豆菌）などが含まれ、細胞膜の外側に分厚いペプチドグリカン層がある。グラム陰性細菌は細胞膜に内膜と外膜があり、その中間にペプチドグリカン層がある。ペプチドグリカンは、生物界では珍しいD型のアミノ酸であるD－アラニンに加え、ムラミン酸などの糖から構成された網目状の構造をもつ高分子物質である。普通の植物の葉緑体やミトコンドリアには存在しないが、すでに第6章4節で述べたように、灰色藻シアノフォラや根足類ポーリネラのシアネラのまわりに存在することが古くから知られていた。そのため、これらのシアネラは、シアノバクテリアの細胞がそのまま真核細胞の内部に共生している例と永らく信じられてきた。またこれが、葉緑体起源の細胞内共生説の大きな根拠となった。

ペプチドグリカンの合成には多数の酵素が関わっている。その中にはペニシリンに結合することが知られているペニシリン結合タンパク質（PBP）も含まれる。ペニシリンをはじめとするベータ・ラクタム系の抗生物質は、このPBPの酵素活性を阻害することで、ペプチドグリカンの完全な網目構造ができないようにし、それによって、増殖中の細菌を溶菌させる効果がある。

二〇〇〇年以降のモデル生物ゲノムが解読された時代には、コケの一種ヒメツリガネゴケの細胞核ゲノムも解読された。そこで、ペプチドグリカン合成系の酵素をコードすると思われる遺伝子がつぎつぎと発見された。その後、熊本大学の高野博嘉教授らの詳しい研究により、ペプチドグリカンを完全に合成するのに必要な酵素のすべてがコケの細胞核ゲノムにコードされていて、タンパク質としても存在することがわかってきた。さらに、これらの酵素の遺伝子を遺伝子操作によって破壊すると、葉緑体の分裂が起こらなくなり、通常の細胞には約五十個の葉緑体が含まれるのに対し、変異体では、内部に一個の巨大な葉緑体をもつ細胞が見られるようになった。ところが、電子顕微鏡などで観察しても、ペプチドグリカン層を葉緑体に見つけることはできなかった。そのため、コケの場合、ペプチドグリカンは葉緑体の分裂に必要だが、ごく薄い層をつくっているか、あるいは分裂のときだけに局所的に蓄積するのではないかと考えられてきた。コケの他、緑藻の一種ミクロモナス、シダの一種であるイヌカタヒバ、陸生緑藻クレブソルミディウム、さらに裸子植物でも、ペプチドグリカン合成系の遺伝子が完全にそろっていることが報告された（表10）。シロイヌナズナなど多くの被子植物の場合、一部の酵素の遺伝子は存在するが、それらの機能を破壊しても目立った表現型は表れず、おそらくペプチドグリカンとは関係のない、別の機能を果たしていると思われている。

二〇一六年には、高野教授のグループから、標識したD-アラニンを使った特殊な染色法により、ヒメツリガネゴケの葉緑体全体を覆うようにペプチドグリカンが存在する可能性が報告された。さらに筆者と高野教授らとの共同研究により、従来から使われている透過型電子顕微鏡を用いた場合でも、葉緑体の二枚の包膜の間のスペースの電子密度が、ペプチドグリカンを含むと想定される野生型細胞では高く、ペプチドグリカンを合成しないと考えられる変異型やアンピシリンによりペプチドグリカン合成を阻害した場合には低いことが判明した（Sato et al. 2017）。そのため、おそらくペプチドグリカン（のようなもの）は、葉緑体の二枚の包膜の間に確かに存在することが推定された（Sato & Takano 2017）。

表 10　ペプチドグリカン合成系遺伝子の由来（Sato & Takano 2017）

記号	酵素名	分布[1), 2)]	起源
MurA	UDP-*N*-アセチルグルコサミン 1-カルボキシビニルトランスフェラーゼ	−CKMPRSV	シアノバクテリア
MurB	UDP-*N*-アセチルエノールピルボイルグルコサミン還元酵素	−CKMPRSV	緑色細菌
MurC	UDP-*N*-アセチルムラミン酸 L-アラニンリガーゼ	––KMPRS−	放線菌
MurD	UDP-*N*-アセチルムラミン酸 L-アラニル D-グルタミン酸合成酵素	−CKMPRS−	クラミジア
MurE	UDP-*N*-アセチルムラモイルアラニル D-グルタミン酸 2,6-ジアミノピメリン酸リガーゼ	ACKMPRSV*	グラム陽性細菌
MurF	UDP-*N*-アセチルムラモイルアラニル D-グルタミル 2,6-ジアミノピメリン酸 D-アラニル D-アラニルリガーゼ	−CKMP−SV	クラミジアおよび α プロテオ細菌
MraY	ホスホ *N*-アセチルムラモイルペンタペプチドトランスフェラーゼ	A−KMPRSV*	シアノバクテリア
MurG	*N*-アセチルグルコサミニルトランスフェラーゼ	ACKMPRSV*	緑色細菌
Ddl	D-アラニルアラニン合成酵素	ACKMPRSV*	α プロテオ細菌
PBP	ペニシリン結合タンパク質（クラス A）	−CKMPRS−	γ プロテオ細菌

1）種名の表記：**A** はシロイヌナズナ，**C** はシアノフォラ，**K** はクレブソルミディウム，**M** はミクロモナス CCMP 1545，**P** はヒメツリガネゴケ，**R** はポーリネラ，**S** はイヌカタヒバ，**V** はブドウ。
2）*（アステリスク）は，他の被子植物にも存在することを示す。

では、これらの葉緑体に存在する（と思われる）ペプチドグリカンは、シアノバクテリアの細胞内共生の証拠なのだろうか。

ペプチドグリカン合成系のそれぞれの酵素について、詳細な系統解析を行うと、MurA（図40）とMraYは、葉緑体の酵素がシアノバクテリアの酵素と近い関係になり、おそらくシアノバクテリアかそ

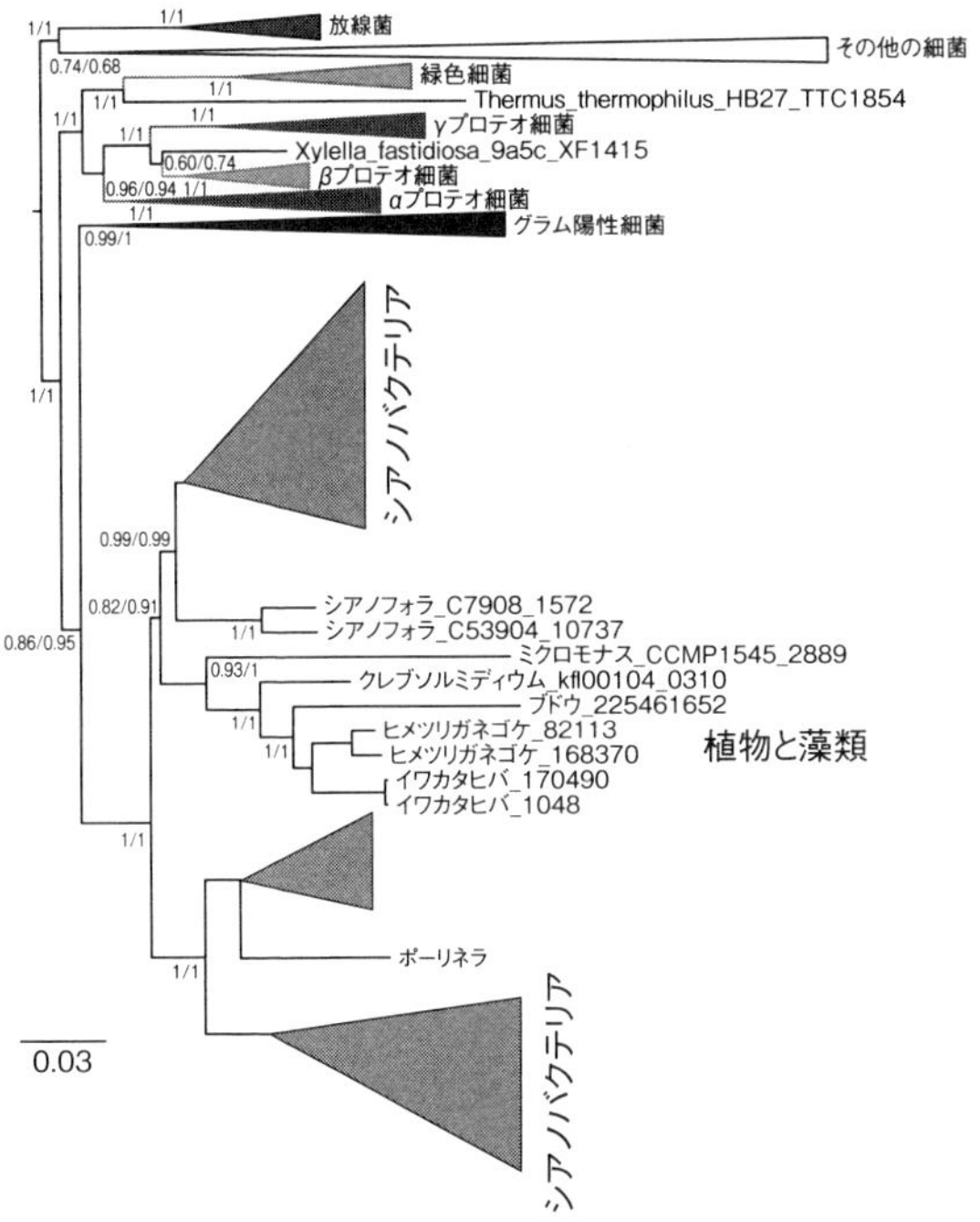

図 40　MurA タンパク質の系統樹（Sato & Takano 2017 より改変）

シアノバクテリアの部分だけを拡大して示している。もともとこの酵素はさまざまな細菌に存在し，細菌のグループごとに系統が分かれている。シアノバクテリアの系統の内部から植物と藻類の酵素が分岐している。シアノフォラの酵素の分岐点は少しずれている。

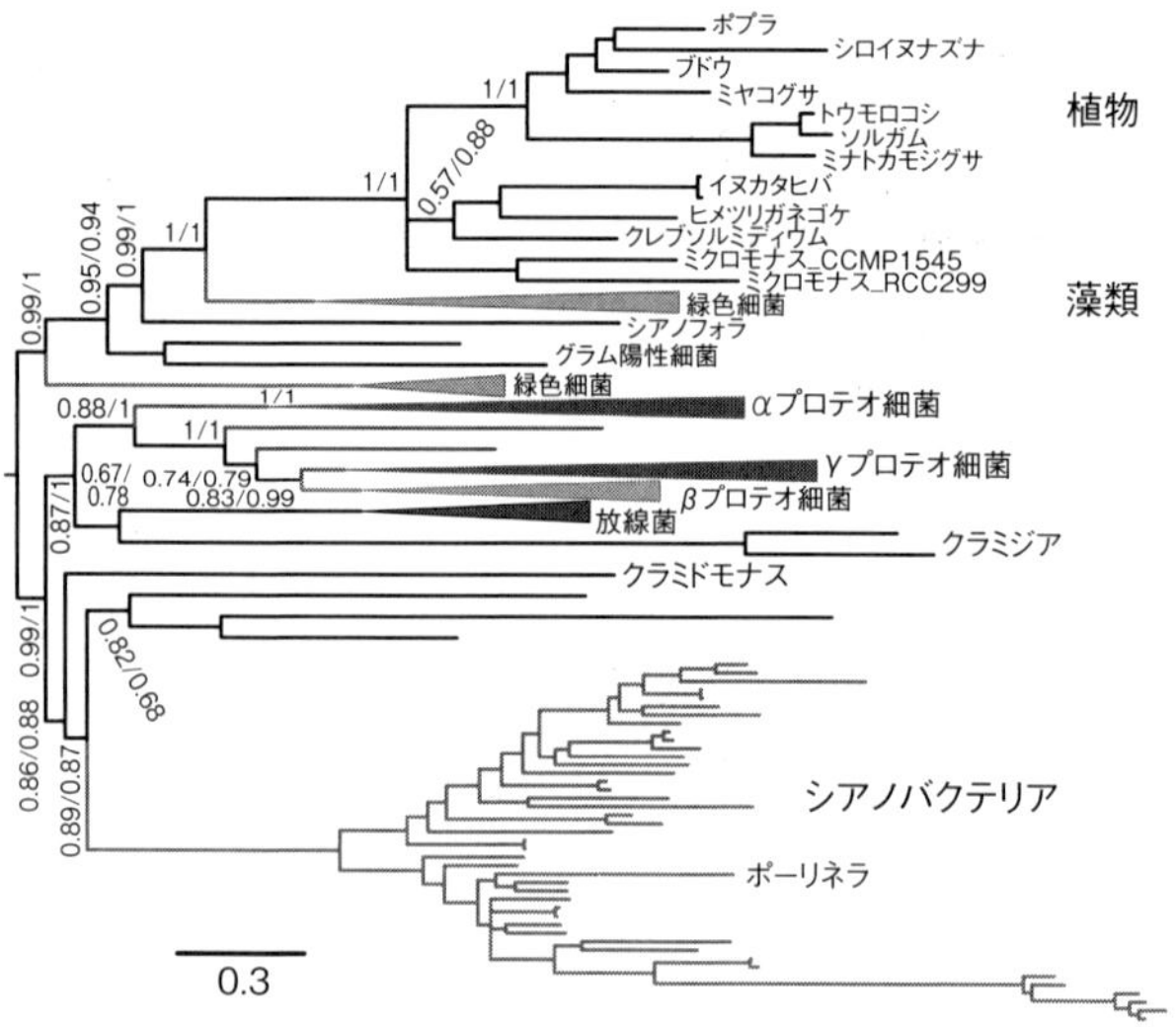

図 41　MurG タンパク質の系統樹（Sato & Takano 2017 より改変）

MurG タンパク質の系統樹も細菌の系統ごとに分かれている。ここではシアノバクテリアの部分と植物・藻類の部分を拡大して示している。シアノバクテリアの MurG と植物・藻類の MurG は単系統にならず，全く別のところに位置している。両者は進化において，別の起源をもつと考えられる。

の祖先に起源があることがわかった。そのほかの八種類の酵素については、植物・藻類の酵素がすべて単系統となったものの、シアノバクテリアの酵素とは直接の関係がないことがわかった（表10）。例としてMurGの系統樹を図41に示す。すなわち、ペプチドグリカン合成系の酵素の大部分はシアノバクテリア由来でないことが判明した。そればかりでなく、それぞれの葉緑体の酵素に最も近縁な酵素をもつ生物群は酵素ごとに異なり、酵素それぞれに、その由来が異なることがわかった。このため、現在の葉緑体にペプチドグリカンが存在するとしても、それはシアノバクテリアからもたらされたものとはいえず、細胞内共生の証拠とはなり得ないことがわかった。

さらに詳しく調べると、MurA の場合、植物・藻類の枝の根元がきわめて短いことに気づく。そこで外来遺伝子の導入時期を推定してみることにした。これは Pittis & Gabaldón（2016）が網羅的ゲノム解析において、多様な原核生物から真核生物に遺伝子が導入された時期がミトコンドリアの成立よりも古いことを示すのに用いた方法である。図42に示すように、祖先種がもっていた遺伝子から分岐して、藻類や植物の遺伝子として進化した場合、進化速度が著しく変化しないとすれば、根元の長さと三角形の部分の長さの比率は、その遺伝子が導入されるまでの進化距離（進化に要する時間と考えてもよい）と藻類や植物が多様化した進化距離の比率に等しい。絶対的な時間は明確にはわからないが、藻類・植物の進化距離を基準（VL ＝ 1）として考えたとき、根元の長さ（L1, L2, L3）を、さまざまな系統樹について比較することができる。

主な測定結果の例を表11に示す。分子系統解析の方法によって値が異なるが、最近用いられている最尤法やベイズ法などの手法ではほぼ等しい値が得られる。葉緑体ゲノムにコードされたリボソームＲＮＡ（ｒＲＮＡ）遺伝子のように確実にシアノバクテリアに由来すると考えられる遺伝子に基づく値は L3 ＝ 0.5 位である。光合成関連タンパク質やリボソームタンパク質などでは、これとは多少異なる値が得られる。他のいくつかのタンパク質についても 0.5 程度の値が得られるが、著しく異なる値を示すタンパク質もある。先に述べた MurA や MraY は、シアノバクテリアかその祖先に由来すると思われるものの、L3 の値はそれぞれ 0.27 と 0.19 であり、著しく小さい。このことは、これらのタンパク質の遺伝子が導入された時期が、一次共生以後であることを示している（なお、後の議論では、一次共生という概念自体も問題になるが、ここでは葉緑体ゲノムの獲得あるいはリボソームＲＮＡの獲得という意味

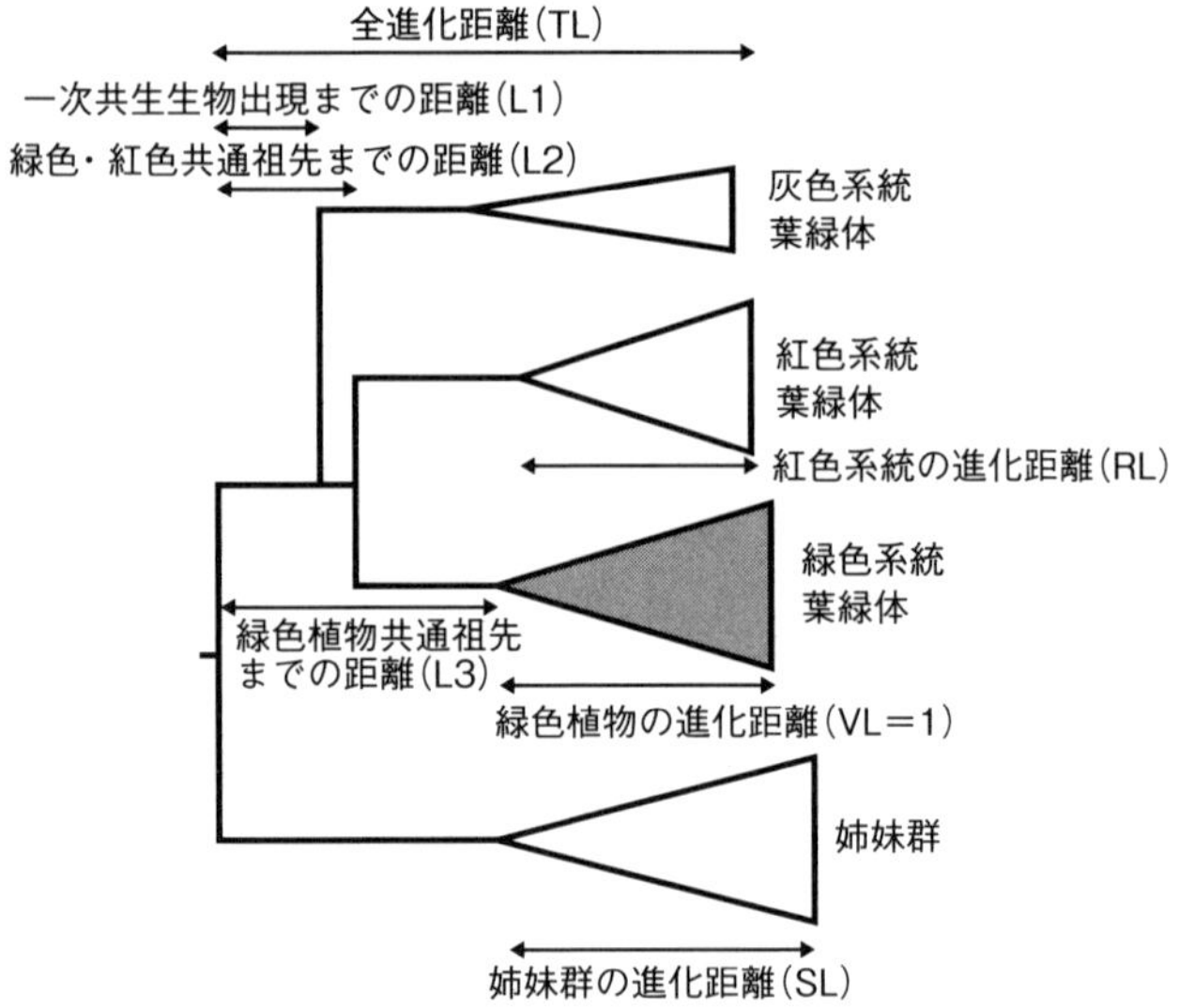

図 42　外来遺伝子の導入時期の推定

Pittis & Gabaldón（2016）の方法に従い，外来遺伝子が導入された時期を推定する。原法では真核生物の進化距離を基準として，原核生物由来の遺伝子の導入時期を推定している。それにより，αプロテオ細菌に由来するミトコンドリアタンパク質の獲得時期に比べて，その他の原核生物に由来するタンパク質遺伝子の獲得時期の方が古いことを推定している。ここでは緑色植物（陸上植物と緑藻，Viridiplantae と呼ぶ）の進化距離（VL）を基準（= 1.0）として，外来遺伝子獲得から一次共生生物出現までの進化距離（L1），緑色・紅色共通祖先までの進化距離（L2），緑色植物共通祖先までの進化距離（L3）を測定している。3 通りの指標を用いるのは，遺伝子により，それを共通に保持している生物の系統が限定されているためである。この他に，緑色系統での進化速度が異常に大きいか小さいという可能性を検討するため，姉妹群（SL）や紅色系統（あれば）（RL）における進化距離も測定した。なお，模式図では三角形で多様化のようすを示しているが，現実の系統樹ではそれぞれのタンパク質の枝は右側がそろっていない。これは進化速度がまちまちであるためだが，この解析では，それらの中央値を使って系統の長さを求めている。このやり方も原論文の通りである。

表 11　外来遺伝子の導入時期

タンパク質・RNA	L3	L2	SL	RL
rRNA	0.49	0.26	0.70	0.74
MurA	0.27	—	0.81	—
MraY	0.19	—	0.67	—
MurG	0.65	—	1.00	—
MurD	1.00	—	0.73	—
ATS1	0.59	0.38	0.21	0.84
ATS2	1.42	0.31	1.25	1.68
MGD1	0.77	0.55	0.55	1.03
SQD2	1.20	0.81	0.73	0.89
CDS	0.54	—	0.34	0.33
Ndh タンパク質群	0.30	—	0.54	—
RbcL	1.04	0.53	0.93	—
48 個の光合成関連タンパク質	0.84	0.40	0.99	0.81
53 個のリボソーム・ATP 合成酵素タンパク質	0.36	0.16	0.55	0.29

図 42 に示す方法で，L1，L2，L3 を測定して比較した。遺伝子の保存系統が限定されるため，３つの値のすべてがそろうわけではない。特に系統樹によって灰色藻の分岐位置がさまざまになるため，L1 = L2 の場合も，L1<L2 の場合もあり得る。ここでは L1 と L2 を特に区別しないで，大づかみな議論をすることにする。さらに根元の枝の途中から未知の生物の遺伝子が分岐している可能性があるため，ここで推定される進化距離は最大値と見なすべきである。さらに，大前提として，進化速度が一定であることを仮定しているが，枝の長さがばらつくことでもわかるように，実際には進化速度も完全に一定ではないことにも留意してこれらの値を評価する必要がある。SL や RL の値が rRNA についての値（約 0.7）とくらべて，著しく異なることがなければ，L3 の値による判断は信頼できそうである。

このなかで，ATS1 は姉妹群がクラミジアだけのため，推定がうまくできていない可能性がある。ATS2 は緑色系統での進化速度が低く（SL と RL が大きい），CDS は緑色系統での進化速度が高い。こうした場合には，慎重な判断が必要である。ATS1 は真核光合成生物独自のもの，ATS2 は真核生物の祖先由来のものという可能性もあり（Sato & Awai 2017），その場合は，ここに示す推定の対象とならない。

で一次共生という言葉を使うことにする）。なお、灰色藻シアノフォラの相同タンパク質の起源は少し異なるようであり、たとえばMurAの場合、植物とは別個にシアノバクテリアから分岐している（図40）。これは生物種の数を限定した詳細な解析でも同じであり、おそらくシアノフォラのMurAと緑色植物のMurAは、別々に獲得されたもののようである。同じことはMurGでもわかる。ただしシアノフォラがこれらの遺伝子を獲得した時期を厳密に推定するのは難しい。MurAとMraYは、シアノバクテリアが細胞内に共生して葉緑体になったときよりもあとに、再度シアノバクテリアから導入されたということは間違いなさそうである。この話を学会で披露したところ、従来からの細胞内共生説に拘泥する研究者は、一般的に考えられる一次共生をもとにして、何とかこの結果を説明しようとする。その場合、先に述べた八種類のタンパク質がシアノバクテリアに由来しないことの説明として、それらはあとから入れ替わったものだろうというように考える。しかし、実はシアノバクテリアかその祖先由来の遺伝子自体が、あとから入れ替わったものであり、むしろ、その他の多くのペプチドグリカン合成系タンパク質遺伝子の導入はもっと古いと推定される。L3の値が非常に大きいMurDなどの場合、一次共生以前に遡ることは確実であろう。

ちなみに、すでに述べた脂質合成系の酵素遺伝子の場合も、多くは大きなL3値を示し、一次共生以前にあらかじめ導入されたものであることが推定された。ATS1やCDSなど、一次共生とほぼ同時期か、その少し前に導入されたと考えられる酵素もある。CDSはシアノバクテリアの祖先由来であるので、葉緑体ゲノムをもたらしたシアノバクテリアとは異なる細菌に由来するのだろうが、その場合、二種類の細菌から同時に遺伝子が入ってきたことになる。ATS1は、仮に細菌に由来するとすればクラミジア由来と推定されるが、これもほぼ同じ時期か少し前に遺伝子導入が起きていることになる。ただし、逆の可能性もあり、ルートの推定からはクラミジアがこの酵素を光合成生物の祖先から受け取った可能性が示唆されている（Sato & Awai 2017）。いずれにしても、多数の細菌からほぼ同じ時期に多数の遺伝子が入ってきたのだろうか。糖脂質合成系のMGD1がおそらく緑色細菌から獲得されたのも、また、シアノバクテリア起源と思われるSQD2が獲得されたのも、いずれも、一次共生以前だったと推定される。

以上まとめると、膜やペプチドグリカンなど葉緑体の可視的構造を形成する物質を合成する酵素系の大部分が、シアノバクテリアに由来するものとは考えられないことがわかった。細菌は多様なので、さまざまな細菌から遺伝子が入ってきたとして、その中にシアノバクテリアの遺伝子があっても不思議はない。こういう点で、いくつかの遺伝子の起源がシアノバクテリアであるとしても、全体として、さまざまな細菌からの遺伝子が入ってきているということの一部として考えるべきで、シアノバクテリアが細胞内共生したあとで、多くの遺伝子が入れ替わったと考える必然性はないと思われる。

現状では、多くの研究者が葉緑体はシアノバクテリア共生体に由来すると信じており、他の生物由来の遺伝子が数多くあるというデータを見ても、共生後にシアノバクテリアの遺伝子が他の細菌由来の遺伝子に置き換えられたのだろうと考えようとする傾向がある。遺伝子の水平移動を認めながら、葉緑体の細胞内共生は別格という考え方である。すべてではないにしても、かなりの外来遺伝子は、一次共生以前にも、また一次共生以後にも獲得されていたと考えるべきである。すなわち、通常考えられているリボソームRNAの獲得で表されるような一次共生とは独立に、何度も何度も、シアノバクテリアからも、その他の細菌からも、遺伝子が導入されたと思われる。逆に言えば、ここに示したような遺伝子の由来が先にわかっていれば、細胞内共生説はおそらく受け入れられなかったのではないかとも思われる。これは知識のバイアスの問題（終章）である。

6　膜構造とDNA複製から見た葉緑体とシアノバクテリアの関係――連続性と不連続性

この章で扱ったのは主に膜構造とDNA複製関係であった。従来、葉緑体がシアノバクテリアに起源をもつという場合、きまってDNAの存在と膜構造の関連性が取り上げられてきた。ところが、DNAそのものは両者で相同な配列が見られるものの、そのDNAを機能させるさまざまなタンパク質に関しては別である。葉緑体とシアノバクテリアに類似のタンパク質があったにしても、系統関係を調べると、葉緑体の因子の起源がシアノバクテリアとはいえないことがわかった。さらにDNAポリメラーゼそのものはまったく異なり、葉緑体のものはミトコンドリアで使われていたものを流用したことが推定された。しかもミトコンドリアの複製酵素も動物と植物ではまったく異なるというように、単純にαプロテオ細菌からミトコンドリアができたというような話では理解できない、ウイルスを含め、多様な遺伝子の流入があったことを考えなければならない。

膜構造関連では、葉緑体の膜をつくっている膜脂質とシアノバクテリアの膜をつくっている膜脂質は、その化学構造はきわめてよく似ているが、それらを合成する酵素系の大部分は、系統的に異なる起源を持つことがわかった。また、一部の反応については、葉緑体とシアノバクテリアでまったく異なる反応が行われていることもわかった。こう考えてくると、序章5節に示したような細胞内共生の可視的なイメージには問題があることがわかる。つまり、シアノバクテリアが細胞内に共生したとしても、その構造をつくっている膜を合成するしくみは、さまざまな細菌から集められた酵素や、もともと真核生物がもっていた酵素を利用しているのである。シアノバクテリアに由来すると考えられる酵素はごくわずかであり、さらに、メインの一次共生（葉緑体ゲノムあるいはリボソームRNAの獲得）とは別に入ってきたシアノバクテリア由来の遺伝子もあるようである。カバリエ＝スミスなどは、繰り返し、膜の由来に基づく細胞内共生の模式図を提示している。しかし、こうした図式はわかりやすい反面、大きな誤りも含んでいる。しばしば行われる議論の一つに、葉緑体の外膜は宿主由来なのか共生体由来なのかというものがある。第6章図27にも示したように、カバリエ＝スミスは、共生体を囲む食胞膜が最初存在し、この三枚の膜のうちのどれが消失したのかというようなことまで含めて、自説を展開してきた。多くの研究者がこのようなもっともらしい議論に惑わされてきたことは憂慮すべきことである。こうした考え方は根本的に誤りである。すべての葉緑体膜の形成には、「宿主」が準備した要素の関与を考えなければならない。

改めて、シアノバクテリアと葉緑体の見かけの類似性とそこに隠れた不連続性をまとめてみることにする（表12）。第5章表7で示したように、シアノバクテリアと葉緑体（色素体）の間には、物質、構造、機能などの面でさまざまな形質の類似性が見られる。その内容を詳しく調べてみると、実は類似の形質を支える酵素の種類や系統が異なることがわかってきた。すでに述べた糖脂質合成系やDNA複製酵素、ペプチドグリカンの他に、さまざまな項目を挙げることができる。これらの多くはすでに教科書でも紹介されていることであるが、案外、不連続性として認識されていないことも多い。ここでは簡単に説明しておくことにする。

クロロフィルやヘムなどのテトラピロールの合成系の反応そのものは、シアノバクテリアと色素体でよく似ているが、途中のいくつかの段階の反応では、同じ反応を触媒する別の酵素が存在する。これら

表 12　シアノバクテリアと葉緑体の形質類似性に隠れた不連続性

種類	項目	シアノバクテリア	葉緑体
物質	テトラピロール合成	複数の非相同・同等機能酵素が存在する。	
	糖脂質合成	全く別の反応経路（本文参照）	
	DNA 複製	Pol III という細菌に共通した複合型酵素	POP と呼ばれるオルガネラ特有の酵素（単一ポリペプチド）
構造	チラコイド膜形成	「合成中心」が知られている。	包膜の陥入，プロラメラボディなどが知られている。
	包膜	二枚とも糖脂質でできている。	外膜は小胞体に似ていてリン脂質なども含む。
	ペプチドグリカン	大部分の合成酵素は別系統である（本文参照）。	
機能	増殖様式	MinCDE，FtsZ など	MinC はない。MinDE, FtsZ の他 dynamin など真核型成分もある。
	タンパク質合成	基本的にはよく似ているが、葉緑体リボソームにだけ存在する成分がある。	
	転写酵素	原核型の酵素	色素体コードの原核型の酵素と核コードの RpoT の両方が使い分けられている。原核型酵素のシグマ因子は核コードである。
	酸素発生系	PsbOUV の 3 成分からなる。PsbP と似た PsbP' もあるが別機能と考えられている。	PsbOPQ の 3 成分からなる。紅藻の場合は PsbOUV をもつ。

は構造的に異なり、互いに配列の相同性はないが、機能的には同じ反応ができる（Kobayashi et al. 2014）。これは一種の収斂進化とみなすことができる。収斂進化とは、もともと無関係に進化した結果、機能的な必要性などのため、たまたま類似の酵素や構造が生まれたことを指す言葉である。通常、生物の形質が類似している場合には、系統的な関連が背景にあるが、収斂進化は系統的に無関係な生物の間での形質の類似である。

チラコイド膜形成のしくみについては、まだよくわからない点が多いが、色素体に関しては、包膜が陥入する説、プロラメラボディ（暗所で育てた植物のエチオプラストにある）からつくられるなどの考えがある。VIPP1というタンパク質が小胞輸送のようにして包膜からチラコイド膜への膜成分の輸送をすると言われたこともあったが、最近ではこのタンパク質は別の機能をもつと考えられるようになっている。一方でシアノバクテリアのチラコイド膜は新規につくられることがないため、これまで形成のしくみがはっきりしなかったが、「合成中心」と呼ばれる特殊な構造体からチラコイド膜が伸びていくという説が提出されている。シアノバクテリアと色素体では、おそらくチラコイド膜の形成のしくみは異なっているようである。また、葉緑体包膜のうちでも特に外膜の組成が小胞体膜に類似していることは以前から指摘されている。

機能的な面の比較はなかなか難しいが、色素体の分裂には原核的な成分と真核的な成分の両方が関わっていることが知られている。その原核的な成分のうち、少なくともFtsZなどはシアノバクテリアの祖先由来であることがわかっている。一方で、細菌やシアノバクテリアにあるMinCは色素体では知られていない（細胞核にもコードされていない）。タンパク質合成の装置である色素体のリボソームは、初期の研究によって、70Sのサイズをもつ原核型であり、クロラムフェニコールやリンコマイシンなどの原核生物のリボソームの阻害剤によって阻害されることが知られていた。しかし葉緑体リボソームの詳細な成分分析により、葉緑体特有の成分が存在することがわかった。葉緑体の転写酵素としては、葉緑体ゲノムにコードされた原核型の酵素が知られ、シアノバクテリアに起源があることもわかっている。しかし、原核型ＲＮＡポリメラーゼのシグマサブユニットに関しては、植物・藻類の場合、細胞核にコードされており、細胞質で合成されてから葉緑体に輸送される。この他に、植物の発達中の色素体には単一ポリペプチドからなるRpoTまたはNEPと呼ばれるＲＮＡポリメラーゼがあり、これは細胞核にコードされている。その起源はおそらくウイルスと考えられているが、ミトコンドリアの転写酵素となったのち、遺伝子重複により色素体でも働く酵素ができたと考えられる（Saro 2001、佐藤 2002、『光合成の科学』など参照）。被子植物の場合、種子にある色素体は小さく萎縮した原色素体であり、転写や翻訳も止まり、光合成機能ももたないが、発芽とともに葉緑体に発達する。その際、最初に色素体の遺伝子発現のスイッチを入れるのがRpoTである。現在の植物の葉緑体は、こうした面でも、シアノバクテリアがそのまま存在しているとは到底言えず、細胞核からの複雑な制御を受けている。

光合成機能はシアノバクテリアと葉緑体で基本的にはよく似ている。どちらも光化学系ⅠとⅡをもち、酸素を発生する。しかし酸素発生系の複合体を構成するタンパク質の組成は、シアノバクテリアや紅藻の場合、PsbO, PsbU, PsbVであるが、緑藻や植物の場合、PsbO, PsbP, PsbQである。U, VとP, Qは名前だけでなく、タンパク質としての構造もまったく異なる。これに加えてフィコビリソームの存在など、紅藻の色素体はシアノバクテリアの性質をかなり残していることがわかる。その場合、不連続性は紅藻と緑藻との間にあることになる。

このように、シアノバクテリアから色素体まで、進化的にひとつながりと考えようとすると、さまざまな不連続性がある。一見似た形質であっても、それを支えるタンパク質（遺伝子）は異なることがある。この不連続性の一部は、酸素発生系のように、色素体ができた後、紅藻と緑藻が分岐する際に生じたと考えられる。RpoT なども緑色植物の進化の途中でミトコンドリアのタンパク質から転用されたようである。しかし、色素体すべてで共通に見られる形質の場合、その起源が一次共生の後なのか前なのか考える必要がある。そのすべてについてのデータがそろっている状況ではないが、次に、わかる範囲で検討することにしたい。特に、一次共生の前に宿主が準備していた可能性がないかどうかが問題となる。それが次の章の課題である。

第8章　「細胞内共生」という事象の再検討

細胞内共生は、進化の説明の一つである。だが、いつも細胞が融合する説明図が出てくるために、あたかも細胞学的な事象であるかのような誤解を生んでいる。さまざまな光合成生物の進化を説明するには、形質の多様性と形質の遺伝、そして多様な形質の自然選択が不可欠である。葉緑体が存在して光合成をするという形質は、葉緑体ゲノムにコードされた遺伝子と細胞核にコードされた遺伝子の両方に依存している。葉緑体が共生体だったとして、葉緑体ＤＮＡとそれにコードされた形質は、葉緑体とともに遺伝する。しかしタンパク質や脂質は遺伝しない。筆者は学生の頃に細胞内共生説を聞いたときから、この点に違和感を覚えていた。細胞が分裂して次の世代になれば、もともと存在していたタンパク質や脂質は入れ替わってしまうはずである。そのとき、そのタンパク質が共生体ゲノムにコードされ、共生体の内部で発現するならば、次世代に伝えられる。脂質の場合、脂質を合成する代謝系が共生体ゲノムにコードされていれば、次の世代でも同じ脂質をつくることができる。こうした状況は、おそらくポーリネラのクロマトフォア（第6章の図28参照）ではほぼ成り立っていると思われ、クロマトフォアはかなり自律性をもっているが、まだ実験的な証明は不足している。現在の植物や藻類の葉緑体では、膜脂質の合成は細胞核ゲノムに含まれる遺伝子にコードされた酵素系で行われている。その意味では、葉緑体は自律的ではない。それらの遺伝子が、共生的遺伝子移動（EGT）によって、共生体から細胞核に移行したものであれば、共生体が自らの遺伝子を宿主に預けたとも言える（第7章図34）。しかし、脂質合成系はシアノバクテリア由来ではなく、それ以外の細菌からもたらされたか真核生物がもともともっていたものである。そうなると、細胞内共生において遺伝するものではなくなってしまう。膜脂質の他にタンパク質の多くも同じである。共生体が細胞内に入ることで新しい形質が生まれるという考え方は確かに面白いが、進化の説明としては、共生体の形質が遺伝することが前提条件である。多くの研究者は、最初の共生体はポーリネラのように自律的なものであったが、しだいに遺伝子が入れ替えられたことにより、宿主支配が強まったと考えている。しかし現実の葉緑体は宿主に強く依存しており、クロマトフォアが将来葉緑体のようになるかどうかもわからない。この章では、細胞内共生という概念そのものを改めて詳しく検討してみることにしたい。

1　考えられる色素体形成のしくみ

細胞内共生についてつきつめて考えた場合、何がわかれば色素体が共生体起源であると言えるのかという問題になる。これには二つの考え方がある。一つは、細胞にどのような変化が起きれば色素体がつくれるのかを考える細胞学的な立場である。もう一つは、現存する色素体とシアノバクテリアを比較するという系統学的な立場である。これは、発生を説明するために、かつて用いられた系統発生による説

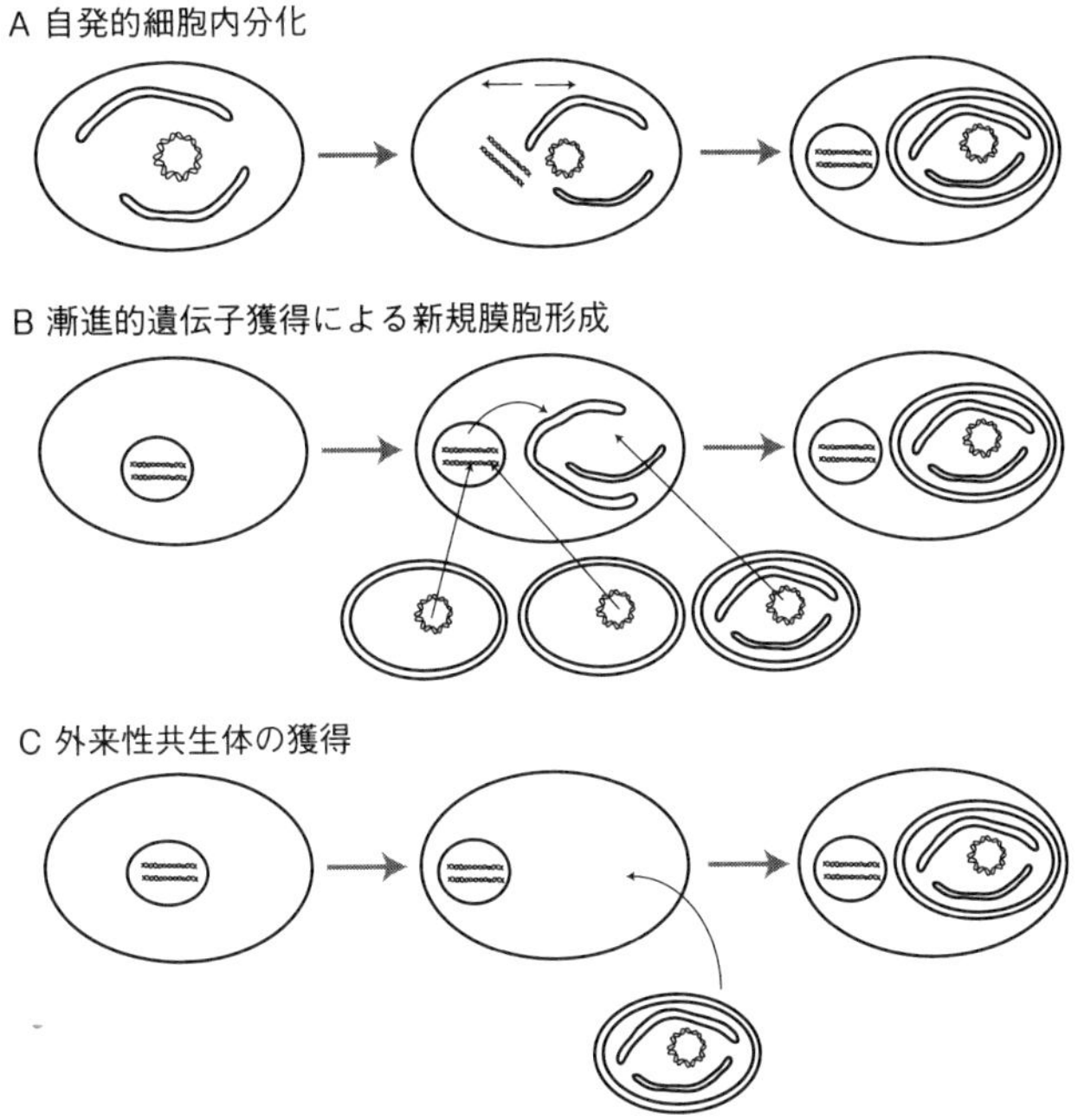

図 43　考えられる色素体成立のシナリオ

A は内生説（連続説）の一つ，C は一般に信じられている細胞内共生説を表している。説明は本文参照のこと。本章では B をもとにして宿主主導説を考えていく。

明と機械論的な説明の対立にも似ている（Morange 2016, 邦訳 pp. 115–118）。

そもそも、色素体は色素体からしかつくられないという大前提がある。これはシンパー（Schimper 1883）によって確立された。もちろん、シアノバクテリアも細胞分裂でしか増殖しない。地球の歴史のある段階で、色素体が真核細胞の内部で自然に生じたのかという問題を考えると、色素体をつくるための新たな遺伝子が大量に必要となるため、それは容易でない。可能なストーリーを細胞学的に考えてみると（図43）、現存する色素体のような構造をもたないで、しかも光合成をすることができる細胞がもともとあり、それが変形して現在の色素体になったというのが一つの可能性である（A）。別の可能性は、光合成をしない生物が色素体のような構造をつくって準備していたところに、順次必要な成分が加わって、光合成ができるようになったというものである（B）。Aの場合、はじめの段階で、色素体のようにまとまった構造をもたないままで光合成をすることができるのか、という問題があるが、シアノバクテリアの細胞の中に細胞核が入ったような状態を考えることになる。Bの場合、必要な成分が一つ一つ生み出されていく過程では光合成ができない。そのため、途中の段階の生物は、自然選択における有利さがなく、こうした過程が進化の過程として成り立つとは考えにくい。さらに、このように自然に形成される真核生物の光合成のしくみが、それまでにすでに存在していたシアノバクテリアの光合成のしくみと似ている理由がない。

前者の考え方は、一九七〇年前後にさまざまな「連続説」「内生説」の論文で提案されたものであり、酸素発生型光合成という共通点を維持しながら、一方は原核細胞、他方は真核細胞があるとしたら、シアノバクテリアの中で、膜の折り畳みなどによって、細胞核やその他の小器官が付け加わって、藻類細胞になるほかない。色素体を説明するだけならばこれでも成り立たないこともないが、ミトコンドリアも説明しなければならないとなると、難しくなってくる。また、細胞核と葉緑体のDNAの系統的な違いを説明することも難しい。

後者の考え方（B）は、光合成が独立にもう一回自然に発生しなければならず、単純に考えるととても成りたたないが、既存のシアノバクテリアから、ひとつひとつの遺伝子を順次受け取ることができれば、筋道としては成り立つ。こうなると、系統学的な検証の問題になってくる。もちろん中間段階の生物の選択価が決して高くないという問題は残る。この考えの変形が、必要な遺伝子を一度にまとめて獲得するというものである。しかし、慶應大学の板谷光泰教授が行ったシアノバクテリアと枯草菌のゲノムを合体させる実験では、光合成能をもつ枯草菌をつくることはできていない。外来遺伝子が束になって入ってきても、すぐに光合成ができるほど話は甘くない。しかしこれについては、あとで再び取り上げることにする。

これを解決するのが細胞内共生説ということになる（C）。入ってくるのが遺伝子だけではなく、いったん、まるごとのシアノバクテリアが入ってきて、光合成の能力を維持しながら、さまざまな調整を続け、光合成のできる一体化した真核細胞を作り上げるのである。その場合、よく図に描かれている説明では、シアノバクテリアを囲む膜が二枚あり、それを真核細胞の食胞膜が囲むという状況が最初にでき、これがやがて解消して、現存する色素体の二枚の包膜になると説明されている（序章図9、10、11、第6章図27）。しかしすでに述べたように、膜をつくるしくみは、色素体とシアノバクテリアでは異なる。ある段階で、共生体の膜をつくるしくみが真核細胞側で用意できるようになる必要がある。こうしたことを考えると、細胞内共生から色素体成立までには、まだ数多くの段階があるのではないかと思われる。

実際、すでに述べたポーリネラのクロマトフォアは、約六千万年前に起きた細胞内共生の結果と考えられており、クロマトフォアはシアノバクテリア型の脂質合成系を完全に保持している。DNA複製酵素についてはまだわからない。こうした中間段階の間に、共生体と真核細胞との間の調整が図られ、共生体がしだいにオルガネラに変化していくと考えるのがこれまでの一般的な考え方である。最初に示したような可視的な細胞内共生の概念に縛られているために、何とかそれを微修正することによって、新たに得られるデータを解釈しようとする傾向が強い。

2　細胞内共生のさまざまな段階

細胞内共生という事象は実は単純でなく、研究者により、時代により、関心により、さまざまな内容を含むものである。メレシコフスキーやウォリンあるいはマーギュリスは、藍藻細胞がそのまま宿主細胞内で生きていて、維持されていると信じたようである。つまり二十世紀前半から中頃までの学者が使う「共生」の言葉は、文字通りの共生を意味していたようである。これに対して、今日、我々が葉緑体を細胞内共生の結果として説明する場合には、葉緑体は独立した生物ではない。さらに細胞核の遺伝子にも依存している。こうした関係を場合分けして、細胞内共生という言葉で表される中身を分類して考えてみることにする。

（a）独立的な共生（寄生）

この状態では、シアノバクテリア細胞が宿主細胞内で独立的に増殖する。そのため、共生体を単離培養することができる。これは、メレシコフスキーやマーギュリスが、共生の最もよい証明として挙げた方法である。かつてはこのようなシアノバクテリアの例として、ポーリネラや灰色藻のシアネラなどが想定されていた。序章図3で紹介したようなアカウキクサとシアノバクテリアの共生は、あくまでも細胞外共生である。珪藻やハプト藻で知られているシアノバクテリア由来の共生体は、現実には単離して培養することはできない。このため現在では、「着脱可能な」細胞内共生シアノバクテリアの存在は知られていない。

（b）代謝的依存関係

宿主と共生体との間に代謝的な関係が生じ、一方から他方に代謝産物を供給している場合がこれである。両者に共通する物質の合成酵素が、一方の側で変異を起こし、機能しなくなることなどによって、代謝的な依存性が生まれると考えられるが、必ずしも変異を起こす必要はなく、物質のやりとりに依存する状態ができればよい。実際、多くの共生において代謝的な物質交換が知られている。ミドリゾウリムシではマルトースが共生体から宿主に供給されている。根粒からは窒素化合物が植物に渡され、植物からは炭素源が根粒菌に供給される。アブラムシの菌細胞に棲むブフネラという細菌は、宿主がつくれないアミノ酸を合成して供給している。一方で、通常の炭素代謝系の大部分を失っている。根粒菌は単独培養が可能なので、独立生物ということができるが、ブフネラは宿主の外では生存できない。またアブラムシもブフネラなしでは生きていけない。代謝的な共生にはさまざまな程度のものがある。

すでに述べたポーリネラのクロマトフォアは、シアノバクテリア由来の大きなクロマトフォアゲノム（約一千個の遺伝子を含む）を保持しており、脂肪酸・脂質合成もできるように見える。ごく一部の遺伝子（*murF* 遺伝子など）を失っているものの、この代謝的な依存関係に非常に近いと考えられる。

（c）共生遺伝子の核移行による完全従属関係

現在、一般に考えられている葉緑体の細胞内「共生」では、もともと共生体のゲノムにコードされていた遺伝子が、何らかの方法で細胞核に移行し（序章図10、11。共生的遺伝子移動 EGT と呼ぶ）、共生体ゲノムからは消滅している。これにより、共生体は宿主から離れることができなくなる。しかし考えてみると、共生体の遺伝子はもともと原核型の遺伝子発現をするため、そのままでは細胞核で発現できないし、仮に発現しても、細胞質でつくられるタンパク質が葉緑体に輸送されなければならない。細胞核における転写のためには真核型のプロモータが必要であるが、京都府立大学の小保方潤一教授などの研究によれば、核ゲノム中には隠れた転写活性をもつ場所がかなりあるそうである。偶然うまく転写されるようになることは十分にあり得ることらしい。これに対して、葉緑体への輸送に関しては、葉緑体包膜にタンパク質輸送装置（トランスロコン）がなければならず、また、輸送されるタンパク質のアミノ末端には、標識となるトランジットペプチドが必要である。トランジットペプチドは、どれか一つのタンパク質のものを使いまわせばよいかもしれないが、現実の葉緑体タンパク質ではそれぞれ非常に異なっているので、それぞれ別々に獲得されたもののようである。比較ゲノム研究によれば、共生したシアノバクテリアのゲノムから、宿主ゲノムには、数百から一千個程度の遺伝子が移動して、現在、機能していると推定されている（Martin et al. 2002, Sato et al. 2005）。

（d）水平伝播によって獲得された細胞核遺伝子に依存する共生関係

前のケースは比較的納得しやすい遺伝子移動であるが、実に謎なのが、シアノバクテリア（が共生体だとして）以外の細菌に由来する細胞核遺伝子が数多く見つかってきたことである。すでに全ゲノムレベルでの推定により、こうした遺伝子がきわめて多数あることが指摘されていた（Qiu et al. 2013, Ku et al. 2015）。第7章で述べたように、葉緑体がシアノバクテリア起源であることを示すよい証拠であるとこれまでみなされてきた膜脂質やペプチドグリカンの合成系の酵素の大部分が、実はシアノバクテリア起源でないことがわかった。全ゲノム解析の場合には、相同な遺伝子を検索した上で系統関係を推定し、それによって共生起源であるかどうかを判断している。しかし脂質合成系の例にあるように、ほぼ同じ合成反応をまったく異なる系統の酵素が触媒しているケースもある。

面白い例は、ヘム合成系のプロトポルフィリノーゲンIXオキシダーゼである（Kobayashi et al. 2014）。これには、同一反応を行う非相同同等機能（non-homologous isofunctional）酵素が、HemY、HemJ、HemGの三種類も存在することが知られている。しかも生物の系統ごとにそれらが混在している。きわめて多数の水平伝播（まったく異種の生物の遺伝子がなんらかの原因により取り込まれて機能するようになること。原因としては、直接の感染、ウイルスによる媒介、DNAの導入などがありうる）が起き、同等な機能をもつ酵素の遺伝子が入れ替わったと考えられる。その中でも特異なのは、シアノバクテリアの*Prochlorococcus*属において、ある一群の種では*hemJ*遺伝子が存在しているその同じ場所に、別の一群の種では*hemG*遺伝子が存在する例である。あたかも遺伝子操作によって遺伝子を入れ替えたかのごとく、見事に入れ替わっている（Kobayashi et al. 2014）。オペロン（複数の遺伝子が並んで存在し、それらをまとめて共通の転写単位になっていること）全体としてはほとんど同じままで、そのうちの一個の遺伝子だけが交換されている。これが自然に起きうるのかと驚嘆するばかりである。こうした例を見るにつけ、遺伝子の由来は、一つ一つの反応系について、それぞれ詳しく検討することが重要だということを考えさせられる。

さて、外部から遺伝子を獲得するのは、共生体本体の獲得よりあとだろうか、前ということもあるだろうか。普通に考えれば、共生以前に、将来、共生体で利用するはずの遺伝子を獲得していても、特に自然選択における有利さがないので、一般にはこういうことはありえないと思われている。進化学では、前適応 preadaptation あるいは外適応 exaptation という考え方があり、ある機能をもっていた部品が、あとで新たな機能を獲得して、別のもっと大きな進化を引き起こす鍵となる場合がある。この場合、部品としてはマクロなものでもタンパク質のようなミクロなものでもよい。鳥の羽毛はこの例として挙げられる。もともと、は虫類において保温のために存在した羽毛が、飛翔のための翼の構成要素として役立ったと考えられている。

ミトコンドリアについて、αプロテオ細菌由来のタンパク質とそれ以外の細菌由来のタンパク質が取り込まれた時期を推定した研究があり、それによると、前者のほうが新しい（Pittis & Gabaldón 2016）。つまり、共生以前に多数の遺伝子が水平伝播により獲得されており、それがのちにミトコンドリアで働くようになったと考えられる。さらに最近の研究では、ミトコンドリアのタンパク質の機能ドメイン六一五個についてその起源を調べると、全生物共通の起源にまで遡り、特にαプロテオ細菌から獲得されたものとは言えないこともわかった（Harish & Kurland 2017）。ただしミトコンドリアに存在するタンパク質の大部分は宿主がもともともっていたタンパク質が局在を変えたものであることが考えられるので、この結果から、直ちにミトコンドリアの起源について結論するのは難しい。それでも共生以前から存在していたタンパク質がミトコンドリアで機能していることは間違いないようである。

同様の手法を用いて、葉緑体の膜脂質合成系の酵素に関して、その起源が葉緑体獲得以前なのか、あとなのかを調べたことはすでに述べた（第7章表11）。その結果、L3の値が小さく、葉緑体ゲノム（あるいはリボソームRNA）の獲得という意味での一次共生後に獲得されたと考えられる酵素もあったが、逆に、L3が大きく、一次共生以前にすでに獲得されていたと考えられる酵素もあった。また、一次共生とほぼ同時期に獲得されたと推定されるものもあった。

膜脂質合成系についても、MGD1やSQD2の獲得は一次共生以前であったと推定されることはすでに述べた。糖脂質の特徴はリンを含まないことである。糖脂質を合成する能力があれば、リン脂質だけで細胞を構成する場合に比べて、リンの必要量が少なくてすむ。リンは地殻を構成する元素としてきわめて量が少なく、生物が生きていく限定要因となる元素である。葉緑体やシアノバクテリアでは、光合成をするために、光化学系という分子装置を埋め込んだ膜を何層も使う。これを全部リン脂質で構成すると、細胞あたりのリンの必要量がきわめて多くなる。そのため、光合成膜が糖脂質でできているのは理に適っていると、一般的に説明されている。同じことは、光合成をするようになる前の宿主にもあてはまるはずである。糖脂質で膜を作ることができれば、それだけリンの濃度が低い環境でも生存できるはずである。こう考えてくると、葉緑体獲得以前に糖脂質合成系を獲得していたとしても、それには適応的価値があったことになる。

(e) 多数の遺伝子の集中的水平伝播

最後に挙げる状況設定は、いささか荒唐無稽なようにも見えるかもしれないが、あるときまとめて多数の遺伝子が他の生物から流入してきたというものである。真核生物の起源に関するニック・レーンの仮説(Lane 2017)がこれに近い。シアノバクテリアに限らずさまざまな生物から、必要な遺伝子がまとめて一度に導入されれば、葉緑体ができてしまうかもしれない。すでに第7章表11のデータでも示したように、いわゆる一次共生と相前後して獲得されたと思われる非シアノバクテリア起源遺伝子が多数存在する。これは、このような状況に近い。しかし構造的な意味での共生体を考えないのであれば、これはもはや共生とは呼べないだろう。

3　脂肪酸仮説

　さて、ここからは、細胞内共生説に関連すると思われるいくつかのポイントを指摘することにする。それぞれ、脂肪酸仮説、宿主主導説、複合一次共生説としたが、同じことに関する異なる説という意味ではなく、あり得るいくつかのストーリーを、それぞれ関連しつつあるが独立した話として説明していくことにする。

動物・菌類の脂肪酸合成酵素

　改めて真核細胞とは何か、植物とは何かを考えてみると、一つ奇妙なことに気づく。前に述べたように、植物はシアノバクテリア由来と考えられる脂肪酸合成系をもって、自力で脂肪酸を合成している。その生産能力はきわめて高く、大豆や菜種のように種子に多量の油脂をため込むことができる。

　動物はどうかというと、細胞質に脂肪酸合成酵素をもっていて、自分で脂肪酸の合成ができる。この脂肪酸合成酵素は植物や細菌の酵素とは異なり、必要な酵素が全部ひとつながりのポリペプチドにまとまったもので、巨大な多機能酵素として知られている。同様の状況は酵母でも知られているが、全体が二個の多機能ポリペプチドに分かれている。ただし、菌類でも単一ポリペプチドの脂肪酸合成酵素をもつものも存在する。酵母の脂肪酸合成酵素と動物の脂肪酸合成酵素は、機能ユニットの配置が異なり、互いに異なる起源をもつと考えられている（Maier et al. 2010）。これらの酵素の研究は一九六〇年代から始まっていて歴史が古いが、酵素タンパク質のサイズがきわめて大きいため、詳しい構造解析と分子機能解析はようやく最近になって進展してきた。詳しい系統解析の結果、これらの酵素が細菌のポリケチド合成酵素に由来することがわかってきた（Jenke-Kodama et al. 2005）。ポリケチドというのは、微生物がつくるさまざまな機能性化合物を含む総称で、基本的にはアセチル CoA を前駆体としてつくりあげられている。その中には抗生物質なども含まれる。単純な構造をもつ前駆体物質を順につないでいって、比較的大きく複雑な有機化合物をつくりあげる一連の反応を、たった一つの酵素で行うことが特徴である。動物（クレードⅣ）や菌類の単一ポリペプチドタイプの脂肪酸合成酵素（クレードⅦ）は、さまざまな細菌がもつクレードⅦ（このクレードには菌類と細菌の酵素の両方が含まれる）の酵素に近く、酵母の脂肪酸合成酵素（クレードⅢ）は、*Corynebacterium* や *Mycobacterium* などの放線菌がもつクレードⅡの酵素に近いそうである。いずれにしても、これらの由来は、植物やシアノバクテリアの脂肪酸合成酵素とは大きくかけ離れている。

真核生物の祖先は脂肪酸を合成できなかった?

ごく最近報告されたこととして、植物の根に寄生するアーバスキュラー菌根菌は菌類（カビや酵母のなかま）であるが、自分で脂肪酸を合成できず、すべて植物からの供給に依存している（Luginbuehl et al. 2017）。これは共生関係にある特別な例にも見えるが、これが菌類の本来の姿ということはないだろうか。もちろん、陸上植物が出現したのは菌類の出現よりもずっとあとであるから、昔の菌根菌は、それ以外の生物から栄養分を得ていたに違いない。動物も基本的には植物や細菌をえさとする限り、脂肪酸を自分でつくる必要はない。実際、私たち人類もリノール酸やリノレン酸などの必須脂肪酸を食糧に依存している。動物にとっておそらく必要なのが飽和脂肪酸であろう。植物に含まれる脂肪酸はほとんどが不飽和脂肪酸である。不飽和でない脂肪酸を利用している例として、肺胞の表面を覆っている界面活性作用をもつジパルミトイル・フォスファチジルコリンが知られている。動物油も飽和脂肪酸が多く、そのため、ラードやヘッドは常温で固体である。おそらく、えさとなる植物からは得られにくい飽和脂肪酸を必要とするために、ポリケチド合成酵素タイプの脂肪酸合成酵素を、あとから獲得したのであろう。ちなみに現在の生物分類では、動物も菌類も、植物や藻類とは異なる別の系統になる（第6章図22）。一昔前の生化学者の表現として、「イーストからヒトまで」同じしくみが成り立つという言葉があったが、実際には、これは真核生物界の一部しか述べていないことになる。確かにイーストからヒトまで、巨大脂肪酸合成酵素をもつのであるが、動物・菌類と植物・藻類はそれぞれ異なるタイプの脂肪酸合成酵素をもっており、もっていない菌類も現存する。大胆な仮説かもしれないが、しかし妥当な考え方として、真核生物の祖先は脂肪酸を合成できなかったと考えるべきではないだろうか。

そもそも真核生物のもととなった生物はアーキア（Archaea 古細菌）と考えられている。最近の研究により、TACK 上門（複数の門を含むグループが上門 superphylum で、それらを構成する四つのグループの名前の頭文字をとってこのように呼ばれる）が比較的真核生物に近く、特にロキアーキオータ Lokiarchaeota と呼ばれるグループが真核生物につながる系統ではないかと考えられている（図44）（Spang et al. 2015）。アーキアの大きな特徴として、細胞膜を構成する脂質が、ふつうのジアシル型グリセロ脂質ではなく、イソプレノイド骨格（枝分かれをした炭素五個からなる単位）をもつエーテル型脂質である点が挙げられる（図45）。これに対し、細菌や真核生物は主に、フォスファチジルコリンのようなジアシル型グリセロ脂質を使って、細胞の膜を構成している。他にスフィンゴ脂質も存在するが、ス

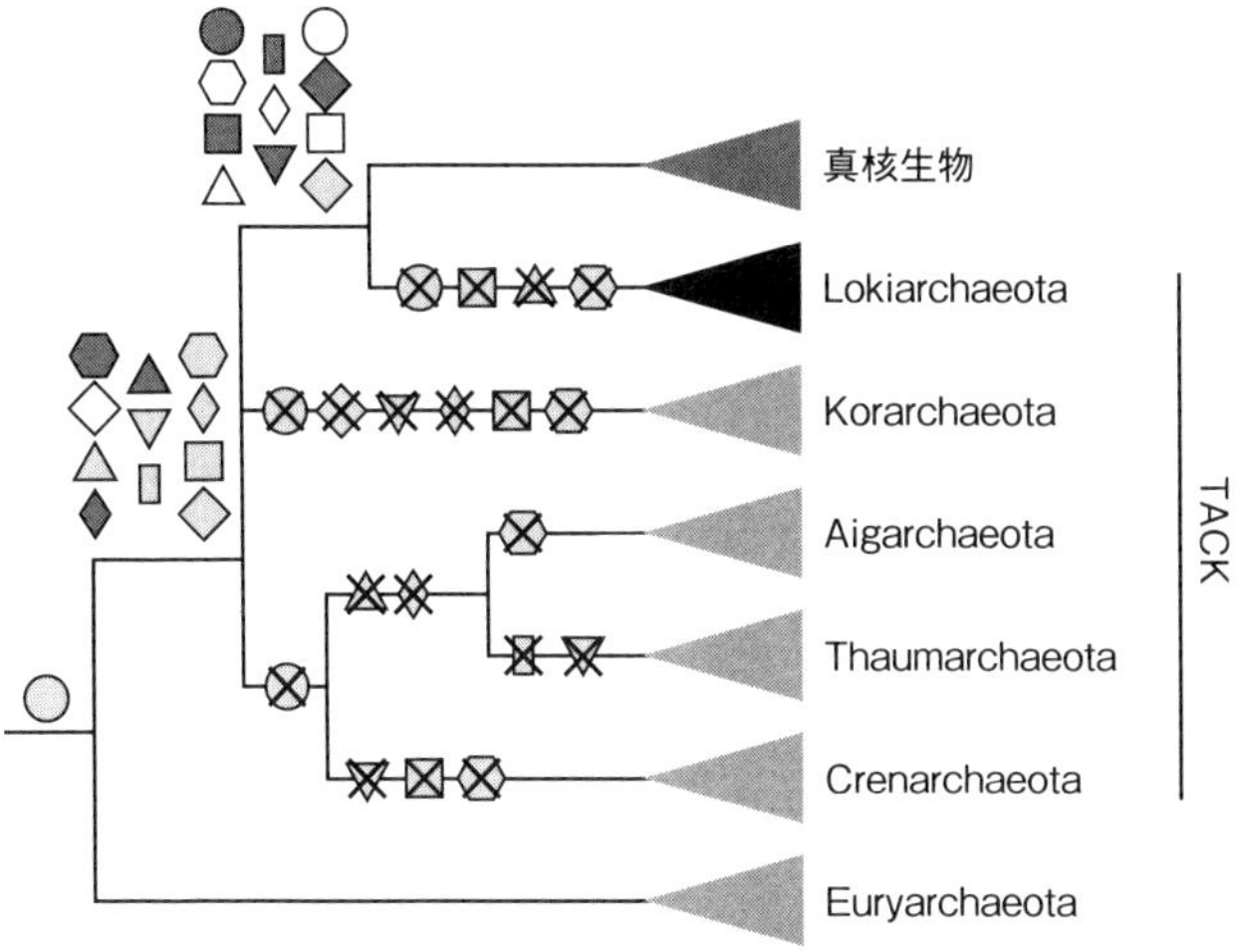

図 44　アーキアと真核生物との関係（Spang et al. 2015）

丸印などの記号はそれぞれ異なる特徴が共有されていることを示す。

フィンゴシン塩基はパルミチン酸とセリンから合成され、塩基の側鎖にも脂肪酸が結合するので、基本的に、脂肪酸がなければスフィンゴ脂質も作れない。

アーキアとそれ以外の生物の脂質のもう一つの違いは、末端のグリセリン骨格が、アーキアではグリセロール1-リン酸であるのに対し、真核生物や細菌では、グリセロール3-リン酸であるという点が挙げられる。両者は光学異性体なので、結合を切断しない限り、相互に変換することはできない。細菌とアーキアの起源に関する従来の理論では、この違いをどう考えるのかが問題であった。細菌とアーキアの共通の祖先（last universal common ancestor: LUCA と呼ばれる）には両タイプの脂質があったが、それぞれが進化するときに片方のタイプの脂質しか使わなくなったなどという仮説もある（Caforio & Driessen 2016, Figure 8D）が、こういう考え方をしていくと、祖先に遡るほど、あらゆるものを

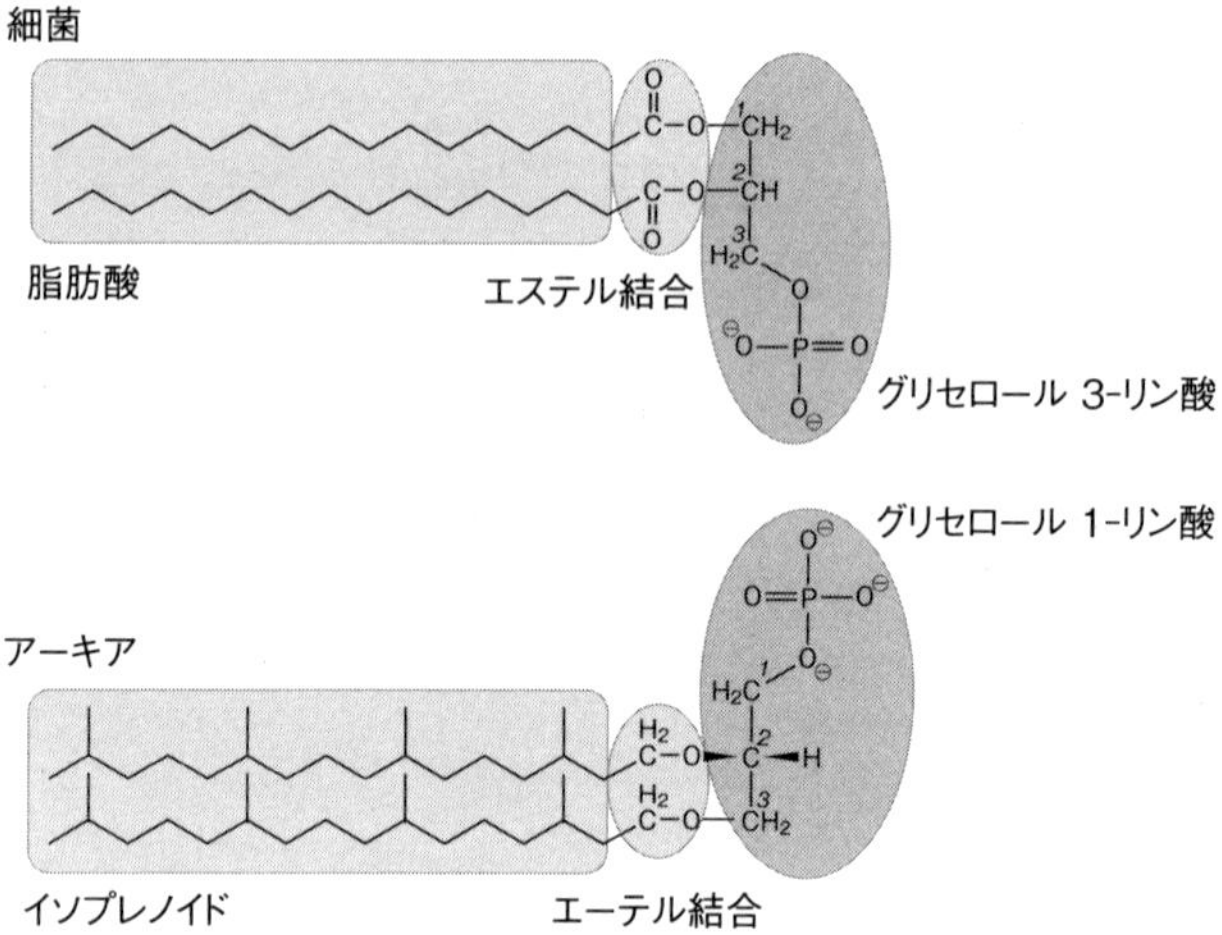

図 45　細菌とアーキアのもつリン脂質の構造の特徴（Caforio & Driessen 2016 より改変）

もっていなければならなくなる。

再び真核生物の起源の話にもどる。オルガネラ誕生以前の真核生物には脂肪酸合成酵素がなかったかもしれないのだが、それがアーキアであれば不思議はないことになる。もちろん、いままでエーテル型脂質を使っていたアーキアが真核生物になるときに、急にジアシル型脂質を使うことができたのかどうかはわからない。しかし、細菌はジアシル型の脂質をつくっていたわけだから、それを利用することはできたかもしれない。アーキアから真核生物の祖先への進化において、膜を構成する脂質の種類の転換がおき、それによって、真核生物の祖先は、細菌をえさとすることが必須になったのではないだろうか。現在の生活圏からみると、現存するアーキアは極限環境、つまり、他の生物が近寄れないような酸性、アルカリ性、高温、低温などの環境に棲んでいる。こうした環境では、化学的に安定なエーテル型脂質が有利であり、いまとなっては、こうした環境以外では、アーキアは真核生物や細菌との競争に勝てないのかもしれない。アーキアから生じたと考えられる現存しない真核生物の祖先は、ジアシル型脂質を利用するように変化したあと、十分にえさを獲得できなければ生き残れなかったかもしれない。そのときに、細菌がもつポリケチド合成酵素タイプの脂肪酸合成酵素を獲得するか、シアノバクテリアを獲得するか、二つの選択があったのではないだろうか。

ドイツのデュッセルドルフ大学のウィリアム・マーティン教授らのグループでは、アーキアへのミトコンドリアの共生による真核細胞の起源を詳しく研究しているが（Martin et al. 2015）、同じグループのグールドら（Gould et al. 2016）は、ミトコンドリアがアーキアの細胞に入り込んだ後に、ミトコンドリアが合成した膜によって原形質膜が置き換えられ、さらに細胞内膜系ができたのではないかという仮説を考えている（ベシクル分泌仮説）。半分は細胞内共生説で、半分は内生説ということになる。この場合、ミトコンドリアの祖先であるαプロテオ細菌が保持していた脂肪酸合成酵素は、どこへ消えたと考えるべきなのだろうか。確かに現在のミトコンドリアにも、縮合酵素とアシルキャリアータンパク質（ACP）だけは残っている（第7章図37）。しかし細胞全体の必要量をまかなうだけの脂肪酸合成を行うことはできない。ミトコンドリアでは無理なのであろう。

光合成あっての脂肪酸合成

突然だが、ここで私たちの食べ物のことを考えてみよう。スナック菓子や唐揚げ、ステーキなど油っぽい食品にあふれた私たちの生活からは、油脂を作ることがいかに大変なことであるのか、想像がつかないかもしれない。しかしまた、油をとりすぎると太るという理由を考えると、油脂のカロリーは1グラムあたり9キロカロリーで、炭水化物のカロリーは4キロカロリーでしかないことに行き着く。つまり、油脂は高カロリーであり、使える自由エネルギーが凝縮されているのである。もう少し違う言い方をするならば、油脂を構成する脂肪酸は、主に炭素原子一個あたり二個の水素原子を含んでおり、炭素の酸化数はマイナス2ということになる。これに対して、二酸化炭素の酸化数はプラス4、炭水化物の酸化数はゼロである。この酸化数を減らすには、還元力（水素と同等と考えてもよい）が必要である。光合成では二酸化炭素を還元して炭水化物をつくっていると考えられているが、その場合、酸化数が4だけ減少する。しかし油脂を貯めるときには、さらに酸化数を2だけ減らす必要がある。これもまた光合成でできる還元力を使って行われる。つまり、植物がつくる油脂も、光合成の産物である。光合成では、こうした脂質でできた膜を何重にも積み重ねて光を集め、光化学反応を大規模に行っている。つまり光合成でできる還元力の一部は、光合成装置をつくるために再投資されていて、それでも全体として拡大再生産ができているのである。これに対して、光合成をしない生物は、植物や藻類によって光合成でつくられた炭水化物を利用しているが、その一部を分解したエネルギーで、のこりの炭水化物から脂質をつくって、細胞を構築している。菌根菌が植物から脂肪酸を得ているのは直接的獲得であるが、間接的にはあらゆる非光合成生物が、光合成生物がつくった炭水化物や脂質を利用している。

こうしたことを考えると、マーギュリスが考えていたような、ミトコンドリアを獲得したばかりの真核細胞が、果たしてどのように脂肪酸を獲得していたのか、疑問に思える。現在の動物や菌類は植物・藻類を食べれば脂肪酸を獲得できる。しかし、葉緑体成立以前の世界には、原始真核細胞とバクテリアしかいなかったはずである。そのとき、バクテリアは自分で脂肪酸を合成できたが、原始真核細胞はバクテリアを捕食する以外に脂肪酸を獲得する手段がなかったに違いない。ミトコンドリアの脂肪酸合成活性は不十分であり、その理由は、ミトコンドリアが分解的オルガネラだからである。外部から摂取した糖を解糖系によって分解し、ミトコンドリアにあるクエン酸回路によってNADH（還元物質）を産生しても、その大部分はＡＴＰ合成のために消費する必要があり、脂肪酸を合成する余力は限られていたと考えられる。そもそも、原料となる糖もバクテリアや他の原始真核細胞に依存している状況であるので、糖の供給も十分とは言えなかったであろう。これに対して、光合成の威力は別次元である。還元力を新規に多量に生み出すことができる。光合成をシアノバクテリアだけのものにせず、植物や藻類の祖先が葉緑体を獲得したことは、地球上すべての生物にとって、きわめて重要な事件であったことになる。その際、葉緑体は、豊富に利用できる光化学反応による還元力を使って、脂質を多量に合成できたのである。そのため、非光合成生物は、必ずしも自分で脂肪酸を合成する必要はなく、藻類の細胞を捕食すればよくなったはずである。現在、真核生物の中で、植物・藻類だけが原核型の脂肪酸合成酵素をもつ。第7章図35に示したように、光合成と脂肪酸合成（脂質合成ではない）に関わる多くの酵素の遺伝子はシアノバクテリアかその祖先に由来している。つまり、両者をセットにしてシアノバクテリアから受け継いだということであり、それには十分な意味があったのだと考えられる。言い換えれば、脂肪酸合成も光合成の一部として、光合成のしくみとともに獲得したということになる。それにしても、縮合酵素（KAS I/II または FabB/F）だけはまったく別にクラミジアか緑色細菌から獲得したというのも奇妙な話である。異なる起源の酵素が一つの反応系をうまく構成できるのかという問題もある。一方で、葉緑体の起源は、シアノバクテリアだけではなく、これらの細菌も含めて考えるべきなのかもしれない。

4　宿主主導説

改めてこれらの議論を考えてみると、葉緑体の起源には別の可能性もあるように思われる。すくなくとも、多くの一般向けの教科書に描かれているような、膜系を保持したままでシアノバクテリアが葉緑体になったわけでないことだけは確実である。カバリエ＝スミスがよく描いているような二次共生の説明図でも、膜系は、共生体のものがそのまま保持されるかのように示されている。しかしこれは違う。

膜の由来が共生体ではないことを説明する仮説を考えなければならない。ここで紹介するのは、図43Bを発展させて、筆者が宿主主導説と呼ぶものである。真核生物の一つの特徴は、オートファジーの能力である。これは少し前に、大隅良典博士（東京工業大学栄誉教授・東京大学特別栄誉教授）のノーベル賞受賞で一躍有名になったシステムである。現存する紅藻にはこのシステムが存在しないようだが、多くの真核生物には存在する。オートファジー系の特徴は、何もないところから新規に膜を作ることができる点である（吉本 2014，石田 2014）。現在知られているオートファジー系では、ATG5という因子がフォスファチジルエタノールアミン（PE）という脂質と結合し、これが基礎となって新規に膜が形成される。なお、PEはすべての真核生物に存在して、膜成分としてだけではなく、さまざまな必須の機能を担っている。この膜により、これから分解すべき構造物を取り囲み、そのあと液胞膜と融合することによって、内容物を液胞に送り込み、そこで消化する。原核生物と異なる真核生物の重要な特色は、このような新規に膜をつくりあげるしくみをもっていることである。しかし、先にも述べたように、本来の真核生物の祖先は脂肪酸合成ができなかったと思われる。ジアシル型の脂質であるPEを使うこのようなシステムを、真核生物の祖先がどのようにして獲得したのか、不思議な点である。あるいは、貴重な脂肪酸をリサイクルするためのしくみだったのかもしれない。

将来、藻類（真核光合成生物）となる宿主細胞が、あらかじめ、何かの細菌から糖脂質合成系の遺伝子を獲得したとする。糖脂質はリンを含まないので、糖脂質で生体膜をつくることができれば、リン酸欠乏環境下での生存には有利である。現実に、植物はリン酸欠乏環境下では、DGDGというガラクト脂質を多量に合成し、葉緑体だけでなく、細胞膜の脂質成分として利用することが知られている。糖脂質合成系を何らかの形で獲得した宿主細胞が、たまたまシアノバクテリアの細胞を取り込んだ場合、シアノバクテリアに糖脂質を供給することによって、シアノバクテリア側の糖脂質合成系遺伝子を失わせることができる。細菌の遺伝学の実験でよく見られることだが、当面生きていくのに必要のない遺伝子は、自然に起きる変異により速やかに不活性化され、やがてゲノム上からも消失することが多い。こうして糖脂質合成系を宿主に依存することになった共生シアノバクテリアは、独立生活をすることができなくなり、絶対的な共生体になってしまう。このようなしくみは、どんな遺伝子を使っても可能である。生存に必須の遺伝子をどれか一つでも欠損し、その機能を宿主に依存することになれば、共生体は宿主から離れられなくなる。いわば、宿主が仕掛けた「トラップ」（わな）にシアノバクテリアが引っかかったという形である。

もう一つの考え方は、宿主がオートファジー系のようなものを利用して糖脂質でできた膜をつくり、その中にシアノバクテリアを取り込む。シアノバクテリア自身の膜は分解され、代わりにシアノバクテリアのゲノムにコードされた光合成系のタンパク質群が、オートファジー系の膜に埋め込まれて、そこで光合成を行うようになる。これはかなり極端な考え方だが、いわば内生説と水平伝播を組み合わせたような考え方である。現実的な考え方としては、トラップ仮説とオートファジー仮説の中間的なものが考えられる。最初はトラップに引っかかったシアノバクテリアが、オートファジー膜に包まれ、そのまま液胞に入ることなく、既存の膜が分解されて、宿主側の膜で置き換えられる。

ここでの議論では、タンパク質輸送の話を棚上げにしてきた。細胞核ゲノムにコードされた葉緑体タンパク質は細胞質で合成され、そのあと、色素体包膜に存在するタンパク質輸送装置（トランスロコン）を通って、色素体内部に入る。これに関して、以前から知られていた系の他にも新たな系が提案されるなど、近年の進歩が著しい。トランスロコンの成分の中には、シアノバクテリア起源と推定されるものと、真核生物独自のものがある。筆者らはかつて、トランスロコンの基本的成分が緑色植物と紅藻とでよく似ていることから、一次共生後の早い時期に完成したシステムが、その後、緑色植物と紅藻という系統に分かれていっても保持されてきたことを示し、これは緑色系統と紅色系統の単系統性の証拠になると考えた（Matsuzaki et al. 2004）。その後、シアノフォラについても同じことが確認され、すべての一次共生生物が単一起源であるという根拠の一つとなった。実際、トランスロコンは、このオルガネラが色素体であるという目印のようなものである。まだ誰も実験を行っていないが、脂質でできたリポソームに、必要なトランスロコン成分をすべて導入できたとすると、そのリポソームを細胞内に導入すれば、やがて葉緑体に似たものになるのかもしれない。そういう意味で、細胞核から大量のタンパク質を色素体に輸送するトランスロコンは、色素体のアイデンティティを決めているといっても過言ではない。しかしまたこのことは、色素体が自律性をもたないことを決定づけることでもある。宿主主導説の立場から考えれば、宿主がトランスロコンのシステムをうまく準備できたことが、細胞内の膜系を色素体に化けさせることを可能にしたということになる。

5　複合一次共生説

葉緑体の膜脂質合成系などの酵素の由来がシアノバクテリアでないことはすでに述べた。系統的に明確に異なる由来の酵素が使われている場合以外に、多数の系統樹を解析していると、わずかだが確実に異なる系統樹があることに気づく。第7章図35には六通りの系統関係の類型を示したが、特に（1）と（2）は、これまで研究者の間でも、あまり区別しないで見過ごされてきたように思われる。もう一度説明すると、パターン（1）では、さまざまなシアノバクテリアがもつ相同なタンパク質が多様化していく系統樹があり、その途中から葉緑体の相同タンパク質が分岐し、すべての植物・藻類が葉緑体にもつ相同なタンパク質がそのあとで多様化する。典型的な系統樹は第6章の図23、図24、図25に示したようなものである。パターン（6）として分類したシアノバクテリアと葉緑体にしか存在しないタンパク質も、多くはこれと同じような分岐パターンを示す。図46には、パターン（6）の例として、系統樹のルート（根）が確実に推定できるPsaAとPsaBの系統樹を示す。これに対して、パターン（2）では、シアノバクテリアの相同タンパク質と他の細菌（多くは緑色細菌）がもつ相同タンパク質の共通祖先から両者が分岐する途中で、葉緑体の相同タンパク質が分岐する。つまり、葉緑体とシアノバクテリアが対等に共通祖先から分岐したようなパターンを示す。現存する既知のシアノバクテリアの共通祖先よりもさらに遡った祖先がどのような生物なのかわからないが、そのような祖先から分岐した生物がいたと

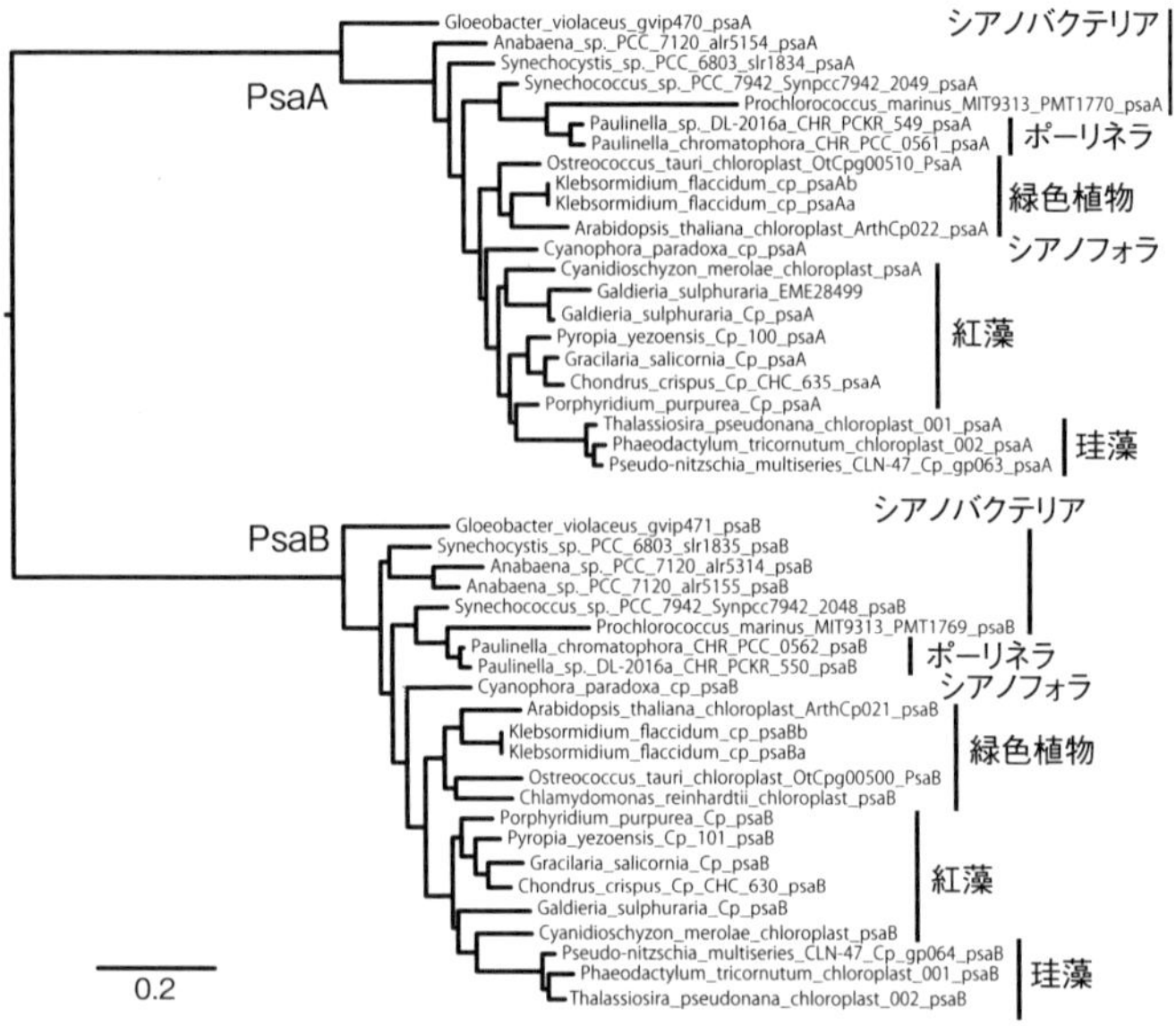

図46　光化学系Ⅰ反応中心の二量体を構成するタンパク質PsaAとPsaBの分子系統樹

葉緑体とシアノバクテリアのタンパク質の系統樹において，最初に分岐が始まった位置（ルート）を決めるには，通常，細菌の相同タンパク質を利用するが，葉緑体とシアノバクテリアにしか存在しないタンパク質の場合は，それが難しい。ところが，ここに示す二つのタンパク質はきわめてよく似た構造をもち，共通の祖先タンパク質から分岐したと考えられる。そのため，両者をまとめて系統樹をつくると，ルートの位置を決めることができる。その結果，どちらのタンパク質も，シアノバクテリアで多様化した中から，葉緑体に導入され，さらに藻類・植物で多様化したことがわかる。珪藻の葉緑体は，紅藻の二次共生によって生じたとみなされている。細かく見ると，シアノフォラの位置がPsaAとPsaBとで，わずかに異なり，PsaAでは緑色系統のあとで分岐し，PsaBでは一番先に分岐している。こうした違いは系統樹作成の技術的な問題を反映している可能性があるので，本当の分岐位置がどちらであるのか，実はそれぞれで異なるのかは，このデータだけからではわからない。なお，これは最尤法で計算したもので，主要な分岐の信頼度はほぼ100％であるので特に表示していない。

して、現存する葉緑体の共通祖先がその生物から遺伝子を受け継いでいるように見えるのである。

　注意しなければならないのは、個別のタンパク質（遺伝子）の系統樹の場合、配列の長さが短いと、分子系統解析を駆使しても、その遺伝子がたどった進化のようすを再現できない場合があることである。たとえば、葉緑体ゲノムにコードされたリボソームタンパク質の場合、個別に系統樹をつくると、パターン（2）に分類される場合が数多くある。Rpl2、Rpl14、Rpl16、Rpl20、Rpl23、Rps8、Rps11、Rps12、Rps18、Rps19などである。ところが、これらの配列を全部つないで、長い配列として分子系統解析をすると、パターン（1）になる（図47）。なにか手品のようであるが、短い配列では一個の変異が全体の配列類似性に占める重みがきわめて高くなり、本来とは異なる過大な情報を与えてしまうことが原因と思われる。結合した長い配列を用いると、それぞれがもつ不規則な変異が平均化されることにより、妥当な系統樹ができるのであろう。ちなみにポーリネラがシアノバクテリアの真ん中に入ってくるが、これは、前にも述べたように、比較的新しい細胞内共生のために、シアノバクテリアから由来する数多くの遺伝子を保持しているためと考えられる。ここでの議論は普通の一次共生に関わる問題なので、ポーリネラは、ひとまず分子系統的にはシアノバクテリアの仲間として扱っている。

　個別の配列で調べるとパターン（2）となる場合にいつも、それらを連結すればパターン（1）になるわけではない。NADH脱水素酵素のサブユニットとしてNdhA、B、C、E、G、H、I、Kなどが葉緑体ゲノムにコードされている。このうち、NdhB、C、E、G、Kは、単独で系統樹を作るとパターン（2）やさらに少し異なるものになるが、連結してもやはりパターン（2）である（第7章図35、図48）。そもそもこれらのサブユニットは、ストレプト植物と呼ばれる緑色植物と一部の緑藻にしか存在しない。葉緑体ゲノムにコードされているとはいえ、これらのサブユニットの遺伝子は、おそらく他の葉

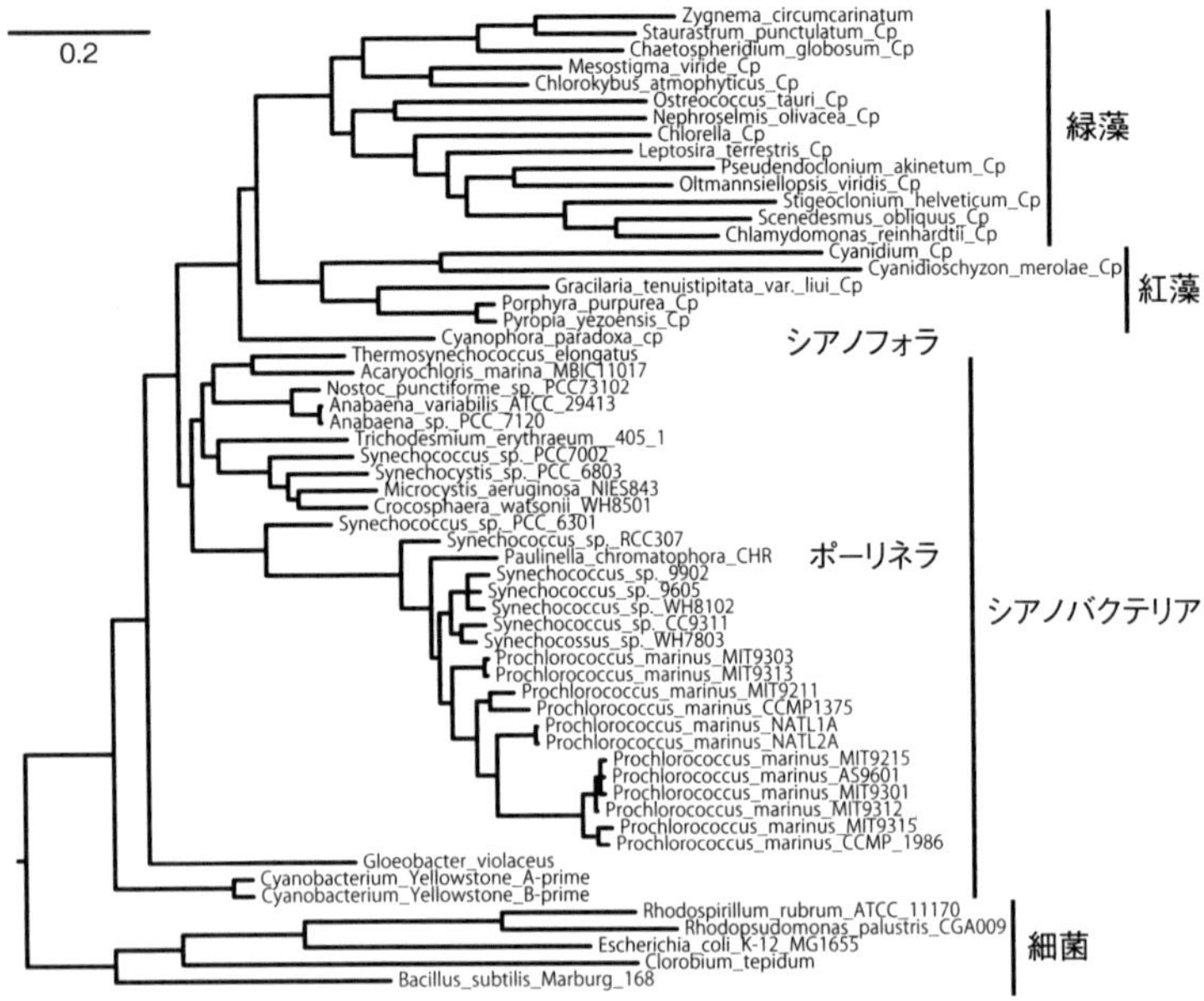

図 47　リボソームタンパク質の系統解析

リボソームタンパク質には，個別に系統樹をつくるとパターン（2）を示すものが多い。しかしそれらを結合させて解析すると，通常のリボソーム RNA でつくられる系統樹（第 6 章図 25）と似た形になる。リボソームタンパク質には小さなものが多く，そのために，厳密に遺伝子の歴史を反映した系統推定が難しいと考えられる。この結果から見ると，リボソームタンパク質はすべて，シアノバクテリアからリボソーム RNA 遺伝子が導入されたのと同時にもたらされたと考えてよさそうである。なお，これはベイズ法で計算した系統樹で，主要な分岐の信頼度はほぼ 100％であるので特に表示していない。

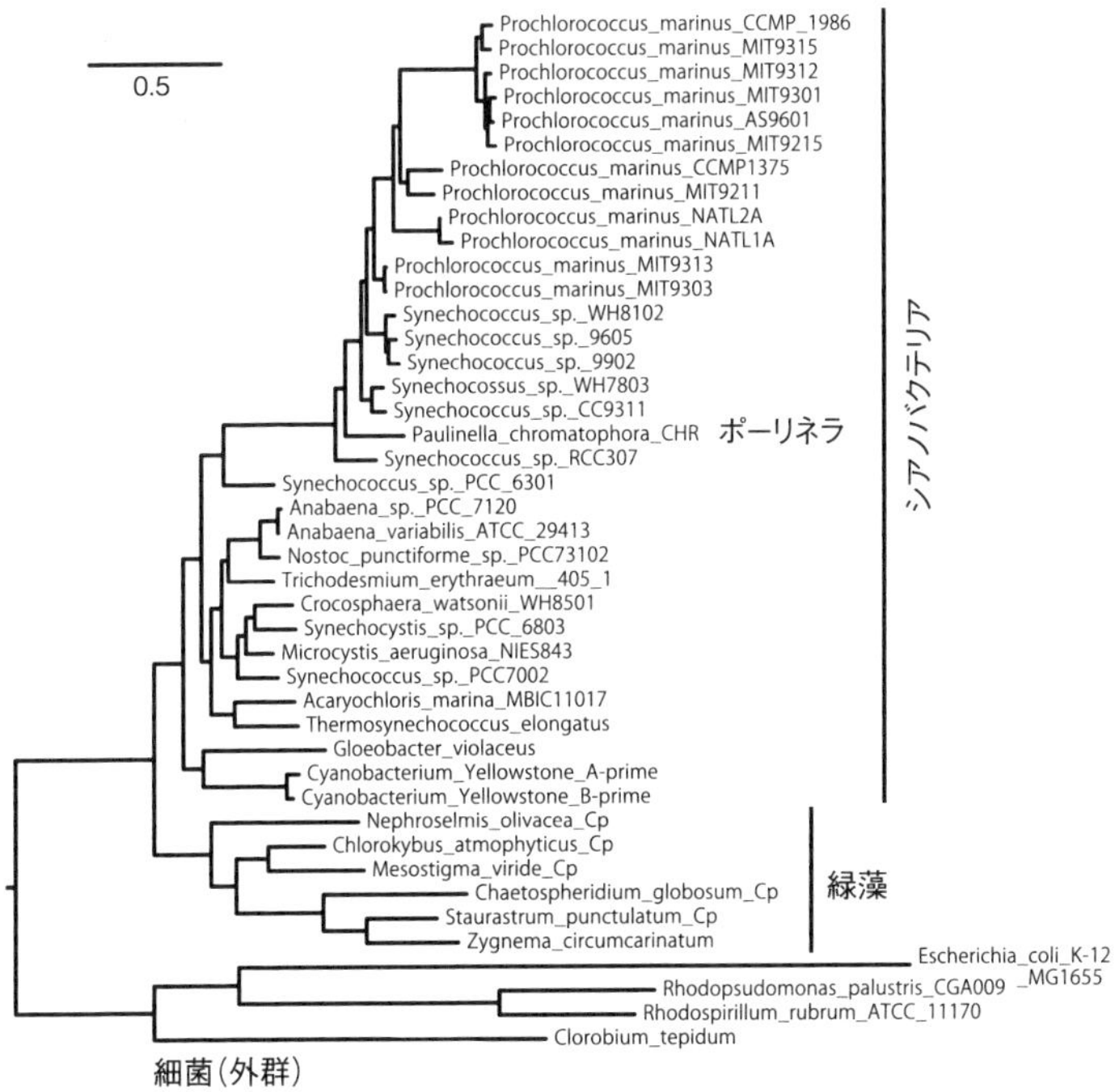

図 48　NADH 脱水素酵素のサブユニット NdhB，C，E，G，K を連結して作成した系統樹

これらのタンパク質は，それぞれ単独で系統樹をつくると，これとほぼ同じ形になる。リボソームタンパク質の場合と異なり，結合してつくった系統樹も概形は変わらない。なお，これはベイズ法で計算した系統樹で，主要な分岐の信頼度はほぼ 100％であるので特に表示していない。

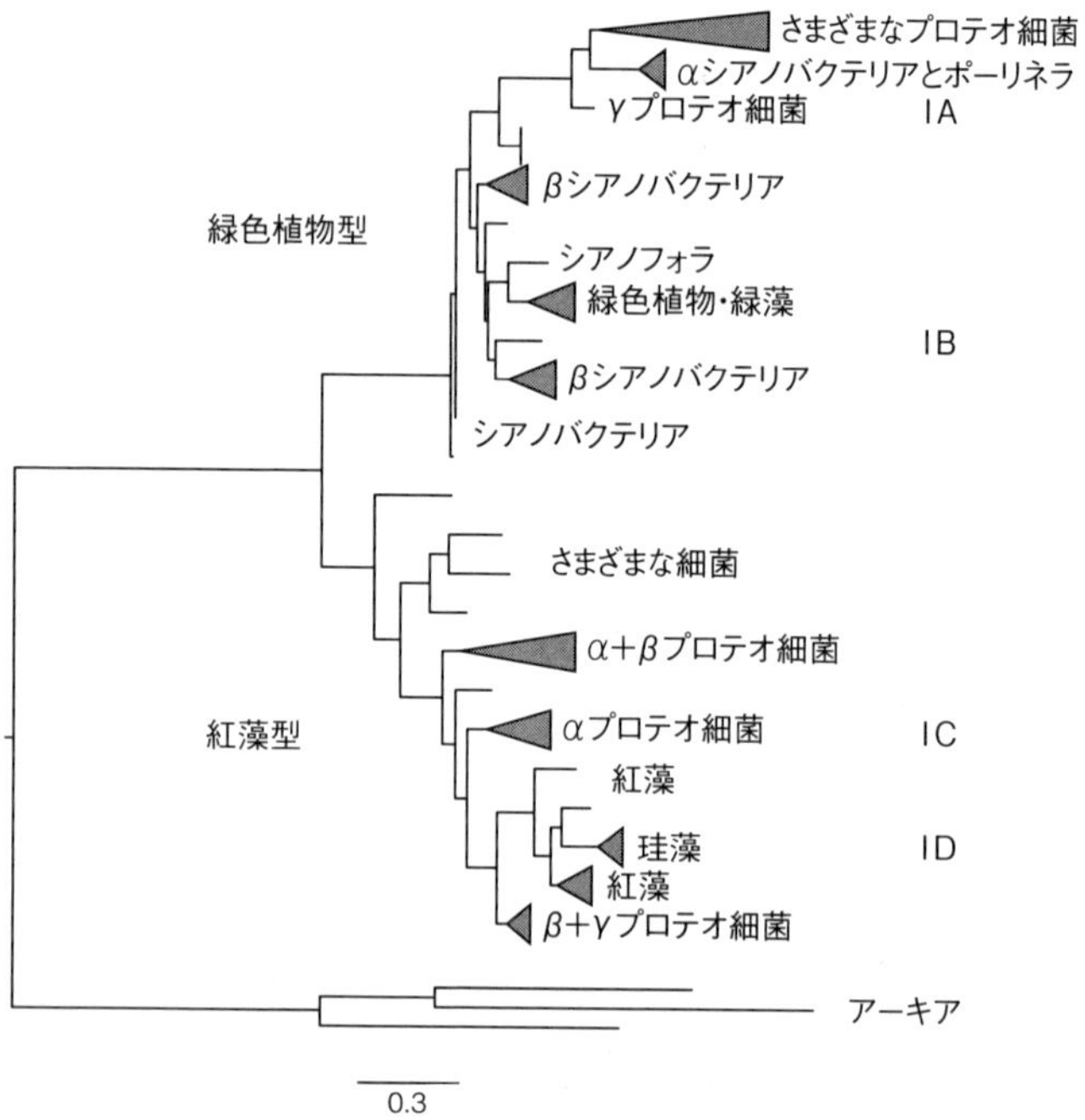

図 49　ルビスコの系統樹

緑色植物のルビスコは普通のシアノバクテリア由来だが，紅藻のルビスコはプロテオ細菌に由来する。またαシアノバクテリアのルビスコは別のプロテオ細菌に由来する。この図は最尤法で計算したもので，主な分岐の信頼度はほぼ100%であるので特に表示していない。

緑体遺伝子とは別の起源をもつように思われる。しかも分岐の根元の長さ（L3）がきわめて短い。ストレプト植物（陸上植物とそれにつながると思われる緑藻の一群）が成立する直前に新たに緑藻に導入された遺伝子群であると思われる。

　実は二酸化炭素を固定する有名な酵素であるルビスコ（リブロース1,5-二リン酸カルボキシラーゼ／オキシゲナーゼ）は、紅藻では水平伝播によってαプロテオ細菌から獲得されたと考えられている（図49）（Tabita 1999, Sato 2006）。話はさらに複雑で、αシアノバクテリアは、さらに別系統のルビスコをγプロテオ細菌から獲得したと考えられている。ともかく、葉緑体ゲノムの遺伝子でありながら、水平伝播によって入れ替わっているということのようである。おそらく*ndh*遺伝子群もシアノバクテリアかその祖先から一次共生とは別に導入されているのであるから、葉緑体ゲノムといっても、単純にシアノバクテリアが細胞内共生しただけの産物とは言えないようである。

この項目では、一次共生といっても、単にシアノバクテリアの一種が真核細胞に入り込んで現在の葉緑体のもとになったということではなく、同時に多数の遺伝子の導入が行われ、それは葉緑体ゲノムそのものにも及んでいたことを説明した。特に不思議なのは、パターン（2）を与える、シアノバクテリアの共通祖先から入ってきたと考えられる遺伝子である。ひとつの説明としては、シアノバクテリアの共通祖先で大きく分岐した「別の」シアノバクテリア系統が存在し、その末裔は現存しないが、多数の遺伝子を葉緑体に供給したということだろうか。これまで曖昧に考えられてきたパターン（2）の遺伝子の起源をしっかりと考えることが、一次共生の理解につながると思われる。

終章　細胞内共生説とは何か

1　知識のバイアスの問題

細胞内共生を精力的に研究しているカナダのブリティッシュコロンビア大学のキーリング教授は、最近になって、オルガネラの細胞内共生説に関して、慎重な意見を述べている。Keeling（2014）では、細胞内共生説や真核細胞の起源に関する我々の考え方に、知識のバイアスと呼ばれる科学史の影響があると述べている。つまり、歴史的に何が先にわかったとされたかによって、その後に発見された事象の解釈が変わってくるというのである。心理学者のピアジェがかつて提案した「スキーマ」（知識を構成する単位として、物事を理解する際の手本となるもの）という考え方によれば、どんなデータもスキーマに合うように解釈され、合わないデータは無視される。つまり定説を否定するのは困難だという認知的慣性が存在する。逆に定説を肯定しても新奇性が認められない。現在、真核細胞の起源に関して、さまざまな矛盾する説が提案されているが、それは、定説を支持する論文を出すことができないからである。真核生物、細菌、アーキアの三者のどれが最初に分岐したのかについては、三通りの考え方ができるが、どれにも矛盾があり、これという単一解はない。真核と原核の違いが最初に強調されたため、その影響を受けた解釈が続いている。

では、一度に全部のデータを与えられた場合にどう考えるかということになると、歴史的に少しずつ解明されてきた場合の考え方とは異なるのではないか。ミトコンドリアはいまでは非常に多様なものであることがわかっているが、仮に、あらかじめそのことがわかっていたら、細胞内共生説を提案することはできなかったはずだという問題提起である。

Keeling & McCutchon（2017）では、大部分の共生は相利共生ではなく寄生であると述べている。共生体が双方に利益があるとしたら、失われることはないはずだが、共生体はおろかオルガネラですら失われる例がある。細胞内共生の話はゲノム時代になって、ゲノムデータの解釈ばかりになっており、ある遺伝子の存在が、かつてオルガネラが存在していたという証拠とみなされることが多い。しかし、こうしたことは証明することができない。

マーギュリスの死後、ようやく細胞内共生説に対する疑問が湧き出してきた感じがある。細胞内共生説をつきつめていくと、何度も何度も共生が起きたことで、いまあるゲノムの複雑さを説明しようとすることになる。単なる水平伝播と消失した共生はどこが違うのか、改めて疑問になる。

2　マーギュリスの変容とパラダイムシフト

二〇一七年に入り、理論生物学雑誌*Journal of Theoretical Biology*には、細胞内共生説に関するさまざまな論文が掲載されている。その多くはマーギュリスを賛美するものである。しかしいま、改めてマーギュリスの業績は何だったのかと考えてみたとき、強烈なリーダーシップで細胞内共生説を広めたことは間違いないだろうが、自身で特に新しいデータや証拠を提出したわけではなく、既存のデータを集めて、統一した理論をつくったかのように主張したと考えるべきではないだろうか。第Ⅰ部のまとめでも触れたが、以下、この雑誌に掲載された筆者の論文の内容の一部を披露する（Sato 2017）。特に葉緑体とミトコンドリアの細胞内共生説に関しては、一九六〇年代に多数の研究報告があり、一九七〇年代から始まった分子系統解析によって、それぞれシアノバクテリアとαプロテオ細菌との系統関係が強く示唆されたが、このプロセスのどこにもマーギュリスは関与していない。マーギュリスが独自性を自ら主張していたのは、真核細胞の有糸分裂のしくみの起源であり、それがスピロヘータであるかどうかよりも、中心体の機能分化によってセントロメアや動原体が生まれたことが本当の主張であった。そこでは、色素体を共生由来として真核微生物の進化から除外したことによって、「植物学の神話」からの脱却を図ろうとした。つまり色素体の共生起源説は、メインテーマを主張するための前提条件に過ぎなかった。しかしこの有糸分裂の起源と進化の部分は、当初から否定され、ミトコンドリアと色素体の共生起源だけが、学問の世界での議論の対象となった。

マーギュリスの一九六七〜七〇年における立場は、本来、ミトコンドリアと葉緑体の細胞内共生に関しては、当時の他の学者によってほぼ明らかだということであり、それが、その後の分子系統解析によって裏付けられたということである。ところが後になると、立場はすっかり変化している。一九九九年に書かれた『共生生命体の30億年』(Margulis 1999) では、以下のように述べている (この本は中村訳で邦訳されているが、訳文は筆者による)。

共生創成という考えは、ロシア人コンスタンティン・メレシコフスキー (一八五五〜一九二一) によって発明され、提唱されたが、共生融合によって新しい器官や生物がつくられることを意味する。(p. 33)

振り返ると、私の最高の研究業績は連続的細胞内共生説 (SET) の詳細を発展させたことである。その中心的な考えは、動物、植物、その他の真核生物の細胞質にある核外遺伝子が「裸の遺伝子」[これは中村訳の訳語だが、naked は「法的な裏付けのない」という法律用語で、「由来のわからない遺伝子」の意] ではなく、細菌の遺伝子に起源をもつということである。(p. 37)

私が好きな自慢は、私の学生たちや共同研究者たちとともに、連続的細胞内共生説 (SET) の四つの闘いのうちの三つに勝ったことである。いまや四つのパートナー [好熱好酸菌、遊走性細菌、酸素呼吸細菌、緑色光合成細菌] のうちの三つについて、独立生活をしていたもとの細胞を特定することができる。(p. 38)

このように、メレシコフスキーの名前を挙げているものの、引用文献には示していない。そして共生説全体について、自分の研究グループがすべての業績を挙げてきたような表現をしている。実際にはマーギュリスのグループからの実験的な研究は特になく、一九六〇〜七〇年代の多くの学者の研究と、一九八〇年頃からの分子系統解析（これも他の専門家による）が、ミトコンドリアと葉緑体の細胞内共生説を確立してきたはずである。立場が強くなった時点では、何でも言いたいことが言えるということかもしれない。

こうしたマーギュリスの変容ぶりを見るにつけ、生物学やその歴史の問題として、彼女が述べていた細胞内共生説をどう考えればよいのかと考えさせられる。マーギュリスを全面否定しても、生物学において何も問題は生じないようにも思える。それでも何らかの業績を挙げるとするならば、マーギュリスなどの活躍によって一九八〇年ごろに「細胞内共生説」というパラダイムシフト（第5章9項参照）（Kuhn 1962）が起きたということはできるだろうか。実際、マーギュリス自身、一九七〇年の本（Margulis 1970, 序文）でも一九八一年の本（Margulis 1981, p. 186 以降の節には paradigm symbioses というタイトルがつけられている）でも、クーンを引用して、パラダイムの変化を強調している。

もともと細胞内共生説は、一九〇五年からメレシコフスキーによって提案され、その後一九二〇年代には「ファミンツィン－メレシコフスキー説」として広く知れ渡った学説である。しかし認知度の高さとは裏腹に、誰もが納得する説ではなかった。色素体とシアノバクテリアとの類似性は誰もが認めるところであったが、それが直ちに色素体がシアノバクテリアの侵入によってできたという説を肯定するにはいたらなかった。あくまでもオルガネラの起源という、実験によって証明することのできない学説にとどまっていたからだった。その状況は一九六〇年代の葉緑体ＤＮＡの発見や、その後の遺伝子解析による葉緑体ゲノムとシアノバクテリアゲノムの比較によって、乗り越えられたかに見えた。

続く一九七〇～八〇年代は、偉大な分子生物学の勝利に酔いしれていた時代であり、分子生物学で解けない生物学の問題はないと思われていた。たとえば発生学のように簡単には分子生物学が適用できない分野も、ホメオボックスの発見などを突破口として、分子レベルの研究に進んだ。当時は分子生物学の研究室が、他の生物学の研究室よりも格上に見えたものだ。伝統的な分類学が分子系統学にとって代わられ、生物学のあらゆる分野を理解する共通の言葉が遺伝子（メンデルの遺伝子ではなく、塩基配列で考える遺伝子）となった。そのためオルガネラの起源の問題も、オルガネラゲノムの起源の問題にすり替えられてしまった。それが「パラダイムシフト」の実態であり、キーリング教授が懸念していることでもある。

3　教科書の単純化された図式からの脱却

こうしていまや誰もが当然のことと思っている細胞内共生説であるが、その根拠はと聞かれると、意外と脆弱である。結局のところ、葉緑体とシアノバクテリアの類似性（連続性）としての酸素発生型光合成と原核型リボソームによるタンパク質合成、原核型ＲＮＡポリメラーゼなどが主な根拠である。すでに説明したように、膜やペプチドグリカンは根拠にならない。メレシコフスキーの時代には転写や翻訳のことがわかっていたわけではないが、彼自身は光合成の他にタンパク質が合成されることも根拠として挙げていた。形式的にはたいした進歩がないように見える。ミトコンドリアについては本書の主要な話題の範囲外としているが、DNAを含まないヒドロゲノソームなども含めたミトコンドリアの多様性は、マーティンが繰り返し述べているところであり、単純に細胞内共生といってすまされる問題とは思えないのはキーリングの言うとおりである。もともとミトコンドリアに関しては、コゾ＝ポリャンスキーやウォリンなどが思いこみによる細胞内共生説を唱えており、遺伝子やゲノムが解明された時代になっても、すべてのミトコンドリアが単一起源であるのかも含め、細胞内共生による説明は必ずしも説得力をもっていなかった。そのことはいまでも解決しているようには思えない。

本書では、ミトコンドリアよりもずっと確実性の高いと思われる色素体に焦点をおいて、その細胞内共生説を検討してきた。その本質的な主張は百年間大きく変わっていない。遺伝子の比較は強力な客観的根拠となり得るかに見えたが、遺伝子からわかるのはその系統、つまりその由来だけである。現実にどのような形でその遺伝子がそこにあるようになったのかを説明する手段はない。そして、遺伝子の導入は何度も起きたと考えられる。一次共生と考えられるリボソームRNA遺伝子を含む葉緑体ゲノムの導入以外にも、シアノバクテリアからも、その他の細菌からも、何度もさまざまな遺伝子が導入され、そのあるものは葉緑体ゲノムにコードされ続け、多くの遺伝子は細胞核ゲノムにコードされている。教科書的なすっきりとした一回きりの一次共生という考え方は見直すべきときに来ている。また、視覚的にわかりやすいシアノバクテリアの侵入から葉緑体の形成という図式も、膜を作るしくみがシアノバクテリア起源ではないということを考えると、誤解を招く誤った図解ということになる。それは進化を細胞学的な事象で置き換えることによる誤解である。進化は長い時間の中で、きわめて多くの個体が共存して暮らしていた中で起きた、きわめて稀な事象が、その後の自然選択により、あるいは遺伝的浮動により、集団内で固定されたことによって起きる、きわめて動的な現象である。世間一般で進化というときの、たとえば「ポケモンの進化」とはわけが違う。この複雑なダイナミクスをどのように解いていくのか、まだまだ生物学研究が取り組むべき課題は重い。

あとがき

本書執筆は、筆者のこれまでの研究の集大成でもある。といって、研究が終わりというわけではない。あくまでも進行中の過程としての研究のひとくぎりである。そのため、筆者が本書を執筆することができるということについては、実にさまざまな先生方、先輩方、同僚、指導学生の皆さんの恩恵の賜物と言わざるを得ない。

直接の指導を受けた村田紀夫先生、黒岩常祥先生には、正面切って細胞内共生説を話題にしていたわけではなかったものの、細胞内共生説に関わる知識を得るきっかけをいただいた。さらに、学生時代に細胞内共生説について熱心に指導してくださった村上悟先生、佐藤七郎先生や、向かいの研究室の石川統先生、セミナーを拝聴したルーウィン先生のことを懐かしく思い出す。メレシコフスキーやマーギュリスについては、カナダのダルハウジー大学のジョン・アーチボルト教授から多くの情報をいただいた。関連する古い文献の入手については、大部分、東京大学図書館システムのおかげである。ペプチドグリカンの研究を一緒にして下さった熊本大学の高野博嘉さん、シアノバクテリアの脂質の研究を一緒にしている静岡大学の粟井光一郎さん、ポルフィリン代謝系の酵素の系統解析を一緒に行った東京大学（現大阪府立大学）の小林康一さんなどの協力があって、第7章に示すような系統解析から細胞内共生説を見直すきっかけができた。これらの系統解析のもととなるGclustを開発したのはすでに十年以上前、ウェブサイトをつくったのも論文発表の二〇〇九年頃である。もともと筆者が情報系出身でないこともあり、また類似ソフトが存在することもあって、Gclustそのものはなかなか情報ツールとして認知してもらえなかった。しかし、このソフトを使って行った上述のような系統樹は、論文の審査員から高い評価をいただいた。このソフトを開発した当初は深く考えていなかったが、いまになると、これも第7章で述べた研究のために必須のツールとなっている。また、今年になってから研究室でも培養して研究を始めているポーリネラの培養株は、筑波大学の石田健一郎さんから分与していただいた。本書の中でもいくつか示している電子顕微鏡写真は、もともと学生の時に、堀輝三先生（当時東邦大学、後に筑波大学）に手ほどきを受けたことがきっかけで、何十年も経って成果となったものであることも記しておきたい。なお、本書に掲載したいくつかの写真は、研究室のメンバーの協力も得て撮影したものである。

学生の頃、将来、生物学の歴史を研究したいと思って以来、将来必要になるであろうと考えて、長年にわたりさまざまな言語の勉強もしてきたが、それがようやく功を奏したように思う。本当に数多くの語学の先生方に教えていただいたことを思い出す。生物学関連のフランス語の書籍の翻訳を手がけてきたことも、今回の歴史の記述には大いに役立っている。他の出版社ではあるが、担当者や原著者の方々の協力にも感謝したい。

本書の執筆は、論文作成との並行作業で進んだ。関連文献リストのうち、二〇一七年に発表した文献は、まさしく本書の執筆と同時進行で執筆し、投稿し、採択・掲載されたものである。その中には科学史関連の論文も、また系統解析の論文もある。生物学と科学史、そしてその解説を同時進行で書き進めたことが、大きな力となった。普通の生物学者が自分の研究分野の科学史の論文を書くことはあまりないかもしれない。しかし、そうしたものが総合的に働いて、全体として仕事を推進する原動力となることもあるのだと思う。そういう意味で、この二年ほどは、細胞内共生説に明け暮れた期間でもあった。

このようなわけで、筆者自身がこの四十年ほどの間に行ってきたさまざまな活動が、本書の研究に凝集されているようであると、しばし感慨をいだきもする。だが、人間はいままでやってきたことからしか次の活動はできないので、これは結果論でしかないのかもしれない。進化も同じである。生物はできることしかできないので、意図をもって進化することはできない。進化を結果論というと多くの生物学者に怒られるが、すべて結果でしかないのかもしれない。細胞内共生も、たまたまうまくいったことの結果であって、誰かが意図してシアノバクテリアを真核細胞内に入れたわけではない。何度も何度も繰り返し遺伝子導入があって、その結果いまの葉緑体があるとすれば、遡ってその過程をひもとくのは非常に難しい。その意味では、本書で紹介した研究は、ほんのわずかな試みでしかない。読者の方々には、そうした試みを見て、何か参考になることがあれば幸いである。

最後に、本書の制作に当たっては、さまざまな方々にお世話になりました。すでにお名前を記した共同研究者の方々の他にも、高知大学の関田諭子先生には、筆者の専門ではないサンゴのわかりやすい模式図を利用させていただきました。東京大学出版会編集部の薄志保さんには、当初は難解だったテキストを少しでもわかりやすくするアドバイスをいただきました。ここに記してお礼申し上げます。

著者略歴
佐藤直樹（さとう・なおき）
1953 年　岐阜市に生まれる
1981 年　東京大学大学院理学系研究科博士課程単位取得後退学
東京大学理学部助手，東京学芸大学教育学部助教授，埼玉大学理学部教授を経て
現　在　東京大学大学院総合文化研究科教授，理学博士
主要著書　『エントロピーから読み解く生物学――めぐりめぐむ わきあがる生命』（2012 年，裳華房）
『40 年後の『偶然と必然』――モノーが描いた生命・進化・人類の未来』（2012 年，東京大学出版会）
『しくみと原理で解き明かす 植物生理学』（2014 年，裳華房）
『進化する遺伝子概念』（翻訳，2015 年，みすず書房）
『生物科学の歴史――現代の生命思想を理解するために』（翻訳，2017 年，みすず書房）
『創発の生命学――生命が 1 ギガバイトから抜け出すための 30 章』（2018 年，青土社）

細胞内共生説の謎
――隠された歴史とポストゲノム時代における新展開

2018 年 6 月 14 日　初　版

［検印廃止］
著　者　佐藤直樹
発行所　一般財団法人　東京大学出版会
代表者　吉見俊哉
153-0041　東京都目黒区駒場 4-5-29
http://www.utp.or.jp/
電話 03-6407-1069　FAX 03-6407-1991

印刷所　株式会社平文社
製本所　牧製本印刷株式会社

ISBN 978-4-13-060236-5　Printed in Japan

事項索引

人名索引

引用文献

欧文文献

論文や書籍は年代順に並べ，同じ年では執筆者のアルファベット順に並べた．また，適宜簡単な説明をつけた．

Brightwell, T.（1858）Remarks on the genus “Rhizosolenia” of Ehrenberg. *Quarterly Journal of Microscopical Science, London* **6**, 93–95.

Haeckel, E.（1866）*Generelle Morphologie der Organismen : allgemeine Grundzüge der organischen Formen-Wissenschaft, mechanisch begründet durch die von C. Darwin reformirte Decendenz-Theorie*. Berlin. 有名なヘッケルの系統樹を載せた本．

Schimper, A. F. W.（1883）Über die Entwicklung der Chlorophyllkörper und Farbkörper. *Bot. Z.* **41**, 105–162. 色素体が藍藻の共生によることを示唆．

Schimper, A. F. W.（1885）Untersuchungen über die Chlorophyllkörner und die ihnen homologen Gebilde. *Jahrb. wiss. Bot.* **16**, 1–247. 色素体の連続性．

Altmann, R.（1889）Ueber die Fettumsetzungen im Organismus. *Archiv für Anatomie und Physiologie. Anatomischen Abtheilung. Supplement-Band.* pp. 86–104.

Altmann, R.（1894）*Die Elementarorganismen und ihre Beziehungen zu den Zellen*. Zweite, vermehrte Auflage. Verlag von Veit & Comp. Leipzig.

Lauterborn, R.（1895）Protozoenstudien. II. Paulinella chromatophora nov. gen. nov. spec., ein beschalter Rhizopode des Süßwassers mit blaugrünen chromatophorenartigen Einschlüssen. *Z für wiss. Zool.* **59**, 537–544.

Curie, Sklodowska.（1899）Les rayons de Becquerl et le polonium. *Revue générale des sciences pures et appliquées.* **10**, 41–50. マリー・キュリーの論文．なお Sklodowska は旧姓．

Davis, B. M.（1904）*Oltmanns' Morphologie und Biologie der Algen*. Erster Band. Spezieller Teil. Jena: Verlag von Gustav Fischer. *Cyanomonas* の発見．

Mereschkowsky, C.（1905a）Über Natur und Ursprung der Chromatophoren im Pflanzenreiche. *Biol. Centralblatt* **25**, 593–604. これが色素体共生説の元祖.

Mereschkowsky, C.（1905b）Nachtrag zu meiner Abhandlung: Über Nature und Ursprung der Chromatophoren im Pflanzenreiche. *Biol. Zentralblatt* **25**, 689–701. 上記の訂正論文.

Famintzin, A.（1907）Die Symbiose als Mittel der Synthese von Organismen. *Biol. Zentralblatt* **27**, 353–364.

Mereschkowsky, C.（1910）Theorie der zwei Plasmaarten als Grundlage der Symbiogenesis, einer neuen Lehre von der Entstehung der Organismen. *Biol. Zentralblatt* **30**, 278–288, 289–303, 321–347, 353–367. 嫌気性生物と好気性生物の違いから説き起こし，共生説を詳しく述べた論文．最初に動物細胞を生む共生，次に植物細胞を生む共生を考えている．Margulis が描いている図と基本的にはよく似た図がある.

Minchin, E. A.（1915）The evolution of the cell. *Report of the Eighty-Fifth Meeting of the British Association for the Advancement of Science, September 7–11*, 437–464. Reproduced in *American Naturalist* **50**（1916）, 5–38, 106–118, 271–283.

Reinheimer, H.（1915）*Symbiogenesis. The Universal Law of Progressive Evolution.* Knapp Drewett and Sons, Westminster.

Portier, P.（1918）*Les Symbiotes.* Masson, Paris.

Mérejkovsky, C.（1920）La plante considérée comme un complexe symbiotique. *Bull. Soc. Sci. Nat. Ouest France* **6**, 17–98. 使う言語により名前の綴りが異なる．この論文がメレシコフスキーの研究の集大成.

Korschikov, A. A.（1924）Pristologische Beobachtungen. *Russ. Archiv. Pristolog.* **3**, 57–74. 本文はロシア語，ドイツ語の要約つき.

Kozo-Polyanski, B. M.（1924/2010）*Symbiogenesis: A New Principle of Evolution.* Translated from Russian to English by Fet, V. Harvard University Press, Cambridge, MA. 原著は Козо-Попянский Б. М. Новый принцип биологии. Очерк теории симбиогенеза.『生物学の新しい原理——共生創成説に関する試論』.

Oparin, A. I.（1924）*The Origin of Life.* Synge, A. 訳．バレンシア大学のウェブサイト http://www.uv.es/~orilife/englishindex.htm よりダウンロード可能．原著

は Опарин, А. И. Происхождение жизни.（*Proiskhozhdenie zhizni*）, Izd. Moskovskii Rabochi, Moscow.

Wallin, I. E.（1924）On the nature of mitochondria. VII. The independent growth of mitochondria in culture media. *American Journal of Anatomy* **33**, 147–173.

Wilson, E. B.（1925）*The Cell in Development and Heredity.* The 3rd edition. Macmillan, New York. Margulis が参照した細胞学の教科書.

Wallin, I. E.（1927）*Symbionticism and the Origin of Species.* Baltimore, Williams & Wilkins. Margulis が引用している共生説の一つの原典.

Haldane, J. B. S.（1929）The origin of life. *The Rationalist Annual* **3**, 3–10. もとの書籍を入手することができないため，巻数，ページ数は不確定．バレンシア大学のウェブサイト http://www.uv.es/~orilife/englishindex.htm よりダウンロード可能.

Pascher, A.（1929a）Über die Natur der blaugrünen Chromatophoren des Rhizopoden Paulinella chromatophora. *Zool. Anzeiger* **81**, 189–194.

Pascher, A.（1929b）Studien über Symbiosen. Über einige Endosymbiosen von Blaualgen in Einzellern. *Jahrb. wiss. Bot.* **71**, 386–462.

Oparin, A. I.（1936/1953）*The Origin of Life.* Morgulis, S. 訳，Dover, New York.

Myer-Abich, A.（1950）Beiträge zur Theorie der Evolution der Organismen: II. Typensynthese durch Holobiose. *Bibliotheca Biotheoretica* **5**, 1–206. E. J. Brill, Leiden.

Lederberg, J.（1952）Cell genetics and hereditary symbiosis. *Physiol. Rev.* **32**, 403–430.

Buchner, P.（1953）*Endosymbiose der Tiere mit Pflanzlichen Mikroorganismen.* Birkhäuser, Basel. 改訂英訳版は 1965 の *Endosymbiosis of Animals with Plant Microorganisms.* Translation by Bertha Nueller, with the collaboration of Francis H. Foeckler, Interscience.

Stanier, R. Y. *et al.*（1957/1976）*The Microbial World.* Fourth edition. Prentice-Hall, Eglewood Cliffs, NJ. 邦訳は R. Y. スタニエ他著，高橋甫他訳『微生物学』（1978）培風館．初版は 1957 年，第 2 版が 1963 年，第 3 版が 1970 年，第 4 版が 1976 年．翻訳は第 4 版による．

von Wettstein, D.（1959）Developmental changes in chloroplasts and their genetic

control. In: *Developmental Cytology.*（Rudnick, D. ed.）The Ronald Press, New York, pp. 123–160.

Popper, K.（1959/2002）*The Logic of Scientific Discovery.* Routledge, London.

Carson, R.（1962/2002）*Silent Spring.* Houghton Mifflin, Boston. 青樹簗一訳（1974）『沈黙の春』新潮文庫.

Kuhn, T.（1962/70）*The Structure of Scientific Revolutions.* University of Chicago Press, Chicago. 中山茂訳（1971）『科学革命の構造』みすず書房.

Ris, H. & Plaut, W.（1962）Ultrastructure of DNA-containing areas in the chloroplast of *Chlamydomonas. J. Cell Biol.* **13**, 383–391. 葉緑体 DNA の発見の論文.

Stanier, R. Y. & van Niel, C. B.（1962）The concept of a bacterium. *Archiv für Mikrobiologie* **42**, 17–35. 真核細胞と原核細胞の区別をはっきりさせた.

Nass, M. M. K. & Nass, S.（1963a）Intramitochondrial fibers with DNA characteristics I. fixation and electron staining reactions. *J. Cell Biol.* **19**, 583–611.

Nass, S. & Nass, M. M. K.（1963b）Intramitochondrial fibers with DNA characteristics II. Enzymatic and other hydrolytic treatments. *J. Cell Biol.* **19**, 613–629.

Nutman, P. S. & Moose, B.（eds.）（1963）*Symbiotic Associations.* Thirteenth Symposium of the Society for General Microbiology held at the Royal Institution, London, April 1963. Cambridge University Press.

Sager, R. & Ishida, M. R.（1963）Chloroplast DNA in Chlamydomonas. *Proc. Natl. Acad. Sci. USA* **50**, 725–730.

Cleveland, L. R. & Grimstone, A. V. (1964) The fine structure of the flagellate *Mixotricha paradoxa* and its associated micro-organisms. *Proc. Roy. Soc. B* **159**, 668–686.

Gibor, A. & Granick, S.（1964）Plastids and mitochondria: inheritable systems. *Science* **145**, 890–897.

Echlin, P. & Morris, I.（1965）The relationship between blue-green algae and bacteria. *Biol. Rev.* **40**, 143–187.

Edelman, M. *et al.*（1965）Studies of chloroplast development in *Euglena.* XII. Two types of satellite DNA. *J. Mol. Biol.* **11**, 769–774.

Nass, S. *et al.*（1965a）Deoxyribonucleic acid in isolated rat-liver mitochondria. *Biochim. Biophys. Acta.* **95**, 426–435.

Nass, M. M. K. *et al.*（1965b）The general occurrence of mitochondrial DNA. *Exp. Cell Res.* **37**, 516–539.

Sagan, L. *et al.*（1965）Studies on chloroplast development in *Euglena*. XI. Radioautographic localization of chloroplast DNA. *Plant Physiol.* **40**, 1257–1260.

Echlin, P.（1966）The cyanophytic origin of higher plant chloroplasts. *Br. phycol. Bull.* **3**, 150–151.

Haldar, D. *et al.*（1966）Biogenesis of mitochondria. *Nature* **211**, 9–12.

Bernal, J. D.（1967）*The Origin of Life.* Weidenfeld and Nicolson, London. Oparin や Haldane の論文を巻末に付録として掲載.

Edelman, M. *et al.*（1967）Deoxyribonucleic acid of the blue-green algae（Cyanophyta）. *Bacteriol. Rev.* **31**, 315–331.

Fitch, W. M. & Margoliash, E.（1967）Construction of phylogenetic trees. *Science* **155**, 279–284.

Gibor, A.（1967）Inheritance of cytoplasmic organelles. Warren（1967）所収 pp. 305–306.

Goksøyr, J.（1967）Evolution of Eucaryotic cells. *Nature* **214**, 1161.

Granick, S. & Gibor, A.（1967）The DNA of chloroplasts, mitochondria and centrioles. *Prog. Nucleic Acid Res. Mol. Biol.* **6**, 143–186.

Kirk, J. T. O. & Tilney-Bassett, R. A. E.（1967）*The Plastids. Their Chemistry, Structure, Growth and Inheritance.* Freeman, London.

Klein, R. & Cronquist, A.（1967）A consideration of the evolutionary and taxonomic significance of some biochemical, micromorphological and physiological characteristics in the thallophytes. *Quart. Rev. Biol.* **42**, 105–296.

Sagan（Margulis）, L.（1967）On the origin of mitosing cells. *J. Theor. Biol.* **14**, 225–274.

Sager, R.（1967）Cytoplasmic genes and organelle formation. Warren（1967）所収 pp. 317–334.

Warren, K. B.（ed.）（1967）*Formation and Fate of Cell Organelles.* Symposium of the International Society for Cell Biology. vol. 6, Academic Press, New York.

Kimura, M.（1968）Evolutionary rate at the molecular level. *Nature* **217**, 624–626.

Loening, U. E.（1968）Molecular weights of ribosomal RNA in relation to evolution. *J. Mol. Biol.* **38**, 355–365.

Pickett-Heaps, J. D.（1969）The evolution of the mitotic apparatus: an attempt at comparative ultrastructural cytology in dividing plant cells. *Cytobios* **3**, 257–280.

Carr, N. G. & Craig, I. W.（1970）The relationships between bacteria, blue-green algae and chloroplasts. In *Phytochemical Phylogeny*（Harborne, J. B., ed.）Chapter 7, pp. 105–118, Academic Press, London.

Cohen, S. S.（1970）Are/Were mitochondria and chloroplasts microorganisms? *Amer. Scientists* **58**, 281–289.

Echlin P.（1970）The origins of plants. In *Phytochemical Phylogeny*（Harborne, J. B., ed.）Chapter 1, pp. 1–19, Academic Press, London.

Goodenough, U. W. & Levine, R. P.（1970）The genetic activity of mitochondria and chloroplasts. *Sci. Amer.* **223**（10）, 22–29.

Margulis, L.（1970）*Origin of Eukaryotic Cells. Evidence and Research Implications for a Theory of the Origin and Evolution of Microbial, Plant, and Animal Cells on the Precambrian Earth.* Yale University Press, New Haven. これが共生説の元祖として扱われる有名な著書.

Monod, J.（1970）*Le hasard et la nécessité.* Seuil, Paris. 渡辺格・村上光彦訳（1972）『偶然と必然――現代生物学の思想的な問いかけ』みすず書房.

Nichols, B. W.（1970）Comparative lipid biochemistry of photosynthetic organisms. In *Phytochemical Phylogeny*（Harborne, J. B., ed.）Chapter 6, pp. 119–143, Academic Press, London.

Raven, P. H.（1970）A multiple origin for plastids and mitochondria. *Science* **169**, 641–646.

Stanier, R. Y.（1970）Some aspects of the biology of cells and their possible evolutionary significance. *Symp. Soc. Gen. Microbiol.* **20**, 1–38.

Baxter, R.（1971）Origin and continuity of mitochondria. In *Origin and Continuity of Cell Organelles*（Reinert, J. & Ursprung, H., eds.）pp. 46–64, Springer, Berlin.

Fulton, C.（1971）Centrioles. In *Origin and Continuity of Cell Organelles*（Reinert, J. & Ursprung, H., eds.）pp. 170–221, Springer, Berlin. 中心体にDNAの存在は確

認できず，ないものは見つけられない，と p. 203 に書かれている．
Margulis, L.（1971）Symbiosis and evolution. *Sci. Amer.* **225**, 48–57.
Schnepf, E. & Brown, R. M. Jr.（1971）On relationships between endosymbiosis and the origin of plastids and mitochondria. In *Origin and Continuity of Cell Organelles*（Reinert, J. & Ursprung, H., eds.）pp. 299–332, Springer, Berlin.
Stubbe, W.（1971）Origin and continuity of plastids. In *Origin and Continuity of Cell Organelles*（Reinert, J. and Ursprung, H., eds.）pp. 65–81, Springer, Berlin.
Lee, R. E.（1972）Origin of plastids and the phylogeny of algae. *Nature* **237**, 44–46.
Raff, R. A. & Mahler, H. R.（1972）The non symbiotic origin of mitochondria. *Science* **177**, 575–582.
Cohen, S. S.（1973）Mitochondria and chloroplasts revisited. *Amer. Scientists* **61**, 437–445.
Takhtajan, A. L.（1973）Four kingdoms of the living world［in Russian］. *Priroda*（Nature）2, 22–32.［А. Л. Тахтаджян: Четыре царства органического мира. Природа］
Dayhoff, M. O. *et al.*（1974）Inferences from protein and nucleic acid sequences: early molecular evolution, divergence of kingdoms and rates of change. *Orig. Life* **5**, 311–330.
Stanier, R. Y.（1974）The origins of photosynthesis in Eukaryotes. *Symp. Soc. Gen. Microbiol.* **24**, 219–242.
Taylor, D. L.（1974a）A multiple origin for plastids and mitochondria. *Science* **170**, 1332.
Taylor, F. J. R.（1974b）Implications and extensions of the serial endosymbiosis theory of the origin of eukaryotes. *Taxon* **23**, 229–258. SET という言葉の提唱論文．
Uzzell, T. & Spolsky, C.（1974）Mitochondria and plastids as endosymbionts: a rivival of special creation? *Am. Sci.* **62**, 334–343.
Bogorad, L.（1975）Evolution of organelles and eukaryotic genomes. *Science* **188**, 891–898.
Bonen, L. & Doolittle, W. F.（1975）On the prokaryotic nature of the red algal chloroplasts. *Proc. Natl. Acad. Sci. USA* **72**, 2310–2314.

Cavalier-Smith, T.（1975）The origin of nuclei and eukaryotic cells. *Nature* 256, 463–468.

Lewin, R. A. & Withers, N. W.（1975）Extraordinary pigment composition of a prokaryotic alga. *Nature* **256**, 735–737. 原核緑藻の発見.

Margulis, L.（1975）Symbiotic theory of the origin of eukaryotic organelles: criteria for proof. *Symp. Soc. Exp. Biol.* **29**, 21–38.

Newcomb, N. H. & Pugh, T. D.（1975）Blue-green algae associated with ascidians of the Great Barrier Reef. *Nature* **253**, 533–534. *Prochloron* を発見した論文.

Zablen, L. B. *et al.*（1975）Phylogenetic origin of the chloroplast and prokaryotic nature of its ribosomal RNA. *Proc. Natl. Acad. Sci. USA* **72**, 2418–2422.

Bonen, L. & Doolittle, W. F.（1976）Partial sequences of 16S rRNA and the phylogeny of blue-green algae and chloroplasts. *Nature* **261**, 669–673.

Buetow, D. E.（1976）Phylogenetic origin of chloroplast. *J. Protozool.* **23**, 41–47.

Bonen, L. *et al.*（1977）Wheat embryo mitochondrial 18S ribosomal RNA: evidence for its prokaryotic nature. *Nucleic Acids Res.* **4**, 663–671.

Ishikawa, H.（1977）Evolution of ribosomal RNA. *Comp. Biochem. Physiol. B* **58**, 1–7.

Cavalier-Smith, T.（1978）The evolutionary origin and phylogeny of microtubules, mitotic spindles and eukaryote flagella. *BioSystems* **10**, 93–114.

Schwartz, R. M. & Dayhoff, M. O.（1978）Origins of prokaryotes, eukaryotes, mitochondria, and chloroplasts. *Science* **199**, 395–403.

Khakhina, L. N.（1979/1992）*Concepts of Symbiogenesis. A Historical and Critical Study of the Research of Russian Botanists.* Edited by Margulis, L. and McMenamin, M., Translated by Merkel, S. and Coalson, R. Yale University Press, New Haven. 原著はХахина Л.Н. Проблема симбиогенеза // Историко-критический очерк исследовании отечественных ботаников. – Л.: Наука,（1979）. 原題は『共生創成の問題——ロシア国内の植物学者の研究に関する歴史的・批判的研究』.

Taylor, F. J. R.（1979）Symbionticism revisited: a discussion of the evolutionary impact of intracellular symbioses. *Proc. R. Soc. Lond. B* **204**, 267–286.

Lee, R. E.（1980）*Phycology.* Cambridge University Press, Cambridge.

Doolittle, W. F. & Bonen, L.（1981）Molecular sequence data indicating an

endosymbiotic origin for plastids. *Ann. N. Y. Acad. Sci.* **361**, 248–259.

Lewin, R. A.（1981）*Prochloron* and the theory of symbiogenesis. *Ann. N. Y. Acad. Sci.* **361**, 325–329.

Margulis, L.（1981/1993）*Symbiosis in Cell Evolution.* 2nd Ed. *Microbial Communities in the Archean and Proteozoic Eons.* Freeman, San Francisco. 永井進訳（2002）『細胞の共生進化 第2版』学会出版センター.

Whatley, J. M.（1981）Chloroplast evolution – ancient and modern. *Ann. N. Y. Acad. Sci.* **361**, 154–164. 二次共生を提案した最初の論文.

Cavalier-Smith, T.（1982）The origin of plastids. *Biol. J. Linnean Soc.* **17**, 289–306.

Gray, M. W. & Doolittle, W. F.（1982）Has the endosymbiont hypothesis been proven? *Microbiol. Rev.* **46**, 1–42.

Sato, N. & Murata, N.（1982）Lipid biosynthesis in the blue-green alga, *Anabaena variabilis* I. Lipid classes. *Biochim. Biophys. Acta.* **710**, 271–278.

Wallace, D. C.（1982）Structure and evolution of organelle genomes. *Microbiol. Rev.* **46**, 208–240.

Murata, N. & Sato, N.（1983）Analysis of lipids in *Prochloron* sp.: Occurrence of monoglucosyl diacylglycerol. *Plant Cell Physiol.* **24**, 133–138. *Prochloron* にはシアノバクテリア同様 GlcDG が存在.

Margulis, L. & Bermudes, D.（1985）Symbiosis as a mechanism of evolution: Status of cell symbiosis theory. *Symbiosis* **1**, 101–124.

Taylor, F. J. R.（1987）An overview of the status of evolutionary cell symbiosis theories. *Ann. N. Y. Acad. Sci.* **503**, 1–16. SET 提唱者による共生説の解説.

Hall, J. L. *et al.*（1989）Basal body/centriolar DNA: Molecular genetic studies in Chlamydomonas. *Cell* **59**, 121–132.

Johnson, K. A. & Rosenbaum, J. L.（1991）Basal bodies and DNA. *Trends Cell Sci.* **1**, 145–149. 基底小体には DNA が存在しないことを断定.

Gray, M. W.（1992）The endosymbiont hypothesis revisited. *Int. Rev. Cytol.* **141**, 233–357. 葉緑体とミトコンドリアとも，細胞内共生.

Palenik, R. & Haselkorn, R.（1992）Multiple evolutionary origins of prochlorophytes, the chlorophyll *b*-containing prokaryotes. *Nature* **355**, 265–267.

Urbach, E. *et al.*（1992）Multiple evolutionary origins of prochlorophytes within the cyanobacterial radiation. *Nature* **355**, 267–270.

Sapp, J.（1994）*Evolution by Association.* Oxford University Press, Oxford.

McFadden, G. & Gilson, P.（1995）Something borrowed, something green: lateral transfer of chloroplasts by secondary endosymbiosis. *Trends Evol. Ecol.* **10**, 12–17.

Brinkley, W.（1997）Microtubules: a brief historical perspective. *J. Struct Biol.* **118**, 84–86. 微小管の初期の研究者による回想.

Margulis, L.（1999）*Symbiotic Planet. A New Look at Evolution.* Orion Publishing Group. 中村桂子訳（2000）『共生生命体の 30 億年』草思社．もとは 1998, Basic Books.

Martin, W. & Kowallik, K.（1999）Annotated English translation of Mereschkowsky's 1905 paper 'Über Natur und Ursprung der Chromatophoren im Pflanzenreiche'. *Eur. J. Phycol.* **34**, 287–295. メレシコフスキー論文の英訳.

Tabita, F. R.（1999）Microbial ribulose 1,5-bisphospate carboxylase/oxygenase: A different perspective. *Photosynth. Res.* **60**, 1–28.

Cavalier-Smith, T.（2000）Membrane heredity and early chloroplast evolution. *Trends Plant Sci.* **5**, 174–182. 膜に注目した共生創成の理論.

Moreira, D. *et al.*（2000）The origin of red algae and the evolution of chloroplasts. *Nature* **405**, 69–72.

Douglas, S. et al.（2001）The highly reduced genome of an enslaved algal nucleus. *Nature* **410**, 1091–1096.

Sato, N.（2001）Was the evolution of plastid genetic machinery discontinuous? *Trends Plant Sci.* **6**, 151–156.

Buchanan, B. B. *et al.*（eds.）（2002）*Biochemistry and Molecular Biology of Plants.* American Society of Plant Physiologists, Rockville, Maryland.

Martin, W. *et al.* (2002) Evolutionary analysis of Arabidopsis, cyanobacterial, and chloroplast genomes reveals plastid phylogeny and thousands of cyanobacterial genes in the nucleus. *Proc. Natl. Acad. Sci. USA* **99**, 12246–12251.

Sapp. J. *et al.*（2002）Symbiogenesis: The hidden face of Constantin Merezhkowsky. *Hist. Phil. Life Sci.* **24**, 413–440.

Dufresne, A. *et al.*（2003）Genome sequence of the cyanobacterium *Prochlorococcus marinus* SS120, a nearly minimal oxyphototrophic genome. *Proc. Natl. Acad. Sci. USA* **100**, 10020–10025.

Rocap, G. *et al.*（2003）Genome divergence in two *Prochlorococcus* ecotypes reflects oceanic niche differentiation. *Nature* **424**, 1042–1047.

Matsuzaki, M. *et al.*（2004）Genome sequence of the ultrasmall unicellular red alga *Cyanidioschyzon merolae* 10D. *Nature* **428**, 653–657.

Adl, S. M. *et al.*（2005）The new higher level classification of Eukaryotes with emphasis on the taxonomy of protists. *J. Eukaryot. Microbiol.* **52**, 399–451.

Jenke-Kodama, H. *et al.*（2005）Evolutionary implications of bacterial polyketide synthases. *Mol. Biol. Evol.* **22**, 2027–2039.

Miyagishima, S.（2005）Origin and evolution of the chloroplast division machinery. *J. Plant Res.* **118**, 295–306.

Sato, N. *et al.*（2005）Mass identification of chloroplast proteins of endosymbiont origin by phylogenetic profiling based on organism-optimized homologous protein groups. *Genome Inform.* **16**, 56–68.

Okamoto, N. & Inoue, I.（2006）*Hatena arenicola* gen. et sp. nov., a katablepharid undergoing probable plastid acquisition. *Protist* **157**, 401–419.

Sato, N.（2006）Origin and Evolution of Plastids: Genomic View on the Unification and Diversity of Plastids. In: Robert R. Wise & J. Kenneth Hoober（eds）, *The Structure and Function of Plastids*, Chapter 4, pp. 75–102. Springer, Berlin.

Keeling, P. J. & Archibald, P. M.（2008）Organelle evolution: What's in a name? *Curr. Biol.* **18**, R345–R347.

Nowack, E. C. M. *et al.*（2008）Chromatophore genome sequence of *Paulinella* sheds light on acquisition of photosynthesis by eukaryotes. *Curr. Biol.* **18**, 410–418.

Sato, N.（2009）Gclust: *trans*-kingdom classification of proteins using automatic individual threshold setting. *Bioinformatics* **25**, 599–605.

Maier, T. *et al.*（2010）Structure and function of eukaryotic fatty acid synthases. *Quart. Rev. Biophys.* **43**, 373–472.

Malaterre, C.（2010）*Les origines de la vie. Émergence ou explication réductive?* 邦訳は佐

藤直樹訳（2013）『生命起源論の科学哲学——創発か，還元的説明か』みすず書房．

Reinhold-Hurek, B. & Hurek, T.（2011）Living inside plants: bacterial endophytes. *Curr. Opin. Plant Biol.* **14**, 435–443.

Shigenobu, A. & Wilson, A. C. C.（2011）Genomic revelations of a mutualism: the pea aphid and its obligate bacterial symbiont. *Cell Mol. Life Sci.* **68**, 1297–1309.

Bodył, A. & Mackiewicz, P.（2013）Endosymbiotic Theory. *Brenner's Encyclopedia of Genetics*（Second Edition）, 2013, pp. 484–492.

Hagino, K. *et al.*（2013）Discovery of an endosymbiotic nitrogen-fixing cyanobacterium UCYN-A in *Braarudosphaera bigelowii*（Prymnesiophyceae）. *PLoS One.* **8**, e81749.

Qiu, H. *et al.*（2013）Assessing the bacterial contribution to the plastid proteome. *Trends Plant Sci.* **18**, 680–687.

Shih, P. M. *et al.*（2013）Improving the coverage of the cyanobacterial phylum using diversity-driven genome sequencing. *Proc. Natl. Acad. Sci. USA* **110**, 1053–1058.

Archibald, J.（2014）*One Plus One Equals One. Symbiosis and the evolution of complex life.* Oxford University Press, Oxford.

Bailly, X. *et al.*（2014）The chimerical and multifaceted marine acoel *Symsagittifera roscoffensis:* from photosymbiosis to brain regeneration. *Front Microbiol.* **5**, 498.

He, D. *et al.*（2014）An alternative root for the eukaryote tree of life. *Curr. Biol.* **24**, 465–470.

Keeling, P. J.（2014）The impact of history on our perception of evolutionary events: endosymbiosis and the origin of eukaryotic complexity. *Cold Spring Harbor Perspectives in Biology* **6**, a016196.

Kobayashi, K. *et al.*（2014）Molecular phylogeny and intricate evolutionary history of the three isofunctional enzymes involved in the oxidation of Protoporphyrinogen IX. *Genome Biol. Evol.* **6**, 2141–2155.

Löffelhardt, W.（ed.）（2014）*Endosymbiosis.* Springer, Wien.

Moriyama, T. & Sato, N.（2014）Enzymes involved in organellar DNA replication in photosynthetic eukaryotes. *Front. Plant Sci.* **5**, article 480.

Nakayama, T. *et al.*（2014）Complete genome of a nonphotosynthetic cyanobacterium

in a diatom reveals recent adaptations to an intracellular lifestyle. *Proc. Natl. Acad. Sci. USA* **111**, 11407–11412.

Yamaguchi, H. *et al.*（2014）Molecular diversity of endosymbiotic *Nephroselmis*（Nephroselmidophyceae）in *Hatena arenicola*（Katablepharidophycota）. *J. Plant Res.* **127**, 241–247.

Archibald, J. M.（2015）Endosymbiosis and eukaryotic cell evolution. *Curr. Biol.* **25**, R911–R921. 細胞内共生説の歴史と現在の考え方についての解説.

Ball, S. G. *et al.*（2015）Toward an understanding of the function of Chlamydiales in plastid endosymbiosis. *Biochim. Biophys. Acta.* **1847**, 495–504.

Ku, C. *et al.*（2015）Endosymbiotic gene transfer from prokaryotic pangenomes: Inherited chimerism in eukaryotes. *Proc. Natl. Acad. Sci. USA.* **112**, 10139–10146.

Martin, W. F. *et al.*（2015）Endosymbiotic theories for eukaryote origin. *Phil. Trans. R. Soc. Lond. B Biol. Sci.* **370**, 20140330.

Spang, A. *et al.*（2015）Complex archaea that bridge the gap between prokaryotes and eukaryotes. *Nature* **521**, 173–179.

Boisy, G. *et al.*（2016）Microtubules: 50 years on from the discovery of tubulin. *Nature Review Mol. Cell Biol.* **17**, 322–328.

Caforio, A. & Driessen, A. J. M.（2016）Archaeal phospholipids: Structural prpoerties and biosynthesis. *Biochim. Biophys. Acta.* **1862**, 1325–1339.

Gould. S, B. *et al.*（2016）Bacterial vesicle secretion and the evolutionary origin of the eukaryotic endomembrane system. *Trends Microbiol.* **24**, 525–534.

Morange, M.（2016）*Une histoire de la biologie*, Seuil, Paris. 佐藤直樹訳『生物科学の歴史——現代の生命思想を理解するために』（2017）みすず書房.

Nowack, E. C. M. *et al.*（2016）Gene transfers from diverse bacteria compensate for reductive genome evolution in the chromatophore of *Paulinella chromatophora. Proc. Natl. Acad. Sci. USA* **113**, 12214–12219.

Pittis, A. A. & Gabaldón, T.（2016）Late acquisition of mitochondria by a host with chimaeric prokaryotic ancestry. *Nature* **531**, 101–104.

Sato, N. & Awai, K.（2016）Diversity in biosynthetic pathways of galactolipids in the light of endosymbiotic origin of chloroplasts. *Front. Plant Sci.* **7**, 117.

Harish, A. & Kurland, C. G. (2017) Mitochondria are not captive bacteria. *J. Theor. Biol.* **434**, 88–98.

Keeling, P. J. & McCutcheon, J. P. (2017) Endosymbiosis: the feeling is not mutual. *J. Theor. Biol.* **434**, 75–79.

Lane, N. (2017) Serial endosymbiosis or singular event at the origin of eukaryotes? *J. Theor. Biol.* **434**, 58–67.

Lazcano, A. & Peretó, J. (2017) On the origin of mitosing cells: a historical appraisal of Lynn Margulis endosymbiotic theory. *J. Theor. Biol.* **434**, 80–87.

Lhee, D. *et al.* (2017) Diversity of the photosynthetic *Paulinella* species, with the description of *Paulinella micropora* sp. nov. and the chromatophore genome sequence for strain KR01. *Protist* **168**, 155–170.

López-García, P. *et al.* (2017) Symbiosis in eukaryotic evolution. *J. Theor. Biol.* **434**, 20–33.

Luginbuehl, L. H. *et al.* (2017) Fatty acids in arbuscular mycorrhizal fungi are synthesized by the host plant. *Science* **356**, 1175–1178.

Martin, W. F. (2017) Physiology, anaerobes, and the origin of mitosing cells 50 years on. *J. Theor. Biol.* **434**, 2–10.

Ponse-Toledo, R. I. *et al.* (2017) An early-branching freshwater cyanobacterium at the origin of plastids. *Curr. Biol.* **27**, 386–391.

Sato, N. (2017) Revisiting theoretical basis of the endosymbiotic origin of plastids in the original context of Lynn Margulis on the origin of mitosing, eukaryotic cells. *J. Theor. Biol.* **434**, 104–113.

Sato, N. & Awai, K. (2017) "Prokaryotic Pathway" is not prokaryotic: Noncyanobacterial origin of the chloroplast lipid biosynthetic pathway revealed by comprehensive phylogenomic analysis. *Genome Biol. Evol.* **9**, 3162–3178.

Sato, N. & Takano, H. (2017) Diverse origins of enzymes involved in the biosynthesis of chloroplast peptidoglycan. *J. Plant Res.* **130**, 635–645.

Sato, N. *et al.* (2017) Single-pixel densitometry revealed the presence of peptidoglycan in the intermembrane space of moss chloroplast envelope in conventional electron micrographs. *Plant Cell Physiol.* **58**, 1743–1751.

Thornhill, D. J. *et al.*（2017）Population genetics of reef coral endosymbionts（*Symbiodinium*, Dinophyceae）. *Mol. Ecol.* **26**, 2640–2659.

Tria, F. D. K. *et al.*（2017）Phylogenetic rooting using minimal ancestor deviation. *Nat. Ecol. Evol.* **1**, 0193.

和文文献

年号順で，同じ年のものは執筆者の五十音順で並べている．

古谷雅樹・宮地重遠・玖村敦彦編（1971）『光合成』植物生理学講座 1, 朝倉書店．共生説について，谷口茂彦（広島大学）が書いた光合成細菌の項目の最後に，次のようにある．「前核細胞と真核細胞の光合成系の発生を介した可能な進化的関連の一般議論が展開されている．」(p. 181)

加藤栄（1973）『光合成入門』共立出版．藻類や藍藻についての記述はなく，共生説にも触れられていない．

香川靖雄（1975）『生体膜と生体エネルギー』UP BIOLOGY，東京大学出版会．最初のところで，ミトコンドリアと葉緑体について，以下の記述がある．「この両者は，いずれも固有の DNA をもち，自己増殖性をもっており，細胞質遺伝をするなど，寄生生物のような性格をもっている．事実，前核細胞（procaryotic cell）の一種である好気性細菌とミトコンドリアはきわめて類似しており，遠い過去にはこれが真核細胞にはいって共生したという考えが強い．」(p. 6)

佐藤七郎（1975/1979）『細胞』第 2 版，UP BIOLOGY，東京大学出版会．第 9 章に，著者独特の表現で「被核細胞の起原」という項目が設けられ，メレシコフスキーやマーギュリスの名前とともに，著者の考える真核細胞の成立過程が模式図とともに示されている．マーギュリスに関する記述は，以下の通り．「ところがマーギュリス（1967 年 当時 Lynn Sagan）が近年の生化学的研究の成果に依拠して論文「有糸核分裂細胞の起原について」で大胆にこれを打出し，追って 1970 年，地球化学的な知見をもふんだんにとりこんで広範に体系づけ，『被核細胞の起原』(Origin of Eukaryotic Cells）と題する著書を公刊するに及んでにわかに注目されるに至った．そ

れと同時に，この仮説は，広く生化学，微生物学，系統学などの専門分野からも検討が加えられるようになった．［段落］マーギュリスの所説には，たとえば被核細胞のべん毛と裸核細胞のべん毛とを相同のものとみなしたり，中心体にDNAがあると信じていたりするなど，明らかな誤りがふくまれていた．ここでは，そうした誤りを除き，著者の考えでねりなおしたかたちでこの仮説を紹介し検討することにする．」（p. 114）

中村運（1987）ミトコンドリアと葉緑体の起原．蛋白質核酸酵素 **32**, 1019–1030. 細胞内共生説に反対の立場から書かれた解説．

佐藤七郎（1988）『細胞進化論』東京大学出版会．オルガネラの起源に関する説を網羅して紹介している．日本人の渡瀬庄三郎についての言及も，p. 8 脚注に述べられている．「共生説を復帰させた先駆者はかの女［マーギュリス］ではないことは前述のとおりであるが，それにもかかわらず現代の共生説の提唱者が L. Margulis であるかのような印象を与えているのは，かの女のこの積極性にその原因があるといえよう．」（p. 20）

渡辺巌（1992）ラン藻とアゾラの共生．化学と生物 **30**, 820–829.

黒岩常祥（2000）『ミトコンドリアはどこからきたか――生命40億年を遡る』NHKブックス．著者自身の研究を中心として，ミトコンドリアの起源から真核細胞の起源までを幅広く紹介している．

佐藤直樹（2002）プラスチド核様体の分子構築・機能の多様性とゲノム装置の不連続進化仮説．生化学 **74**, 27–37.

石川統監訳（2004）『ケイン　生物学』東京化学同人．

東京大学光合成教育研究会（2007）『光合成の科学』東京大学出版会．特に第12章2項に細胞内共生説のことが書かれている．

井上 勲（2006/2007）『藻類30億年の自然史』第2版，東海大学出版会．筑波大学の藻類研究チームの著者による，藻類に関する総合的な解説書．

北出理（2007）シロアリ共生鞭毛虫の特徴と宿主との関係――原生動物学雑誌 **40**, 101–112.

山本義治（2008）盗葉緑体により光合成する嚢舌目ウミウシ．光合成研究 **18**, 42–45.

東京大学教養学部 図説生物学編集委員会編『図説生物学』（2010）東京大学

出版会.
佐藤直樹（2012）『40 年後の『偶然と必然』――モノーが描いた生命・進化・人類の未来』東京大学出版会.
池内昌彦・伊藤元己・箸本春樹監訳（2013）『キャンベル生物学 原書 9 版』丸善出版.
石田宏幸（2014）植物の栄養サイクルと葉緑体のオートファジー. 化学と生物 **52**, 610–615.
佐藤直樹（2014）『しくみと原理で解き明かす植物生理学』裳華房.
吉本光希（2014）植物におけるオートファジーの意義と役割. 化学と生物 **52**, 535–540.
佐藤直樹（2015）シアノバクテリアにおける糖脂質合成系と酸素発生型光合成の進化. 生化学 **87**, 209–211.
川口正代司（2016）葉と根のコミュニケーションによる根粒形成の遠距離制御. 化学と生物 **54**, 94–101.
佐藤直樹（2016）色素体細胞内共生説の源流――メレシコフスキー論文の紹介と再評価. 光合成研究 **26**, 106–117.
早川昌志・洲崎敏伸（2016）ミドリゾウリムシにおける細胞内共生研究の現状と課題. 比較生理生化学 **33**, 108–115.
北川大樹（2017）進化的に保存された中心体の複製と成熟過程の分子機構. 生化学 **89**, 489–497. 中心体の複製機構に関する最新の和文総説.

巻末資料

マーギュリスが『真核生物の起源』で示した真核細胞の多様化と各系統での色素体獲得を示す図（次ページ）。原文の図2-7である。

原図では文字が小さすぎるので、大きく書き直したローマ数字のIからVIは、第4章3節に述べた有糸分裂のしくみの進化の6つの段階を表している。また、右下に凡例があるように、丸印は色素体獲得を示し、R、G、Y、Bの4種類の藍藻が取り込まれてそれぞれ異なる色の色素体を生み出したことを表している。これも原図では小さかったので、大きく書き直した。Rは紅色または藍色の藍藻、Gは緑色の藍藻、Yは黄色の藍藻、Bは褐色の藍藻がいたとして、それらが細胞内共生したことを表している。

さらに、この図では15回の独立な細胞内共生が描かれている。当然ながら黄色や褐色の藍藻は存在しない。なお、ここに描かれた系統樹は、現在妥当と考えられるもの（第6章3節の図22など）とはまったく異なることに注意が必要である。

この図では藻類や原生生物が混ざった形で真核生物の多様化が進み、最後に後生動物が生じた形になっている。菌類（FUNGI）は根元の方にある。系統樹はだいたい、Copeland 1956やWhittacker 1969に従っていると説明されているが、マーギュリスが適当に改変しているようである。そのためか、マーギュリスの他の図とはかなり異なる。第4章1節の図12右では、菌類は動物の根元にあり、第4章3節の図16右では、菌類（FUNGI）の位置が動植物の中間に来ていて、藻類は明示されていない。本文では緑藻と植物も分裂様式が異なることが説明されているので、本来なら別々に色素体を獲得したと考えるべきだが、緑藻についてのマーギュリスの立場は曖昧である。分子系統樹が確立するまでの系統樹が厳密なものではなかったことがわかる。

Figure 2–7. Detailed eukaryote phylogeny.

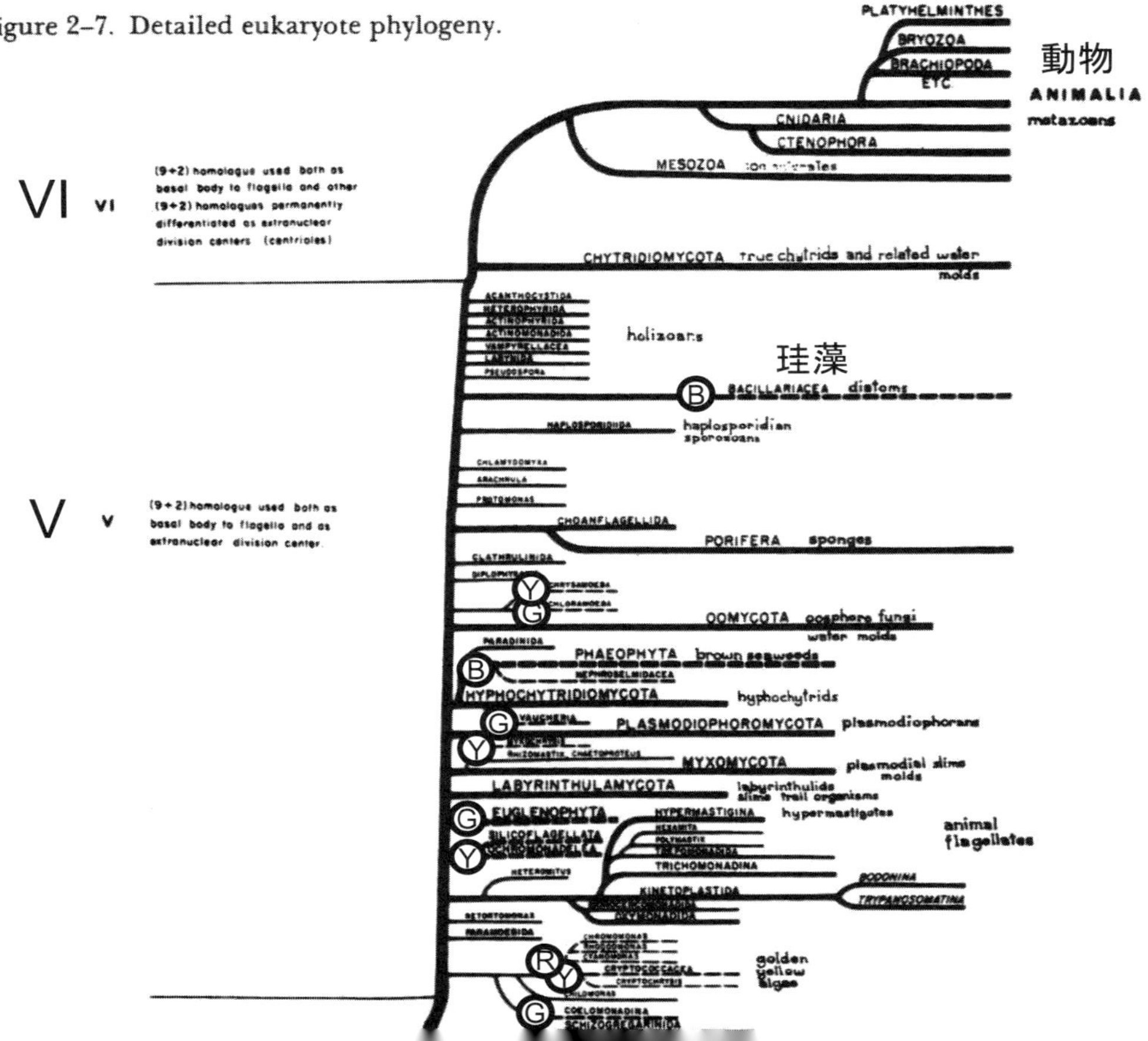

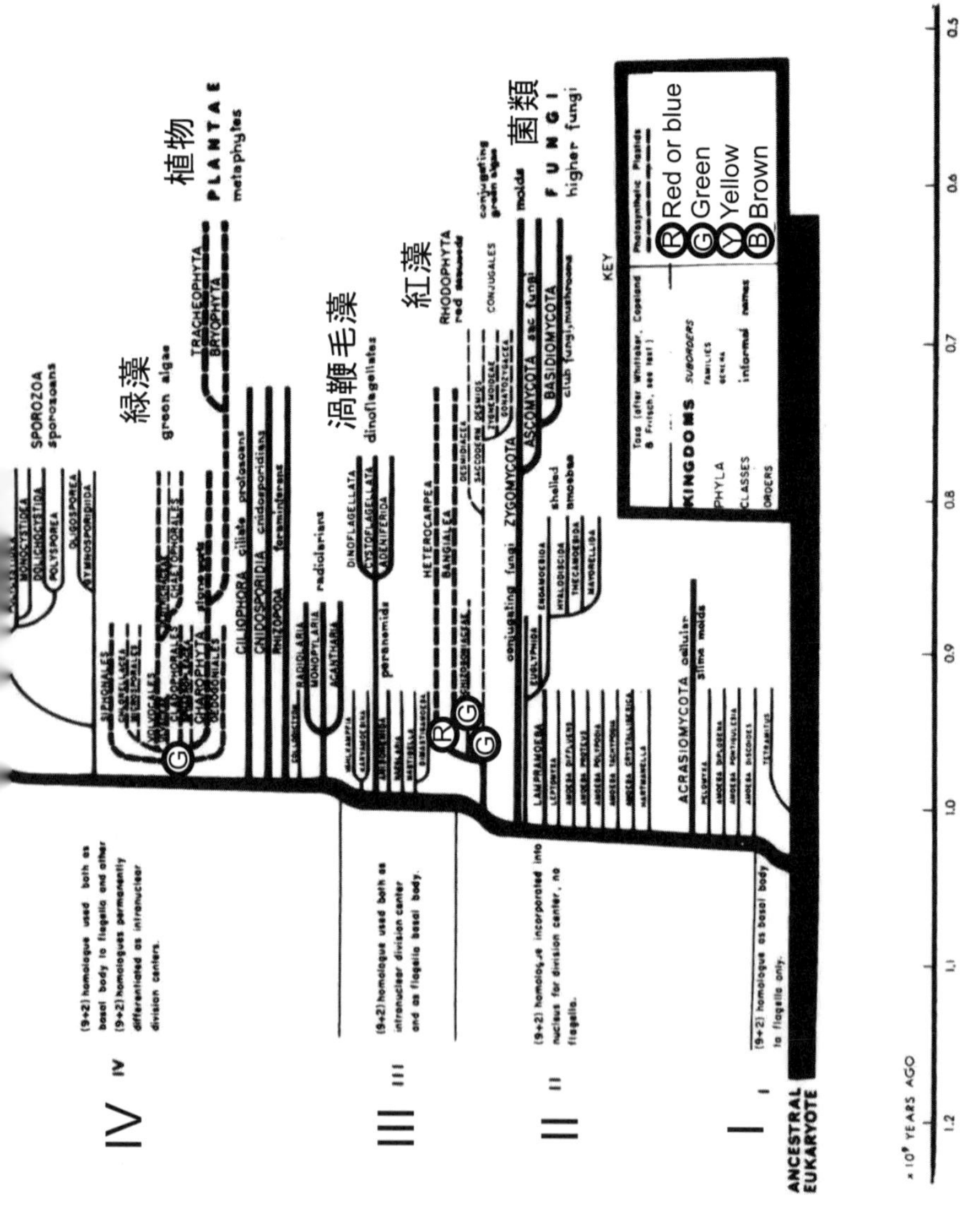

IV (9+2) homologue used both as basal body to flagella and other (9+2) homologues permanently differentiated as intranuclear division centers.
III (9+2) homologue used both as intranuclear division center and as flagella basal body.
II (9+2) homologue incorporated into nucleus for division center, no flagella.
I (9+2) homologue as basal body to flagella only.
ANCESTRAL EUKARYOTE
×10⁹ YEARS AGO
1.2
1.1
1.0
0.9
0.8
0.7
0.6
0.5
SPOROZOA sporozoans
緑藻
green algae
植物
PLANTAE metaphytes
TRACHEOPHYTA
BRYOPHYTA
CILIOPHORA ciliate protozoans
CNIDOSPORIDIA cnidosporidians
RHIZOPODA foraminiferans
radiolarians
渦鞭毛藻
dinoflagellates
DINOFLAGELLATA
peranemids
HETEROCARPEA
紅藻
RHODOPHYTA red seaweeds
conjugating green algae
CONJUGALES
菌類
molds
FUNGI higher fungi
ZYGOMYCOTA
ASCOMYCOTA sac fungi
BASIDIOMYCOTA club fungi, mushrooms
conjugating fungi
shelled amoebae
ACRASIOMYCOTA cellular slime molds
KEY
Taxa (after Whittaker, Copeland & Fritsch, see text)
KINGDOMS
PHYLA
CLASSES
ORDERS
SUBORDERS
FAMILIES
GENERA
informal names
Photosynthetic Plastids
R Red or blue
G Green
Y Yellow
B Brown